Axel Janßen

# HANDBUCH
# **MANAGEMENT**
# **COACHING**

werdewelt Verlags- und Medienhaus GmbH

© 2013 werdewelt Verlags- und Medienhaus GmbH
ISBN 978-3-9815318-5-5


Impressum

© werdewelt GmbH | Lindersrain 2 | 35708 Haiger
T +49 2773 7437-0 | F -29 | mail@werdewelt.info | www.werdewelt.info

1. Auflage 2013

Autor: Axel Janßen
Gestaltung/Satz: werdewelt.info
Grafiken: Tina Klemke und Axel Janßen
Lektorat: werdewelt.info

Druck: CPI books GmbH
Verlag: werdewelt Verlags- und Medienhaus GmbH


Alle Rechte vorbehalten. Die Verwendung der Texte und Bilder, auch auszugsweise, ist ohne schriftliche Zustimmung des Verlages urheberrechtswidrig und strafbar. Dies gilt insbesondere für die Vervielfältigung, Übersetzung oder die Verwendung in Seminarunterlagen und elektronischen Systemen.

# INHALTSVERZEICHNIS

**VORWORT**   10

## KAPITEL 1
**GRUNDLAGEN DES SYSTEMISCH-KONSTRUKTIVISTISCHEN COACHINGVERSTÄNDNISSES**

| | | |
|---|---|---|
| 1.1. | Coaching – eine Vision? | 15 |
| 1.2. | Der Konstruktivismus | 18 |
| 1.3. | Coaching ist „systemisch" | 22 |
| 1.3.1 | Fusion zweier Erkenntnisse | 23 |
| 1.4. | Kompetenz und Selbstorganisation | 25 |
| 1.4.1. | Das Kompetenzmodell der „Hamburger Schule" | 26 |
| 1.4.2. | Wechselwirkungen der Kompetenzen | 27 |
| 1.4.3. | Das Kompetenzmodell als Grundlage für Coaching | 28 |
| 1.5. | Kontextbezogenes Faktenwissen | 30 |
| 1.6. | Veränderung und Entscheidungen – das MVWK-Modell | 33 |
| 1.7. | Die Axiomatik des Coachingverständnisses | 41 |
| 1.7.1. | Die 20 Axiome der Hamburger Schule | 42 |
| 1.8. | Die Grundlagen eines systemisch-konstruktivistischen Coachingverständnisses – eine Zusammenfassung | 43 |

## KAPITEL 2
## METHODIK DES SYSTEMISCH-KONSTRUKTIVISTISCHEN COACHINGVERSTÄNDNISSES

| | | |
|---|---|---|
| **2.1.** | **Die Methodik** | **49** |
| 2.1.2 | Die 3 zentralen Anliegen des Coachingprozesses | 51 |
| **2.2.** | **Vom Kompetenzmodell zum Coachingprozess – die Entstehung des Prozesses** | **52** |
| 2.2.1. | Den thematischen (IST-) Kontext erfassen | 53 |
| 2.2.2. | Das Ziel festlegen | 54 |
| 2.2.3. | Auseinandersetzung mit den systemischen Folgen des Ziels | 55 |
| 2.2.4. | Ressourcenidentifikation | 57 |
| 2.2.5. | Handlungen zur Zielerreichung finden | 58 |
| 2.2.6. | „Controlling" | 59 |
| **2.3.** | **Fachliche Quellen des Coachingprozesses** | **60** |
| 2.3.1. | Kepner-Tregoe | 61 |
| 2.3.2. | Selbstorganisiertes Lernen | 61 |
| 2.3.3. | Transfertheorien | 62 |
| 2.3.4. | Das Rubikon-Modell nach Heinz Heckhausen | 62 |
| **2.4.** | **Wie zum „Systemischen" die Werte von Coaching hinzukommen** | **63** |
| 2.4.1. | Voraussetzung für ein Coaching – die Vereinbarung auf den Coaching-Ansatz | 65 |
| 2.4.2. | Die Phasen des Coachingprozesses 65 | |
| 2.4.3. | Wirkungserwartungen der Phasen und Teilphasen des Coachingprozesses | 66 |
| **2.5.** | **Zentrale Strategien innerhalb des Coachingprozesses** | **74** |
| 2.5.2 | Feedbacksystematiken | 76 |
| 2.5.3. | Hypothesengeleitete Feedbacksystematiken zur Ressourcenidentifikation | 79 |
| 2.5.4 | Hypothesenbildung des Coachs | 80 |
| 2.5.5 | Besonderheiten der Auswahl von Feedbacksystematiken | 83 |
| 2.5.6. | Quellen für Feedbacksystematiken | 84 |
| 2.5.7. | Der Perspektivwechsel als zentrale Unterstützung der Grundanliegen und Wirkungsabsichten innerhalb des Coachingprozesses | 85 |

| | | |
|---|---|---|
| 2.5.8 | Einnahme der Perspektive einer anderen Person | 86 |
| 2.5.9. | Einnahme der Perspektive des thematisch relevanten Kontextes | 86 |
| 2.5.10. | Einnahme der Perspektive aus einer Zukunft heraus | 87 |
| 2.5.11 | Einnahme der Perspektive einer auf einem Modell, einer Theorie oder einem Axiom basierenden Feedbacksystematik | 87 |
| 2.5.12 | Methodische Verankerung der Nachhaltigkeit der Selbstorganisation | 88 |
| 2.5.13 | Konstruktivistische Taxonomiestufen | 89 |
| 2.5.14. | Zusammengefasst | 91 |

## KAPITEL 3
## BESONDERE FEEDBACKSYSTEMATIKEN ALS TEIL DER METHODIK

**3. Bedeutung von Werten und abstrakter Ebene für den Coachingprozess 95**

**3.1. Modelle zur Wahrnehmungserweiterung in Bezug auf den thematischen Kontext 97**
- 3.1.1 Das Neue St. Galler Management-Modell — 100
- 3.1.2 Das 10-Felder-Modell — 102
- 3.1.3 Das Vier-Faktoren-Modell der Themenzentrierten Interaktion (TZI) — 104
- 3.1.4 Das Modell des konstruktivistischen Konflikt Kontextes – 3K-Modell — 106
- 3.1.5 Das Modell selbsterlebter Gesundheit — 108
- 3.1.6 Ergänzende Modelle — 110

**3.2. Das Ziel im Coaching 110**
- 3.2.1 Die Komponenten einer Zielformulierung — 114

**3.3. Das MVWK-Modell und seine Anwendungserklärungen 116**
- 3.3.1. Die Entstehung des MVWK-Modells — 117
- 3.3.2. Die Anwendungserklärungen zum MVWK-Modell — 122
- 3.3.3 MVWK Anwendungserklärung 1 — 123
- 3.3.4. MVWK Anwendungserklärung 2 — 125
- 3.3.5. MVWK Anwendungserklärung 3 — 126
- 3.3.6 MVWK Anwendungserklärung 4 — 128
- 3.3.7. MVWK Anwendungserklärung 5 — 129
- 3.3.8. MVWK Anwendungserklärung 6 — 136
- 3.3.9 MVWK-Modell in der Praxis — 137

| | | |
|---|---|---|
| **3.4.** | **Die Hilfsmittel des Coachingprozesses** | **138** |
| 3.4.1. | Motive und Motivdefinitionen | 139 |
| 3.4.2 | Werte | 141 |
| 3.4.3. | Intelligenzen | 143 |
| 3.4.4 | Somatische Marker | 145 |

## KAPITEL 4
## DER COACH

| | | |
|---|---|---|
| **4.** | **Coach und Coachingprozess** | **149** |
| **4.1** | **Die Anforderungen des Kontexts „Coaching" an den Coach** | **149** |
| 4.1.1 | Anforderungen an die „persönliche und sozio-kommunikative Kompetenz" | 149 |
| 4.1.2 | Anforderungen an die „fachlich-methodische Kompetenz" | 151 |
| 4.1.3 | Anforderungen an die „Feldkompetenz" | 153 |
| 4.1.4 | Die „Werkzeuge" des Coachs | 154 |
| 4.1.5 | Supervision des Coachs | 157 |

## KAPITEL 5
## DIE PRAXIS

| | | |
|---|---|---|
| **5.** | **Coaching – eine kurze Wiederholung** | **159** |
| **5.1.** | **Coaching – die praktische Durchführung** | **161** |
| 5.1.1 | Die Anmoderation der Phasen des Coachingprozesses | 161 |
| 5.1.2 | Grundsätzliche Varianten der Anmoderation der Phasen des Coachingprozesses | 162 |
| 5.1.3 | Vor dem Coaching – Die mentale und organisatorische Vorbereitung | 163 |
| **5.2.** | **Die Phase 1 „Kontakt und Kontrakt"** | **165** |
| 5.2.1. | Die Teilphase 1.1 „Vorstellung und Erwartung der Beteiligten" | 166 |
| 5.2.2. | Die Teilphase 1.2 „Coachingablauf, Kommunikationskontext und Selbstorganisation vereinbaren" | 167 |
| 5.2.3. | Die Teilphase 1.3 „Thema und Veränderungswunsch skizzieren" | 171 |

## 5.3. Die Phase 2 – „Systemische Themen- und Zielklärung"    172
    5.3.1    Die Teilphase 2.1 „Thematischen Ist-Kontext systemisch visualisieren"    174
    5. 3. 2    Die Teilphase 2.2 „Ziel festlegen und Folgen reflektieren"    185
    5.3.3.    Reflexion der systemischen Folgen des eingetretenen Ziels    190

## 5.4    Die Phase 3 – Zielorientierte Ressourcenidentifikation und Reflexion    195
    5.4.1    Teilphase 3.1. „Motive, Werte und Intelligenzen zur Zielerreichung ermitteln    198
    5.4.2    Teilphase 3.2 „Werte des Kommunikationskontexts ermitteln"    207
    5.4.3    Teilphase 3.3 „Hypothesengeleitet Ressourcen ermitteln"    211
    5.4.4    Teilphase 3.4 „Ressourcen aus eigenen und fremden Quellen"    215
    5.4.5    Teilphase 3.5 „Bisheriges Analyse- und Lösungsmuster der Selbstorganisation im thematischen Kontext"    219
    5.4.6    Teilphase 3.6 „Feedbacksystematik und somatische Marker etablieren"    223
    5.4.7    Kritische Faktoren in der Phase 3    227

## 5.5    Die Phase 4 – Handlungskompetenz im systemischen Zielkontext festlegen    229
    5.5.1    Die Teilphase 4.1. „Entwicklung und Entscheidung der Handlungsalternativen"    230
    5.5.2    Die Teilphase 4.2. „Handlungsabfolge festlegen (Handlungsplan)"    238
    5.5.3    Die Teilphase 4.3 „Potenzielle Probleme bei der Realisierung des Handlungsplans analysieren"    239
    5.5.4    Die Teilphase 4.4 „Ressourcen- und Planaktualisierung"    240
    5.5.5    Die Teilphase 4.5. „Controllingmerkmale des Handlungsplans festlegen"    242
    5.5.6    Die Teilphase 4.6 „Nachhaltige Selbstorganisation sichern"    243

## 5.6    Die Phase 5 – „Controlling"    244
    5.6.1    Die Teilphase 5.1 „Controlling des Handlungsplans"    245
    5.6.2    Die Teilphase 5.2 „Controlling der nachhaltigen Selbstorganisation"    247

KAPITEL 6
## NACHWORT    251
## IM BUCH VERWENDETE DEFINITIONEN    255

# VORWORT

Coaching boomt. Auch nach Jahren der stetigen Aufwärtsentwicklung ist kein Ende des Coaching-Hypes in Sicht. Gemeinsam mit Coaching boomt die Coaching-Literatur. Vor diesem Hintergrund ist die Frage erlaubt: Muss den zunehmend unüberschaubaren Neuerscheinungen an Coaching-Handbüchern und -Ratgebern nun zwingend ein weiteres Werk hinzugefügt werden? Ich meine: ja. Zumindest für eine Zielgruppe von Lesern, die nicht vordringlich neue „Tools" sucht, deren Anwendung unmittelbaren und sofortigen Erfolg garantiert, wie so mancher Ratgeber hochtrabend verspricht.

Vorliegendes Buch richtet sich an eine Zielgruppe, die mehr will. Es steigt die Zahl interessierter Unternehmen, Personalentwickler, Kunden und auch Coachs, die vor allem die Frage nach der Qualität von Coaching umtreibt. Der Buch von Axel Janßen tastet sich Schritt für Schritt – und dies mit großer Konsequenz – an ein Thema heran, das wie kein anderes die Zukunft von Coaching bestimmen wird: die Qualitätssicherung.

Unter welchen Bedingungen kann Coaching seine volle Wirkung zum Wohle des Klienten (Coachee) entfalten? Sie werden erfahren, dass Coaching einen werteorientierten Rahmen braucht: Dieser grundlegende Wert heißt „Freiheit" und steht in direktem Zusammenhang mit dem prinzipiellen Grundziel eines jeden Coachings: der nachhaltigen „Selbstorganisation" des Klienten. Doch Vorsicht: jeder, der hier zustimmt, sollte sich der Tragweite dieses Einverständnisses bewusst sein. Ein konzentrierter Leser des Werks von Axel Janßen wird nicht lange brauchen, um zu erkennen, dass ein solches Coachingverständnis eine „Bevormundung" des Klienten, aber auch Ratschläge des Coachs an den Klienten definitiv ausschließt.

Ein systemisch-konstruktivistisches Coachingverständnis ist die Grundlage, auf dem der hier vorgestellte Coaching-Ansatz zwingend aufbaut. Und dieser Ansatz wird mit voller Konsequenz durchgehalten. Der in der Tat „neue" Ansatz in vorliegendem Werk liegt im Bewusstmachen, dass nicht nur die vom Klienten geschilderte „Wirklichkeit" eine Konstruktion ist. Auch der Coach ist nicht frei von individuellen Wirklichkeitskonstruktionen, die er im Coaching aber tunlichst ad acta legen sollte bzw. sie zumindest einer kritischen Reflexion unterziehen sollte. Dies heißt zum Beispiel auch, dass nicht nur Ratschläge, sondern auch Erfahrungen des Coachs nicht an den Klienten weitergegeben werden sollen. Denn die Erfahrungen des Coachs sind eben die Erfahrungen des Coachs, zu denen der Klient keinen emotionalen Zugang hat.

Diese können deshalb auch nicht relevant sein für seinen eigenen Lernprozess und nicht die Grundlage seiner eigenen Veränderung bilden.

Die Hürde „Bevormundung" wird von Axel Janßen äußerst niedrig gehängt. Es macht den vielleicht entscheidenden Unterschied aus, ob man Konstruktivismus oder „systemisch" nur auf den Lippen führt – was sich sowohl in der Wissenschaft als auch in der Coaching-Szene fast schon zur Pflichtübung entwickelt hat – oder man den systemisch-konstruktivistischen Ansatz konsequent zu Ende denkt und zum Leitsatz des Handelns auch im Coachingprozess macht.

Wer die mitunter als radikal anmutenden konstruktivistischen Schlussfolgerungen des Autors für den Kontext Coaching in dieser Konsequenz nicht zu teilen vermag, sollte das Buch dennoch nicht vorschnell aus der Hand legen. Denn ebenso wie der Coach in Richtung Klient, vermag auch dieses Buch nichts anderes und nicht mehr, als „Reflexionsangebote" zu liefern. Es ist, wenn Sie so wollen, selbst nur ein „Konstrukt", mit dem es sich kritisch auseinanderzusetzen gilt. So viel sei versprochen: Auch Zweifler werden allen Zweifeln zum Trotz aus einer reichhaltigen Quelle an vielen praktischen Hinweisen, Tipps und Beispielen schöpfen können.

Diese für die Coaching-Praxis äußerst wertvollen und direkt verwertbaren Hinweise haben nichts mit klassischen „Tools" zu tun. Das Buch liefert mehr. Vorgestellt werden Methoden und Modelle, aus denen jederzeit auch Tools abgeleitet werden können. Wie verläuft ein klassischer Coaching-Prozess? Was sind die unabdingbaren Eckpfeiler? Woraus bestehen die Wirkungserwartungen der einzelnen Phasen eines Coachings? Axel Janßen wirft einen gleichsam praktischen wie auch wissenschaftlichen Blick auf alle Aspekte eines Coachings, das nicht an der Oberfläche bleibt, sondern in die Tiefe geht. Indem es – ganz im Sinne des propagierten humanistischen Menschenbildes – die Verantwortung des Klienten für den Erfolg des Coachings gleichsam herausfordert wie auch stärkt. Der Klient allein verantwortet das Ergebnis, der Coach den Prozess! – Auch diese Maxime Janßens ist ein für viele Coachs erst noch zu vollziehender Lernprozess, wenn nicht gar Paradigmenwechsel bisheriger Coaching Praxis.

„Coachen Sie schon oder beraten und bevormunden Sie noch?" Auch so könnte der vielleicht herausforderndere Titel des vorliegenden Buches lauten. Axel Janßen ist etwas Außergewöhnliches gelungen: Sein Werk hat erstens einen konsequent wissenschaftlichen Anspruch, den es in aller Konsequenz aufrechterhält und auch erfüllt. Es liefert zweitens eine Fülle von ganz praktisch verwertbaren Hilfestellungen für einen erfolgreichen Coachingprozess – erfolgreich im Sinne des Klienten. Drittens zeigt es Unternehmen, mit welchen Kriterien sie in einer immer unüberschaubareren Entwicklung beim Thema Coaching die Spreu vom Weizen trennen können. Alle Zielgruppen: Unternehmen, Coachs und Wissenschaftler können ihre helle Freude haben, sofern sie sich auf die herausfordernden Thesen des Autors ernsthaft einlassen und diese für den eigenen Kontext jeweils individuell verwerten.

**STEFAN SCHOLER**
*Coach, Autor und Leiter des Aus- und Fortbildungszentrums der Landeshauptstadt München.*

**HINWEIS DES AUTORS**
Das Buch baut auf der gemeinsam mit Dr. R. Meier entwickelten Deutung von Coaching als einen Kontext, der durch die Werte Freiheit, Freiwilligkeit, Ressourcenverfügung und Selbststeuerung gebildet wird, auf. In diesem Kontext wird mittels eines strukturierten Prozesses eine nachhaltige Selbstorganisation des Coachees, des Teams oder der Gruppe erreicht. In diesem Zusammenhang werden auch Erkenntnisse und Grafiken aus dem gemeinsam herausgegebenen Buch zur Ausbildung von Coachs, „CoachAusbildung – ein strategisches Curriculum" verwendet. Unter anderem sind das die Axiomatik, konstruktivistische Taxonomiestufen und verschiedene Definitionen.

**CoachAusbildung – ein strategisches Curriculum**
Gebundene Ausgabe: 680 Seiten
Verlag: Wissenschaft & Praxis
2. überarbeitete und erweiterte Auflage. (Januar 2011)
ISBN: 978-3896735683

# KAPITEL 1
# GRUNDLAGEN DES SYSTEMISCH-KONSTRUKTIVISTISCHEN COACHINGVERSTÄNDNISSES

## INHALTSVERZEICHNIS

| | | |
|---|---|---|
| 1.1. | Coaching – eine Vision? | 15 |
| 1.2. | Der Konstruktivismus | 18 |
| 1.3. | Coaching ist „systemisch" | 22 |
| 1.3.1 | Fusion zweier Erkenntnisse | 23 |
| 1.4. | Kompetenz und Selbstorganisation | 25 |
| 1.4.1. | Das Kompetenzmodell der „Hamburger Schule" | 26 |
| 1.4.2. | Wechselwirkungen der Kompetenzen | 27 |
| 1.4.3. | Das Kompetenzmodell als Grundlage für Coaching | 28 |
| 1.5. | Kontextbezogenes Faktenwissen | 30 |
| 1.6. | Veränderung und Entscheidungen – das MVWK-Modell | 33 |
| 1.7. | Die Axiomatik des Coachingverständnisses | 41 |
| 1.7.1. | Die 20 Axiome der Hamburger Schule | 42 |
| 1.8. | Die Grundlagen eines systemisch-konstruktivistischen Coachingverständnisses – eine Zusammenfassung | 43 |

## 1.1. COACHING – EINE VISION?

Vielleicht mögen Sie sich kurz einmal vorstellen, ein Unternehmer zu sein. Ein Unternehmer mit eigenem Unternehmen und eigenen Mitarbeitern.

Vermutlich schätzen Sie Ihre Mitarbeiter als ein kostbares Gut, denn Sie wissen, ohne Ihre Mitarbeiter würde kein Kunde in den Genuss Ihrer Produkte oder Dienstleistungen kommen und somit auch kein Gewinn erzielt.

Ihr unternehmerischer Erfolg entsteht durch den Menschen.

Wenn der Mensch selbst entscheidend für Ihren Erfolg ist – wie sieht dann der bestmöglich entwickelte Mitarbeiter aus?

Ein idealer Zustand, eine Vision wäre es, wenn jeder einzelne Ihrer Mitarbeiter selbstständig erkennen würde, welche Anforderungen seine Funktion im Unternehmen aktuell und auch zukünftig an ihn stellt. Aus seiner eigenen Erkenntnis dieser Zusammenhänge heraus würde er selbst entscheiden, wie er sich entwickeln will und das dann ohne fremde Hilfe umsetzen.

Er könnte sich ganz einfach selbst helfen.

Die Anforderungen an die eigene unternehmerische Funktion selbst zu erkennen, bedeutet, sich darüber bewusst zu sein, mit welchen konkreten Themen die eigene Funktion im Unternehmen zusammenhängt.

Neben den eigenen Verantwortlichkeiten für rein unternehmerische Themen wie z. B. Mitarbeiter, Vertrieb, Sekretariat, Prozesse oder auch das Verpacken von Waren, liegt es ebenso in der eigenen Verantwortung, auch menschliche Themen wie z. B. Unzufriedenheit, Konflikte oder Karriere erfolgreich zu managen.

Ein Mitarbeiter, der seine Themen selbst erkennt und gekonnt handhabt, ist ein Mitarbeiter, der weiß, welche emotionalen, fachlichen und materiellen Ressourcen ihm zur Verfügung stehen und wie er diese Ressourcen selbst so organisiert, dass er unterschiedlichste Anforderungen erfolgreich löst.

Nun ist auch der Unternehmer in erster Linie ein Mensch. Doch ist jeder Mensch auch ein Unternehmer in eigener Sache. Er entscheidet selbst, was für ihn gut ist und wie er bestimmte Themen lösen will, unabhängig davon, ob er sich eher in einem beruflichen oder privatem Kontext befindet.

So kann die Vision etwas ausführlicher formuliert werden:
*Jeder Mensch erkennt die Anforderungen unterschiedlichster Situationen selbstständig und kann sich bzw. seine Ressourcen selbst so organisieren, dass er aktuellen und zukünftigen Anforderungen erfolgreich begegnet.*

Nun ist es tatsächlich eine Vision, wenn wirklich jeder Mensch eben dazu in der Lage wäre.

Dieser Zustand wird trotz aller Attraktivität wohl nie erreicht. Andere haben ihn vielleicht schon erreicht.

In der Schule wurden Sie als Mitglied unserer Gesellschaft für „das Leben" vorbereitet, verbunden mit der Hoffnung, dass diese Vorbereitung ausreicht, damit Sie in allen Situationen, die das Leben in der Gesellschaft bereithält, im Sinne dieser Gesellschaft erfolgreich handeln.

Bei der unendlichen Vielfalt an möglichen Situationen konnte „die Schule" nur eine Auswahl treffen. Der Mensch mit seinem individuellen Bedarf kann in jeder Vorbereitung auf „das Leben" unter ökonomischen Gesichtspunkten nur ungenügend berücksichtigt werden.

Eine schulische Vorbereitung, die völlig unterschiedliche Erfahrungen, Voraussetzungen, thematische Bedürfnisse und mögliche zukünftige Situationen des Einzelnen berücksichtigt, wird es wohl in absehbarer Zeit nicht geben.

Eine Vorbereitung des Einzelnen oder auch von Gruppen und Teams in Bezug auf eine zukünftig erfolgreiche Selbstorganisation innerhalb eines bestimmten Themas bzw. für bestimmte Situationen, ist jedoch realistisch und Gegenstand dieses Buches.

Wenn Sie selbst in einer bestimmten Situation sind, spüren Sie vermutlich körperlich und psychisch, ob Sie in dieser Situation vielleicht nicht so erfolgreich oder gerade besonders erfolgreich sind.

Das kann ganz allein auf Ihrer persönlichen Wahrnehmung beruhen. Es kann auch sein, dass Sie eine klare Rückmeldung von anderen oder etwas anderem bekommen haben, die zu diesem Gefühl geführt hat.

Wollen Sie nun wirklich etwas verändern, haben Sie die Entscheidung getroffen, sich selbst in dieser Situation anders als vorher zu managen bzw. zu organisieren. Nur das Was und Wie fehlt noch.

Jeden Tag verändern wir uns tausendfach aus eigener Kraft. Wir treffen Entscheidungen für Handlungen. Geht etwas schief, wissen wir in der Regel, woran das liegt und finden eine Alternative.

In dem Moment, in dem wir einmal nicht wissen, weswegen wir in einem bestimmten Thema nicht so erfolgreich sind, wie wir gerne wären und in dem die bisher probierten Wege, uns selbst erfolgreich zu organisieren, das erhoffte angenehme Gefühl vermissen lassen: in diesem Moment könnten wir Hilfe benötigen, uns selbst zu helfen oder uns selbst (besser) zu organisieren.

Die Organisationsform, die diese Art der Hilfe zur Selbsthilfe ermöglicht, nennt sich Coaching.

Coaching bietet einem Menschen, der sich selbst verändern will, den Rahmen, um

Zusammenhänge und Anforderungen des persönlichen Veränderungsthemas selbstständig zu erkennen, selbst das Ergebnis der Veränderung zu bestimmen und seine Ressourcen selbst so zu organisieren, dass er aktuellen und zukünftigen ähnlichen Anforderungen erfolgreich begegnet wird.

**Coaching ist keine Vision. Coaching organisiert nur den Rahmen mit der Erwartung, dass sich ein Mensch selbst so entwickelt, dass er sich auch zukünftig selbst helfen kann.**

**Auf diese Weise kann Coaching jeden von uns der Vision ein wenig näher bringen.**

### DEFINITION VISION
Vision ist die Erwartung einer maximalen Befriedigung der eigenen Bedürfnisse zu einem unbestimmten Zeitpunkt.

## 1.2. DER KONSTRUKTIVISMUS

Wenn Sie ein wenig Übung in Kommunikation haben, fragen Sie andere vielleicht, was sie unter bestimmten Wörtern verstehen und wie sie welche Zusammenhänge bilden. Sie tun das aus der einfachen Erkenntnis heraus, dass jeder Mensch „seine Welt" aus dem heraus deutet, was er persönlich für wichtig hält. Da Sie nicht wissen können, was einen anderen zu einer bestimmten Deutung veranlasst, fragen Sie einfach nach.

In diesen Situationen kommen Sie der individuellen Wirklichkeitskonstruktion des anderen – dem Konstruktivismus – auf die Spur. Doch was fangen Sie mit der Antwort wirklich an? Wie hilft sie Ihnen weiter? Selbstverständlich erhalten Sie auf diese Weise Informationen, die Ihnen helfen, besser auf den anderen einzugehen bzw. leichter einen Kommunikationskontext zu vereinbaren. Leider kann ein Optimum an dieser Stelle nie erreicht werden. Jede Information des anderen, die Sie wahrnehmen, werden Sie auch interpretieren. Sie gleichen sie mit der emotionalen Referenz in Ihrem Gehirn ab und gelangen so zu einer Bewertung.

Obgleich Sie versucht haben, dem Konstruktivismus des anderen erfolgreich zu begegnen, ist es Ihr eigener Konstruktivismus, der Ihrer Bewertung jede Objektivität nimmt.

Wenn Sie „diagnostizieren", ist Ihre Diagnose der Ausdruck Ihrer individuellen Interpretation des anderen und seines Themas.

Um die eigene Wirklichkeit zu „konstruieren", sind auch die Möglichkeiten der eigenen Wahrnehmung von entscheidender Bedeutung.

Ein Beispiel: Wenn Sie auf Meeresspiegelhöhe auf das Meer schauen, können Sie bei gutem Wetter so weit blicken, wie die Linie von Ihrem Auge bis zum Horizont es Ihnen erlaubt. Sobald Sie auf einen höheren Aussichtspunkt steigen, können Sie deutlich weiter sehen und vielleicht einen Leuchtturm erkennen, der vorher zwar schon da, aber eben nicht zu erkennen war.

Wären Sie nun vorher „auf Meeresspiegelhöhe" von einem anderen gebeten worden, Kurs auf den Leuchtturm zu setzen, hätten Sie das womöglich nicht gekonnt, da der andere den Leuchtturm erkennen konnte, Sie aber nicht.

Was hat das nun mit dem Konstruktivismus zu tun? Wenn „Wirklichkeit" wahrgenommen wird, sind es nicht nur die eigenen Emotionen und Erfahrungen, die die Wahrnehmung beeinflussen. Auch die eigene Biologie entscheidet darüber, ob etwas überhaupt erkannt werden kann, um zur Wirklichkeitskonstruktion herangezogen zu werden.

Nun kann es sein, dass Sie als „Experte" in Ihrer „Diagnose" etwas erkennen, von dem Sie aus Erfahrung wissen, dass das sehr wichtig ist. Was aber ist, wenn der andere genau das nicht erkennen kann, weil es ihm einerseits vielleicht nicht möglich ist oder es ihm andererseits emotional so unwichtig ist, dass es nicht zum Bestandteil seiner Wirklichkeitskonstruktion wird?

Würden Sie darauf bestehen, dass der andere sich mit Ihrer Erfahrung auseinandersetzt oder, etwas vornehmer ausgedrückt, „darüber reflektiert"?

Erfahrungen, die Ausdruck Ihrer individuellen Wirklichkeitskonstruktion sind, können nicht weitergegeben werden. Die emotionale Auseinandersetzung, die zu diesen Erfahrungen geführt hat, fehlt. Unser Gehirn kann die sprachlich transportierte Erfahrung eines anderen nur „andocken" und bewerten, wenn es erkennt, dass diese Informationen bereits mit vorhandenen, eigenen Erfahrungen in Zusammenhang stehen. Erst dann erfolgt aus der (emotionalen) Auseinandersetzung mit den „neuen" Informationen in Bezug auf die vorhandenen Erfahrungen eine Erkenntnis. Auch das ist ein konstruktivistischer Vorgang. Es gibt keine Garantie, dass eine weitergegebene Erfahrung vom anderen auf genau diese Art und Weise angenommen wird. Die eigene Erfahrung, d.h. den eigenen Konstruktivismus anzubieten, kann beim anderen zu Widerständen führen oder einfach nutzlos sein, da nichts „gelernt" wurde.

Wenn Sie Ihre Erfahrung mit einem anderen Menschen teilen wollen, werden Sie damit vermutlich eine gute Absicht verfolgen. Als Führungskraft erhoffen Sie sich vielleicht, dass Ihr Mitarbeiter keinen Fehler begeht. Als Elternteil tun Sie das vielleicht aus Sorge um das Wohl Ihrer Kinder oder Sie machen das vielleicht, um andere einfach nur zu unterhalten.

Hinter jeder Weitergabe von Erfahrung steht eine Absicht. Es wird eine bestimmte Wirkung erwartet. Dazu wird dem anderen die eigene Bewertung angeboten. Er soll über das, was ihm angeboten wird, nachdenken. Damit verbunden ist die Hoffnung, dass die beabsichtigte Wirkung eintreten möge.

Der Empfänger der Erfahrung eines anderen hat nicht die freie Wahl, darüber nachzudenken, welche Zusammenhänge er selbst sieht und welche Bedeutung für ihn dahintersteckt. Er wird aufgefordert, sich mit der Erfahrung des anderen zu beschäftigen. Sein Denken wird in eine bestimmte Richtung gelenkt. In der Psychologie wird ein solches Phänomen als „Priming" bezeichnet.

**DEFINITION PRIMING**
Priming ist der initiale Deutungskontext, der die weitere Deutung beeinflusst.

Nehmen Sie den Konstruktivismus ernst, so ist Ihnen bewusst, dass Ihre Erfahrung ein Konstrukt ist und nicht weitergegeben werden kann. Nicht der Coach organisiert mithilfe seiner Erfahrung die Veränderung seines Coachees, sondern der Coachee organisiert sich aus seiner eigenen Erfahrung heraus selbst.

Wenn im Coaching eine „Selbstorganisation" entstehen soll, muss das Verständnis von Coaching den Konstruktivismus konsequent, d.h. ohne Kompromisse, berücksichtigen.

Der Mensch entscheidet selbst, was er wahrnimmt, was für ihn bei seiner Veränderung von Bedeutung ist, in welchen Zusammenhängen das steht und ob bzw. wann er sich überhaupt verändern will. Er trifft seine Entscheidungen frei von Beeinflussung. Das kann er, weil er grundsätzlich dazu in der Lage ist, sich selbst zu organisieren bzw. zu steuern.

Ein Coaching, das konstruktivistisch ist, verzichtet daher konsequent auf jede Weitergabe von Erfahrungen oder eine „Diagnose" durch den Coach. Mit dem konstruktivistischen Gehalt dieser Handlungen geht immer auch die Gefahr der Manipulation des anderen einher.

Stattdessen „diagnostiziert" der Coachee sich selbst und leitet daraus Handlungen für seine Selbstorganisation ab.

Die konstruktivistischen Rahmenbedingungen eines Coachings können in folgenden Werten zusammengefasst werden:

**FREIHEIT**
Der Mensch (der Coachee, die Gruppe oder das Team) hat die „Freiheit", selbst zu entscheiden bzw. zu wählen, was mit dem Coachingthema zusammenhängt, wie er es bewertet, was er erreicht haben wird, welche Ressourcen er identifiziert und wie er seine Veränderung gestaltet.

**FREIWILLIGKEIT**
Der Mensch entscheidet in „Freiwilligkeit", wie sein Veränderungsthema lautet sowie ob und wann er es erfolgreich bearbeitet haben wird.

**RESSOURCENVERFÜGUNG**
Der Mensch hat zur Entwicklung einer selbst gewollten Veränderung Zugriff auf emotionale Quellen (Motive, Werte, Intelligenzen) und auf reflektiertes Wissen/ Erfahrungen, Fähigkeiten und Fertigkeiten.

**SELBSTSTEUERUNG**
Der Mensch kann Veränderungsanforderungen selbst erkennen und ist fähig, sich selbst so zu steuern, dass er seine Veränderung selbst realisiert.

In diesen Werten liegt auch die deutliche Abgrenzung zur Therapie. Vereinfacht formuliert begegnet die Therapie Menschen, die sich aus unterschiedlichen Gründen aktuell nicht selbst steuern können und/oder keinen Zugriff auf ihre Ressourcen haben und darunter sowohl psychisch als auch körperlich leiden.

Es liegt im Interesse einer Therapie, Selbststeuerung und Ressourcenverfügung wieder herzustellen. Dazu stehen verschiedene Diagnosemodelle zur Verfügung, aus denen sich die konkreten Handlungen des Therapeuten begründen. Eine Orientierung an den o.a. Werten ist innerhalb einer Therapie nur schwer möglich.

Ist die Selbststeuerung und Verfügung über Ressourcen wieder hergestellt, ist die Therapie beendet. Damit ist ab diesem Zeitpunkt eine andere Wertorientierung möglich, z. B. an den Werten von Coaching.

> **DEFINITION KONSTRUKTIVISMUS**
> Der Konstruktivismus ist Ausdruck einer wissenschaftlichen Denk- und Erkenntnishaltung, die davon ausgeht, dass Wissen, Erkenntnisse, Vorstellungen und andere Inhalte nicht naturgegeben sind, sondern vom Menschen als erkennendes Subjekt konstruiert werden.

## 1.3. COACHING IST „SYSTEMISCH"

Manchmal sind Projekte wenig erfolgreich. Wenn Sie für ein Projekt verantwortlich sind, ist es in der Regel an Ihnen, Ihr Projekt erfolgreich zu beenden.

Nun können Sie Ihrem ersten Impuls folgen und gleich eine geeignete Maßnahme kreieren oder zunächst einmal überlegen, womit der gegenwärtige Zustand Ihres Projektes eigentlich zusammenhängt, welche Bedeutung diese Zusammenhänge für Ihr Projekt haben und erst dann die nächsten Schritte planen.

Bei beiden Vorgehensweisen entsteht eine Lösung, jedoch mit einer völlig unterschiedlichen Qualität:

- » Entsteht die Lösung aus einem Impuls heraus, der nur einen einzelnen (konstruktivistisch gedeuteten) Zusammenhang betrifft, so kann später alles tadellos funktionieren. Da andere Zusammenhänge dabei ausgeblendet werden, besteht ein hohes Risiko, dass die Auswirkungen dieser Lösung einerseits nicht den erhofften Effekt bringen. Andererseits kann genau diese Lösung das Projekt an anderer Stelle gefährden, weil eben die Auswirkungen nicht bedacht wurden.
- » Entsteht die Lösung so, dass sämtliche Zusammenhänge bedacht werden, steigt die Wahrscheinlichkeit eines erfolgreichen Abschlusses.

Das Denken in Zusammenhängen ist ganz natürlich. Jeder kann das so gut, wie es ihm seine kognitiven Strukturen ermöglichen. Diese Art zu denken entspricht einem „unternehmerischen Denken". Sie ist einem Denken in „Marketing", verstanden als „Führung vom Markt her", sehr ähnlich oder, etwas moderner formuliert, einem „systemischen Denken" (Adjektiv gebildet aus dem griechischen Wort sistema „Das Zusammengesetzte, das Verbundene").

Erfolgreiche Lösungen berücksichtigen Zusammenhänge. Die Lösung für eine erfolgreiche Selbstorganisation kann nur „systemisch" erfolgen.

Coaching berücksichtigt daher konsequent das „Systemische".

Das „Systemische" bezieht sich im Coaching auf die Zusammenhänge des Veränderungsthemas des Coachees, den sogenannten Kontext des Themas.

**DEFINITION KONTEXT**
Ein Kontext ist ein komplexitätsreduzierter, individuell definierter und gedeuteter (konstruktivistischer) thematischer Bezugsrahmen, an dem sich das eigene Verhalten orientiert.

## 1.3.1 FUSION ZWEIER ERKENNTNISSE

Wenn Sie sich (systemisch) fragen, womit ein bestimmtes Thema zusammenhängt, dann ist Ihre Erkenntnis Ausdruck Ihrer ganz persönlichen Deutung und Bewertung dieser Zusammenhänge und natürlich Ihres Vermögens, bestimmte Zusammenhänge zu erkennen. Sie gestalten das „Systemische" „konstruktivistisch".

Was würde passieren, wenn Sie sich verändern wollen und Ihnen ein anderer sagt: „Das hängt nicht damit zusammen!". Es könnte sein, dass Sie sich in Ihren Überlegungen abgelehnt fühlen, da Sie etwas für wichtig halten, der andere aber nicht.

Ein weiteres Beispiel: Ihnen wird vom anderen seine Analyse der Zusammenhänge präsentiert, in der Hoffnung, dass Sie das berücksichtigen werden: „Daran müssen Sie denken, das ist aus meiner Erfahrung heraus ganz besonders wichtig!"

Wenn Sie den empfohlenen Zusammenhang selbst nicht erkennen können oder die Bedeutung, die der andere seinem Rat selbst gibt, emotional nicht nachvollziehen können, werden Sie diesen Rat vermutlich entweder einfach nicht berücksichtigen oder gar Widerstände aufbauen. Der Konstruktivismus wurde nicht berücksichtigt.

Vielleicht geht es Ihnen bei o.a. Beispiel wie „damals" in der Schulzeit. Ihre schulische Erziehung sah vor, dass Sie sich mit bestimmten Dingen auseinanderzusetzen hatten.

Ob Sie das selbst für emotional attraktiv hielten, wurde nicht gefragt. Aufgrund der Schulpflicht hatten Sie auch nicht die Möglichkeit, sich nicht zu verändern (oder zu lernen). Sie mussten das berücksichtigen, was andere für wichtig erachteten und sich verändern.

Wenn ein Mensch von sich aus beschließt, sich zu verändern, so geschieht das aus seiner ganz individuellen Deutung der Zusammenhänge heraus. Es ist seine emotionale Bewertung der Situation. Er hat die Freiheit, selbst zu entscheiden, ob er sich verändern will.

Wenn unser Entscheidungsverhalten (Wohlwollen) beeinflusst wird, damit wir uns in eine bestimmte Richtung verändern, heißt das nicht, dass wir diese Veränderung auch selbst wollen.

Jede Bewertung unserer Themen und deren Zusammenhänge durch andere ist sicher gut gemeint und in vielen Situationen auch richtig. Doch führt die damit einhergehende Beeinflussung durch die konstruktivistische Deutung eines anderen

» zu möglichen Widerständen gegenüber der Deutung und Bewertung des anderen,
» zu einer künftigen Selbstorganisation, die emotional nicht 100% selbst gewollt und damit in Ihrer Nachhaltigkeit beeinflusst ist,
» zu einem Entscheidungsverhalten, das sich an der Bewertung eines anderen orientiert. Sobald dieser andere nicht mehr da ist, fehlt diese Bewertungsinstanz. Der andere ist zum Bestandteil der Selbstorganisation geworden.

Ein Coachingverständnis, das eine selbst gewollte und nachhaltige Selbstorganisation ermöglichen will, berücksichtigt beides konsequent:

Das „Systemische" und den Konstruktivismus.

## 1.4. KOMPETENZ UND SELBSTORGANISATION

Der Begriff „Kompetenz" entstammt ursprünglich dem lateinischen Begriff competenzia und bedeutet sinngemäß „Zuständigkeit oder Befugnis". Für ein bestimmtes Thema wurde von anderen die Befugnis erteilt, dieses Thema allein zu verantworten.

Wenn Sie selbst für ein bestimmtes Thema verantwortlich sind, werden Sie vermutlich über Wissen zu diesem Thema sowie über bestimmte Fähigkeiten und Fertigkeiten verfügen, um erfolgreich zu handeln bzw. Ihr Thema erfolgreich zu managen. Sie sind zu einem erfolgreichen Handeln „befugt".

Kompetenz kann daher grundsätzlich als Handlungskompetenz in Bezug auf ein bestimmtes Thema verstanden werden.

Nun kann Ihnen jemand sagen, wie Sie etwas genau tun sollen oder wie Sie sich selbst organisieren sollen, um im Zusammenhang mit dem betroffenen Thema erfolgreich zu sein. Setzen Sie das exakt um, würde er Sie wohl als „handlungskompetent" bezeichnen.

Doch was würde passieren, wenn sich die Situation ändert? Funktioniert Ihr altes Handeln immer noch? Ihr gelerntes und angewandtes Vorgehen wurde von anderen nur für eine stabile Situation entwickelt. Die Entwicklung dieser Handlung stammt nicht von Ihnen und kann somit auch nicht durch Sie reproduziert und verändert werden. Sie wären ausschließlich „handlungskompetent" für diese eine Situation.

Handlungskompetenz beinhaltet den Gedanken der Nachhaltigkeit. Aus der Person selbst heraus soll sich das Verhalten erneuern, so dass unterschiedlichsten Situationen eines Themas erfolgreich begegnet wird. Die Voraussetzungen für dieses Verständnis von Handlungskompetenz sind, dass der Mensch selbst die Zusammenhänge und Anforderungen eines Themas erkennt (systemischer Kontext) und bewertet (konstruktivistisch) und all das, worüber er verfügen kann, selbst – d.h. ohne Hilfe – so organisiert, dass er in der Situation „erfolgreich" ist.

Über Handlungskompetenz zu verfügen, ist gleich bedeutend mit einer nachhaltigen Selbstorganisation.

**DEFINITION HANDLUNGSKOMPETENZ**
Handlungskompetenz bedeutet, den Sinn eines Kontextes sowie Unterschiede zu anderen Kontexten zu erkennen und die Koordination aller persönlichen Ressourcen selbstgesteuert in einem situativ-individuellen Handeln zu realisieren.

Um Handlungskompetenz bzw. eine nachhaltige Selbstorganisation zu erreichen, brauchen Sie etwas, auf das Sie zurückgreifen können. Sie brauchen Ressourcen. Welche Ressourcen Sie genau brauchen und wie Sie diese Ressourcen selbst zu neuen Handlungen verbinden, darüber entscheidet der Kontext.

## 1.4.1. DAS KOMPETENZMODELL DER „HAMBURGER SCHULE"

Das Kompetenzmodell der „Hamburger Schule" bietet über die Aufteilung von Handlungskompetenz in 4 Kompetenzbereiche eine Struktur zur kontextbezogenen Identifikation von Ressourcen.

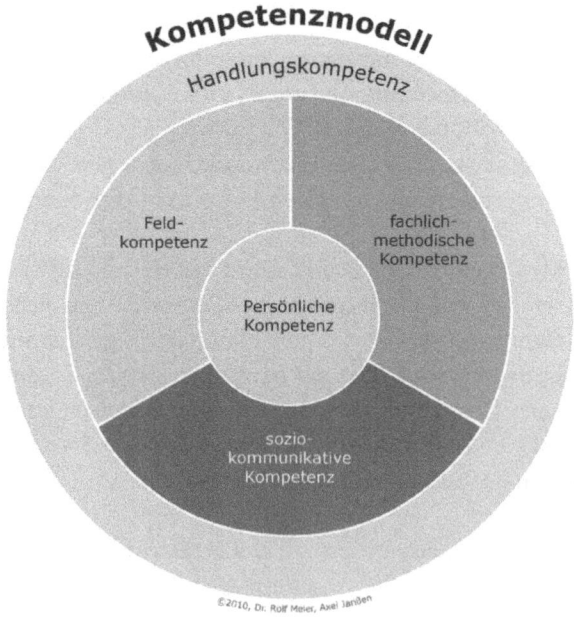

*Abb. 1.4.1. Das Kompetenzmodell*

**PERSÖNLICHE KOMPETENZ**
bedeutet, in einem Kontext eigene Motive, Werte und Begabungen und identifiziert zu haben und sich selbst in seinem Verhalten einschätzen zu können.

**FACHLICH-METHODISCHE KOMPETENZ**
bedeutet, über fachliche Kenntnisse und Fertigkeiten eines Kontextes zu verfügen und Prozesse ergebnisorientiert in diesem Kontext organisieren zu können.

**SOZIAL-KOMMUNIKATIVE KOMPETENZ**
bedeutet, sich in einer Situation selbstgesteuert mit Motiven und Werten der eigenen Person sowie anderer Personen auseinanderzusetzen, Unterschiede zu erkennen, um dadurch einen sozialen Kontext zu vereinbaren, der die Interessen aller Beteiligten berücksichtigt.

**FELDKOMPETENZ**
bedeutet, über reflektierte branchen-, themenspezifische und kulturelle Erfahrung in einem Kontext zu verfügen.

**DEFINITION MODELL**
Ein Modell ist eine komplexitätsreduzierte, abstrakte Darstellung von Wirklichkeit.

## 1.4.2. WECHSELWIRKUNGEN DER KOMPETENZEN

Innerhalb des Kompetenzmodells stellt der Bereich „Persönliche Kompetenz" den Mittelpunkt dar, mit dem alle anderen Kompetenzbereiche in Beziehung stehen.

Haben Sie schon einmal überlegt, welcher Zusammenhang zwischen Ihren eigenen Motiven, Werten, Begabungen und dem, was Sie fachlich oder methodisch richtig gut können, existieren könnte?

Vereinfacht gesagt werden wir in der Regel nur richtig gut in Sachen, die uns Spaß machen, also in den Themen, die für unsere eigenen Motive, Werte und Begabungen emotional attraktiv sind.

Kompetenzen sind systemisch. Sie bilden einen Zusammenhang. Aus der erfolgreichen Selbstorganisation, den mit den Kompetenzen verbundenen Ressourcen entsteht die Handlungskompetenz. Handlungskompetenz bezieht sich dabei immer auf einen bestimmten Kontext. Der Kontext selbst wird durch den Coachee systemisch beschrieben und konstruktivistisch bewertet.

### 1.4.3. DAS KOMPETENZMODELL ALS GRUNDLAGE FÜR COACHING

Mit dem Kompetenzmodell steht einem konsequent systemisch-konstruktivistischem Coachingverständnis eine grundlegende Struktur zur Verfügung, aus der abgeleitet werden kann, welche Ressourcen grundsätzlich im Rahmen einer Selbstorganisation in Bezug auf ein Thema identifiziert werden müssen und welche Wirkungserwartung Coaching hat:

Coaching will in Bezug auf ein Thema eine nachhaltige Selbstorganisation – kurz Handlungskompetenz im Thema – erreichen.

Coaching geht davon aus, dass der Coachee (als Einzelner, Gruppe oder Team) sich bisher im wahrgenommenen Kontext selbst so organisiert hat, dass er (noch) keine Handlungskompetenz erreicht hat.

Aus seiner bisherigen emotionalen Auseinandersetzung mit dem Thema ist die Erkenntnis hervorgegangen, dass die gegenwärtige Selbstorganisation seiner Ressourcen in Bezug auf das Thema sowohl psychisch als auch biologisch kein „Wohlbefinden" auslöst. Diesen Zustand will er verändern hin zu einem psycho-biologischem Wohlbefinden in Bezug auf seine Handlungskompetenz.

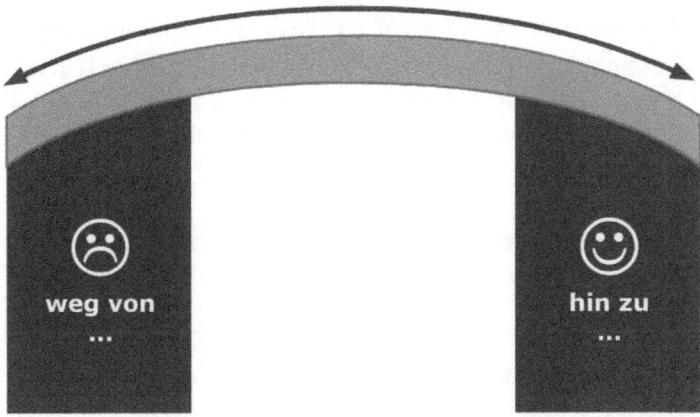

*Abb. 1.4.3.1. Veränderung als Hinwendung zum psycho-biologischen Wohlbefinden*

Aus der „IST-Handlungskompetenz" wird durch Coaching die selbst gewollte „SOLL-Handlungskompetenz".

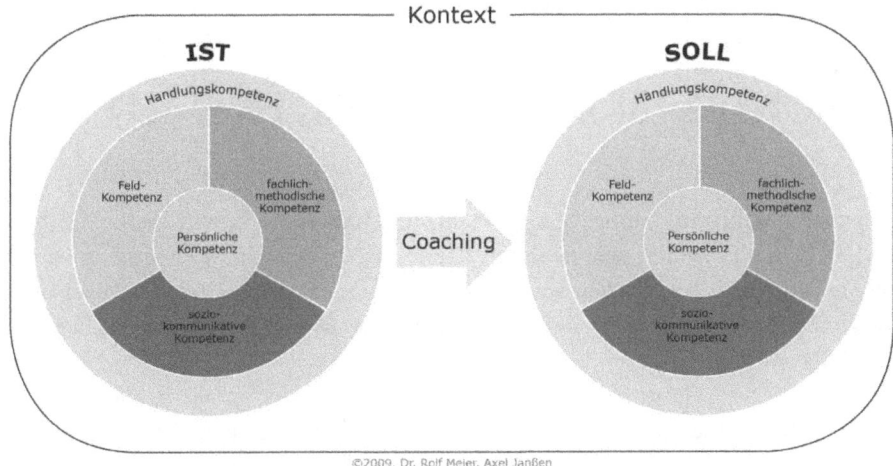

*Abb. 1.4.3.2. Vom Ist zum Soll*

Als in Freiheit lebender Mensch bleibt es Ihnen überlassen, ob Sie sich verändern oder nicht.

Wenn Sie sich mit einem Zustand pudelwohl fühlen, werden Sie höchstwahrscheinlich an diesem Zustand nichts verändern wollen. Diesen Zustand spüren Sie einerseits emotional (psychisch) – er fühlt sich angenehm an – und andererseits auch biologisch: Ihr Körper signalisiert Ihnen „Wohlbefinden". Es gibt keinen attraktiven Grund, sich zu verändern.

Erst wenn Sie für sich feststellen, dass sich ein gegenwärtiger Zustand psychisch und biologisch unangenehm anfühlt, wird eine Veränderung für Sie attraktiv.

**DEFINITION VERÄNDERUNG**
Veränderung ist der Wunsch zu überleben und/oder das Streben nach dem „Besseren".

*Anmerkung: Im Rahmen des in diesem Buch vertretenen Coachingverständnisses könnte anstatt von „nachhaltiger Selbstorganisation" auch von „nachhaltiger Handlungskompetenz" gesprochen werden. Da jedoch der Begriff „Handlungskompetenz bereits durch verschiedenste andere Deutungen mehrfach belegt ist, wird in diesem Buch von „Selbstorganisation" gesprochen.*

## 1.5. KONTEXTBEZOGENES FAKTENWISSEN

Wenn Sie Eigentümer einer eigenen Insel sind, haben Sie sicherlich die Freiheit, so viel Lärm zu machen, wie es Ihnen beliebt oder Ihr Haus so kreativ zu bauen, wie Sie es selbst möchten. Theoretisch gibt es für Sie auf Ihrer eigenen Insel keine Einschränkungen in Ihrer Freiheit, sich selbst zu entfalten. Sie können machen, was immer sie wollen.

Sobald jedoch eine zweite Person hinzukommt, verändert sich Ihr Kontext. Der anderen Person sind vielleicht in bestimmten Situationen andere Dinge wichtig als Ihnen. Sie können natürlich weitermachen wie bisher oder aber das, was der anderen Person wichtig ist, mit in Ihre Überlegungen einbeziehen. Die Tatsache oder der Fakt, dass diese andere Person da ist, beeinflusst die Freiheit, die Sie in Ihren Entscheidungen haben.

Wenn Sie auf Ihrer Insel kein reiner „Selbstversorger" sind, werden Sie in Beziehung zu anderen treten und Produkte oder Dienstleistungen einkaufen, sei es nur mit dem Arzt, der Ihnen die richtige Medizin verschreibt. Anderen, aber auch Produkten und Dienstleistungen sind ebenfalls wieder Dinge wichtig. So will ein Produkt, das leicht verderblich ist, gekühlt oder schnell verzehrt werden. Eine Dienstleistung orientiert sich an bestimmten Abläufen, die eingehalten werden müssen. Bevor der Zahnarzt bohrt, stellt er eine Diagnose.

Obgleich Sie auf einer Insel sind, gehen Sie viele Vereinbarungen ein, die Sie in Ihrer Freiheit, selbst zu entscheiden, einschränken.

Jede Vereinbarung kann theoretisch zwischen Ihnen und anderen frei ausgehandelt werden, so dass Ihre Interessen dabei bestmöglich berücksichtigt werden können. Ist etwas „vereinbart", sind Sie immer noch frei in der Entscheidung, sich an diese Vereinbarung zu halten oder nicht. In jedem Fall müssen Sie jedoch für die Folgen einstehen.

In einer Gesellschaft lebt eine Vielzahl von Menschen miteinander. Damit das Miteinander reibungslos funktioniert, werden grundsätzliche Vereinbarungen formuliert, z.B. die Verfassung (Kontext: Staatsgebiet). Darauf baut wiederum eine Vielzahl konkreter Vereinbarungen für spezifische Kontexte auf, die in unterschiedlichen Gesetzen und Verordnungen niedergelegt sind. Sofern Sie Teil des Kontextes sind, für den diese Vereinbarungen gelten, sind Sie aufgefordert, sich daran zu orientieren. Voraussetzung dafür ist, dass Sie nicht nur den Namen der jeweiligen Vereinbarung kennen, sondern auch deren faktische Inhalte.

Im Kontext Straßenverkehr können Sie selbst entscheiden, ob Sie sich an der Straßenverkehrsordnung orientieren oder nicht. Wollen Sie aber erfolgreich sein, wird sich z. B. Ihre Entscheidung für eine bestimmte Geschwindigkeit an der StVO orientieren.

Es ist eine Tatsache bzw. ein Fakt des Kontextes, dass im Straßenverkehr in Deutschland die StVO gilt.

Eine Führungskraft ist nie frei in ihren Entscheidungen. Das Unternehmen hat faktisch das Interesse an einer Wertschöpfung. Es gilt zudem, in den eigenen Entscheidungen geltendes Recht, Vereinbarungen, Prozesse u.v.m. zu beachten. Hat die Führungskraft noch Mitarbeiter, ist das ebenfalls ein Fakt, der in unterschiedlichen Führungskontexten zu berücksichtigen ist.

Kein Mensch ist eine Insel. Ab dem Moment, ab dem wir mit anderen in Beziehung treten, gelten die Fakten der jeweiligen Kontexte. Wir sind frei darin, sie zu beachten oder nicht. Entscheiden wir uns dafür, sie zu beachten, schränken sie unsere Freiheit ein.

Freiheit, als Freiheit im Handeln verstanden, bezieht sich darauf, die Möglichkeiten zur „freien Entscheidung" innerhalb der Fakten eines Kontextes zu erkennen, sich mit ihnen auseinanderzusetzen und sie auszuschöpfen.

Sich vom thematischen Kontext her selbst zu organisieren bedeutet daher immer, sich auch mit den Fakten des Kontextes auseinanderzusetzen.

Die Fakten eines Kontextes stehen der Freiheit, selbst zu entscheiden, nicht entgegen. Es sind Tatsachen, die in der Entscheidung für ein Handeln berücksichtigt werden wollen.

Ob und wie sie berücksichtigt werden, liegt in der Freiheit des Handelnden.

Im Coaching gelten die Werte „Freiheit" und „Freiwilligkeit". Das bedeutet für den Coach, dass er konsequent auf jede Bewertung verzichtet. Auch in Bezug auf kontextbezogene Fakten muss er auf jede eigene Bewertung dieser Fakten verzichten, da er sonst durch seine Bewertung in die freie Entscheidung des Coachees eingreift, ob und wie diese Fakten zu berücksichtigen sind. Die Fakten des Kontextes selbst entspringen nicht der konstruktivistischen Deutung des Coachs. Dies gilt beispielsweise für ein Gesetz, das faktisch mit dem Kontext zu tun hat, dass es Mitarbeiter oder Kinder gibt. Solange der Coach sich am Wert „Freiheit" orientiert, kann er Tatsachen, die faktisch da sind, zur Auseinandersetzung mit dem Kontext des Themas anbieten. Voraussetzung ist, dass dem Coach die Fakten bekannt sind.

Sämtliche Gesetze, Verordnungen, Vereinbarungen, Verträge u.ä. sind kontextbezogene Fakten. Sie sind da, werden aber nicht vom Coach gedeutet. Wenn der Coach vor dem Coaching im Gespräch mit seinem Kunden erfährt, dass sein Kunde Kinder hat, so ist auch das ein Fakt. Liegt seinem Kunden das Ergebnis eines 360-Grad-Feedbacks vor, handelt es sich hierbei ebenfalls um einen Fakt. Hat das Unternehmen ein Leitbild formuliert, ist das ein Fakt.

Die Fakten eines Kontextes können, sofern der Coachee sie nicht selbst entdeckt, durch den Coach jederzeit zur Auseinandersetzung angeboten werden, allerdings unter der Voraussetzung, dass sie von ihm nicht interpretiert wurden und auch dem Coachee zugänglich sind.

Die Fakten des Kontextes stehen einem konsequent systemisch-konstruktivistischem Coachingverständnis nicht entgegen. Ob sie hingegen vom Coachee als Fakt angenommen werden und welche Bedeutung sie in bei Entscheidungsbildung haben, das entscheidet der Coachee. Auf der einen Seite begrenzen diese Fakten also die Freiheit zu entscheiden, auf der anderen Seite bilden sie den Rahmen, innerhalb dessen Freiheit möglich ist.

# 1.6. VERÄNDERUNG UND ENTSCHEIDUNGEN – DAS MVWK-MODELL

Wenn Sie jemandem sagen: „Ich liebe Dich", ist dieser Satz das Ergebnis einer Entscheidung. Bevor Sie diesen Satz sagen, erfolgt eine innere Auseinandersetzung, aus der für Sie hervorgegangen ist, ob Sie diesen Satz sagen, wann Sie diesen Satz sagen, wie Sie ihn sagen und in welchem Zusammenhang Sie ihn sagen.

In Ihrem Leben haben Sie Erfahrungen gesammelt. Bei jeder Entscheidung, die Sie treffen, greifen Sie auf diese Erfahrungen zurück. Erfahrungen sind die emotionale Referenz, die Ihr Handeln beeinflusst. Jedes Erlebnis, das von anderen unterscheidbar ist, erhält von Ihrem Gehirn eine emotionale Bedeutung. War das Erlebnis angenehm oder unangenehm? Und was hat es dazu gemacht? Eine Erfahrung, die als unangenehm empfunden wurde, werden Sie nicht wiederholen wollen. Bei jeder Entscheidung sucht Ihr Gehirn nach einer passenden emotionalen Referenz. Sind es zu viele Referenzen, reduziert Ihr Gehirn die Komplexität und trifft eine Auswahl.

Jede Situation, ob aktuell oder künftig, wird aus einer eigenen emotionalen Referenz heraus bewertet.

Jede Entscheidung, die Sie treffen, basiert auf Ihrer konstruktivistischen Deutung der für Sie selbst erkennbaren Zusammenhänge und den möglichen Folgen für Ihr eigenes psychisches und biologisches Wohlbefinden.

Waren Sie bisher mit Ihren Entscheidungen, die zum Satz „Ich liebe Dich" führten, zufrieden, ging damit ein psycho-biologisches Wohlbefinden einher. Es besteht also kein Grund für Sie, irgendetwas an Ihrer Entscheidungsbildung zu verändern. Erst in dem Moment, in dem Sie spüren, dass die Folgen Ihrer Entscheidung keinen Beitrag zu Ihrem Wohlbefinden leisten, entsteht das Bedürfnis nach einer Veränderung.

**DEFINITION VERÄNDERUNG**
Veränderung ist der Wunsch zu überleben und/oder das Streben nach dem Besseren (bzw. nach einem psycho-biologischen Wohlbefinden).

Wenn Sie zwei andere Menschen in einer für sie identischen Situation betrachten, ist es unwahrscheinlich, dass beide Menschen diese Situation auf identische Art und Weise interpretieren und das Erlebte übereinstimmend schildern. Jeder wird die Situation aus sich selbst heraus interpretieren und ein Erlebnis anders beschreiben. Jede Beschreibung ist konstruktivistisch und enthält das, was jeder in dieser Situation bzw. in diesem Kontext persönlich als wichtig empfunden hat bzw. was ihm wertvoll erschien. Auch die Entscheidung, „Ich liebe Dich" zu sagen, orientiert sich an dem, was für die Entscheidungsbildung individuell „von Wert" ist.

**Unser Entscheidungsverhalten wird von Werten beeinflusst.**

Für die oben beschriebene Handlung, „Ich liebe Dich" zu sagen, können das beispielsweise folgende Werte sein:

**DIE EIGENE EMOTIONALE ERFAHRUNG**
Früher wurde dieser Satz vielleicht nicht gesagt, mit den Folgen, dass eine Beziehung nicht zustande kam und damit ein unangenehmes Gefühl einherging.

Den Satz als solchen zu sagen, kann wichtig, also ein Wert, sein. Es kann auch sein, dass Sie einmal gespürt haben, dass Sie mit einer ausschließlichen Orientierung an dem, was nur Ihnen wichtig ist, nicht erfolgreich waren. Möglicherweise orientieren Sie sich daher jetzt an dem, was anderen wichtig ist.

## WERTE DER ODER DES ANDEREN
Orientiert man sich am Kompetenzmodell, entsteht ein Kontext, in dem Kommunikation dann erfolgreich ist, wenn die Werte des Kommunikationspartners berücksichtigt werden. Vielleicht kennen Sie Ihren Partner gut (oder nehmen das an) und wissen, dass ihm die Aussicht auf eine gemeinsame Zukunft sehr wichtig ist. Der Wert „gemeinsame Zukunft" beeinflusst Ihr Verhalten.

Möglicherweise sprechen Sie mit einer „zukunftsbejahenden Stimme".

## WERTE DRITTER
Vielleicht ist es den eigenen Angehörigen oder anderen, die direkt oder indirekt an der Entscheidung, „Ich liebe Dich" zu sagen, beteiligt sind, wichtig, dass ihre Werte bei der Entscheidungsbildung berücksichtig werden. Je nachdem, welche emotionale Bedeutung die Berücksichtigung dieser Werte für Sie als den Entscheidenden hat, beeinflussen diese Werte Ihre Entscheidung. Sie fließen in den Kommunikationskontext ein und verändern Ihr Verhalten.

Möglicherweise ignorieren Sie auch die Werte Dritter, weil Sie die Folgen daraus als unbedenklich einstufen.

## DIE UMGEBUNG
Es soll vielleicht ein feierlicher Moment in einer ästhetisch ansprechenden Umgebung sein. Ist Ihnen selbst das wichtig? Ihrer Partnerin oder Ihrem Partner? Anderen? Unabhängig davon, wer am Wert „Ästhetik" beteiligt ist: sobald dieser Wert in die Entscheidungsbildung mit einbezogen wird, beeinflusst er das Verhalten.

Möglicherweise wählen Sie einen Ort, der für beide besonders schön ist.

Die hier aufgelisteten Werte sind lediglich Beispiele. Welche Werte die Entscheidung und damit das Verhalten einer anderen Person beeinflussen, kann kein anderer diagnostizieren. Er würde es aus dem heraus, was ihm selbst wichtig ist, tun. So konnten auch die o. a. Beispiele nur „im Konjunktiv" formuliert werden.

Was bleibt, ist die Erkenntnis, dass sich Verhalten an Werten orientiert. Welche Werte das sind, ist das Ergebnis einer konstruktivistischen Interpretation einer Situation bzw. des Kontextes.

Aus der individuellen Auseinandersetzung (oder Reflexion) mit allem, was für einen selbst erkennbar mit einer Situation zusammenhängt und emotional wichtig ist (Kontext), entstehen Entscheidungen für ein bestimmtes Verhalten.

Wann, wie und in welchem Zusammenhang Sie den Satz „Ich liebe Dich" sagen, ist das Ergebnis Ihrer individuellen Bewertung, die zu einer Entscheidung für Ihr Verhalten geführt hat.

**DEFINITION WERT**
Ein Wert dient der individuellen Orientierung für (emotional) attraktives Verhalten.

Viele Unternehmen geben sich Leitbilder. Genau genommen formuliert ein Leitbild „Werte" in der Hoffnung, dass alle Unternehmensangehörigen (im Kontext „Unternehmen" ) sich zum Wohle des Unternehmens an diesen Werte orientieren, d.h. sich selbst in ihrem Verhalten so organisieren, dass sie diese Werte zu jeder Zeit berücksichtigen.

Auch die Werte „Freiheit", „Freiwilligkeit", „Ressourcenverfügung" und „Selbststeuerung" dienen dem Coach im Kontext Coaching als Orientierung für sein Verhalten als Coach. Sie sind quasi ein Leitbild für den Kontext Coaching.

**Da Coaching eine nachhaltige Selbstorganisation auslösen will, ist die Beschäftigung mit Werten ein grundsätzlicher Bestandteil des Coachings.**

Doch weswegen sind manche Werte für einige Menschen so attraktiv, dass sie ihr Verhalten daran orientieren, für andere Menschen aber nicht?

Es kann passieren, dass mit viel Aufwand und Kosten ein Leitbild formuliert wurde, an das niemand sich hält, weil die darin angebotenen Werte keine Motivation auslösen.

Motive spielen neben Werten eine entscheidende Rolle, wenn es um Verhalten geht. Die Motivation, sich in einer bestimmten Art und Weise zu verhalten, entsteht nicht aus der Vernunft heraus. Sie ist kein bewusster Vorgang, sondern entsteht in Kontexten durch eine emotionale Ansprache der Motive.

Die Psychologie kennt die „klassischen 3" – die so genannten Grundmotive:

**LEISTUNG**
Das Streben danach, etwas Schwieriges zu bewerkstelligen bzw. einen hohen Leistungsstandard zu erreichen.

Dieses Motiv steht im Zusammenhang mit körperlicher Aktivität, Risikobereitschaft, Eigenverantwortung, Risikovermeidung und dem Verlangen nach positiver Rückmeldung in Bezug auf die eigene Leistung.

**MACHT**
Streben nach Einfluss, Kontrolle, Durchsetzung, Wirkung auf andere, Prestige und Anerkennung.

**ANSCHLUSS** (Zugehörigkeit)
Streben nach positiven Kontakten zu anderen Menschen. Aufbau, Aufrechterhaltung oder Wiederherstellung positiver, freundschaftlicher Beziehungen zu anderen Menschen.

Die Grundmotive bieten eine Struktur, mit der Motive unterscheidbar werden. Sie sind sprachlich sehr abstrakt formuliert. Um einen höheren Erkenntnisgewinn zu ermöglichen, werden aus den hoch abstrakten Beschreibungen der Grundmotive in der Regel konkrete Motivdefinitionen abgeleitet und als Struktur zur besseren Unterscheidung von Motiven verwendet. Ein Beispiel dafür finden Sie im nächsten Kapitel unter dem Begriff „Motivationspotenzialanalyse, MPA".

Motive können als stabiler Bestandteil der Persönlichkeit angesehen werden. Jemand hat z. B. grundsätzlich große Lust, positive Kontakte zu anderen Menschen aufzubauen – egal in welchem Alter. Doch wird nicht jede Situation diese Lust zu einem Kontaktaufbau ansprechen. Wenn Sie ein Motiv „Anschluss" in sich spüren, wird dieses Motiv nicht in jeder Situation angeregt oder sich von sich aus melden. So kann es sein, dass Sie in einem Wartesaal keinen Kontakt suchen, beim Einkaufen schon. Zu wem Sie Kontakt suchen und wie Sie sich konkret verhalten, sind Entscheidungen, die sich an den Werten orientieren, die Sie in der jeweiligen Situation als wichtig erachten.

Ihre Entscheidung, mit wem Sie Kontakt aufnehmen und wie Sie die Kontaktaufnahme gestalten, hängt davon ab, an welchen Werten Sie sich im Kontext orientieren.

In einem Motiv liegt der grundsätzliche Beweggrund für ein attraktives Verhalten. Die Werte konkretisieren die Richtung bzw. die Art und Weise des Verhaltens.

**DEFINITION MOTIV**
Ein Motiv ist ein unspezifischer Beweggrund für Verhalten.

**Da Coaching eine nachhaltige Selbstorganisation auslösen will, ist die Beschäftigung mit Motiven ein grundsätzlicher Bestandteil des Coachings.**

Wenn Sie einmal darüber nachdenken wollen, welche Motive Ihr Verhalten in einer bestimmten Situation (Kontext) beeinflusst haben, brauchen Sie als Grundlage

» faktisches Wissen, was ein Motiv ist (Definition),
» ein Unterscheidungsangebot bzw. eine Struktur von Motiven, z. B. Leistung, Macht, Anschluss.

Aufbauend auf dieser Grundlage können Sie überlegen, wie stark Sie generell jedes Motiv in sich spüren. Spüren Sie es nicht, können Sie es nicht verwenden, um Zusammenhänge zu Ihrem Verhalten zu erkennen.

Die Motive, die Sie für sich als generell vorhanden identifiziert haben, können Sie jetzt nehmen und sich fragen: „Welche Motive haben mein Verhalten in dieser Situation beeinflusst?" „An welchen Werten hat sich mein Verhalten orientiert?"

Wenn Sie Ihr Verhalten ändern wollen, so hängt auch das mit Motiven, Werten und Kontexten zusammen.

## 1.6.1. DAS MVWK-MODELL

Der Zusammenhang von Motiven, Werten und Verhalten in einem Kontext wird durch das MVWK-Modell dargestellt.

Die Besonderheit an diesem Modell ist, dass es ausschließlich konstruktivistisch verwendet wird.

Verhalten kann nicht vorher gesagt werden. So ist das MVWK-Modell inhaltsleer. Erst in dem Moment, in dem jemand eine Erklärung sucht, wird es durch ihn selbst mit Inhalten gefüllt. Denn nur diese Person kann ehrlich bewerten,

» was der Kontext ist,
» auf welche Motive zurückgegriffen wurde
» und an welchen Werten sich das Verhalten orientiert hat.

**Da Coaching eine nachhaltige Selbstorganisation auslösen will, ist die Beschäftigung mit der kontextbezogenen Wechselwirkung von Motiven, Werten und dem daraus resultierenden Verhalten ein grundsätzlicher Bestandteil des Coachings. Eine Veränderung, die für die eigenen Motive und Werte nicht attraktiv ist, wird nie nachhaltig sein.**

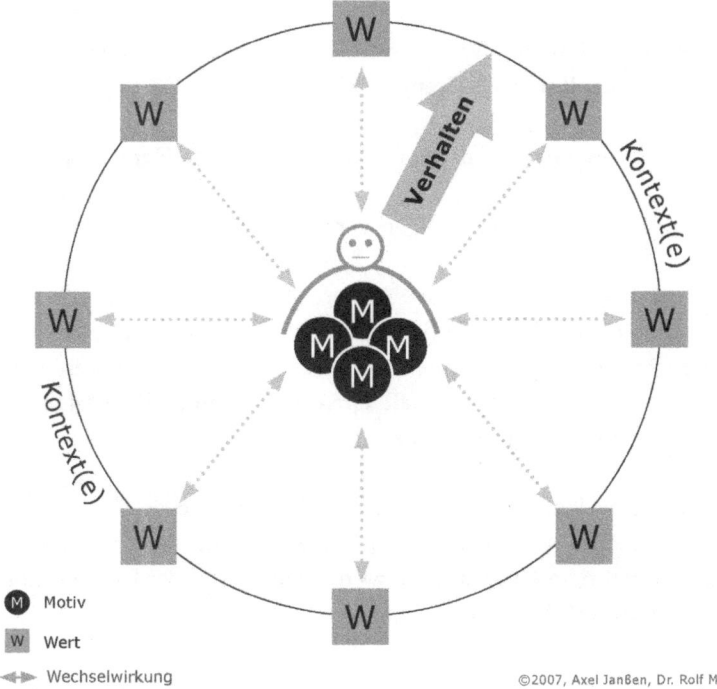

*Abb. 1.6.1. Das MVWK-Modell*

Das MVWK-Modell und das Kompetenzmodell sind nahe Verwandte. Beide Modelle sind „inhaltsleer" und werden ausschließlich konstruktivistisch verwendet, d.h. der Anwender füllt es mit den Inhalten, die für ihn im Zusammenhang mit seinem Veränderungsthema eine Bedeutung haben.

Der Kontext ist in beiden Modellen von entscheidender Bedeutung. Er beschreibt, was im Zusammenhang mit dem Veränderungsthema emotional wichtig bzw. „von Wert" ist.

Jedes Verhalten orientiert sich an diesen Werten.

**DEFINITION KONTEXT**
Ein Kontext ist ein komplexitätsreduzierter, individuell definierter und gedeuteter (konstruktivistischer) thematischer Bezugsrahmen, an dem sich das eigene Verhalten orientiert.

Das Kompetenzmodell bietet dem Anwender ein Konstrukt, um sich in Bezug auf sein Coachingthema selbst zu erklären,

a. ausgehend von einem bestehenden Verhalten (IST- Handlungskompetenz) oder
b. ausgehend von einem zukünftigen Verhalten (Handlungskompetenz),

auf welche Ressourcen aus den Kompetenzbereichen er aktuell zugreift, so dass sein bisheriges Verhalten entsteht. Außerdem kann sich der Anwender auf der Grundlage des Kompetenzmodells selbst erklären, auf welche seiner Ressourcen er zukünftig zugreifen müsste, um mit einem alternativen Verhalten zukünftig erfolgreich zu sein bzw. Handlungskompetenz zu erreichen.

Die Entscheidung, welche Ressourcen ausgewählt und wie sie zu einem Verhalten organisiert werden, orientiert sich dabei an der Bedeutung, die diese Ressourcen im Zusammenhang mit dem Coachingthema für den Anwender haben – kurz: seine Entscheidung orientiert sich an Werten.

Das MVWK-Modell reduziert die Komplexität des Kompetenzmodells auf diese werteorientierte Entscheidungsbildung.

Gemeinsam mit der Axiomatik bilden beide Modelle die zentralen Konstrukte, mit denen innerhalb eines systemisch-konstruktivistischen Coachingverständnisses

- » Handlungskompetenz als Ergebnis einer erfolgreichen, kontextbezogenen Selbstorganisation beschrieben wird und
- » Verhalten sowie Veränderung (Entscheidungen) als Ergebnis einer kontextbezogenen Wechselwirkung von Motiven und Werten

bezeichnet wird.

## 1.7. DIE AXIOMATIK DES COACHINGVERSTÄNDNISSES

Nun mag Sie ein Wort wie Axiomatik an dieser Stelle vielleicht erschrecken, da es meist eher naturwissenschaftlich verwendet wird.

> **DEFINITION AXIOM**
> Ein Axiom ist ein Grundsatz, der als „wahr" angenommen wird. Als wissenschaftlicher Begriff stellt ein Axiom den Ausgangspunkt einer Theorie dar.

Als Coach stellen Sie mit dem Coaching eine Organisationsform bereit, die es Ihrem Coachee (als Einzelnem, Gruppe oder Team) ermöglichen soll, sich nachhaltig selbst erfolgreich zu verändern bzw. zu organisieren. Es geht um „Veränderung". Wollen Sie nicht aus Ihrer Lebenserfahrung heraus handeln, sondern Ihr Coachingverständnis und Ihre Handlungen als Coach prüfen und begründen, benötigen Sie Fachwissen über Veränderung und alles, was mit diesem Thema zusammenhängt. Sie könnten dazu vielleicht auf Wissen aus einem entsprechenden Studium zurückgreifen oder viele Bücher lesen, um theoretisch für die Praxis gut gerüstet zu sein.

Wenn Sie stattdessen auf eine Axiomatik zurückgreifen können und diese auch verstehen, verfügen Sie kompakt über die wesentlichen Grundsätze Ihres Coachingverständnisses.

## 1.7.1. DIE 20 AXIOME DER HAMBURGER SCHULE

1. Coaching vollzieht sich unter den verschiedensten Rahmenbedingungen; entscheidend ist die Beachtung folgender Werte:

   **Freiheit:** Durch den Coachee, die Gruppe oder das Team selbst festgelegte nachhaltige Selbstorganisation.
   **Freiwilligkeit:** Der Coachee, die Gruppe oder das Team entscheiden ihre Veränderungsthematik und den Zeitpunkt selbst.
   **Ressourcenverfügung:** Der Coachee, die Gruppe oder das Team haben selbstständigen Zugriff auf die Ressourcen, die zur Selbstorganisation und Veränderungsrealisierung benötigt werden.
   **Selbststeuerung:** Der Coachee, die Gruppe oder das Team sind dazu in der Lage, Veränderungsanforderungen selbst zu erkennen und selbst zu realisieren.
2. Coaching muss der Komplexität der Lebens- und Erfahrungswelt des Coachees, der Gruppe oder des Teams gerecht werden. In diesem Sinne ist Coaching immer „systemisch".
3. Coaching führt den Coachee, die Gruppe oder das Team von linearem zu vernetztem Denken und Handeln. Es geht darum, innerhalb eines „Bezugskontextes" Freiheitsgrade für eigenes Verhalten zu identifizieren und zu „Vergleichbarem" zu erweitern.
4. Coaching basiert auf Modellen von wissenschaftlicher Erkenntnis.
5. Coaching definiert sich über eine wertegeleitete Arbeitshaltung und operationalisierbares Handwerk (Einhalten der Prozessstruktur).
6. Die Lösung liegt im Coachee, in der Gruppe oder im Team.
7. Erfahrungen bilden die Grundlage jeder individuellen und kollektiven Wirklichkeitskonstruktion.
8. Systemisches Denken und konstruktivistisches Denken und Handeln sind nicht identisch, ergänzen sich aber.
9. Motivgeleitete Interessen und Erkenntnis bilden einen Zusammenhang.
10. Menschen orientieren sich innerhalb individuell definierter und gedeuteter Kontexte an Werten.
11. Ein Kontext (Konstrukt oder auch Handlungssystem) ist dem Individuum, der Gruppe oder dem Team dann bewusst, wenn es/sie ihn kognitiv erschließen kann/können.
12. Körper, Gehirn, Geist und Emotionen bilden eine unzertrennbare Einheit.
13. Entscheidungen für ein Verhalten/eine Handlung werden durch Motive, Bedürfnisse sowie durch Werte innerhalb von gedeuteten Kontexten beeinflusst.

14. Menschen handeln, da sie für sich einen persönlichen Vorteil im Sinne der Erfüllung von Motiven, Bedürfnissen und Werten erwarten. Dies gilt auch für Gruppen und Teams.
15. Werte entstehen durch wiederholtes, individuell erfolgreiches Handeln/Verhalten in einem spezifischen Kontext.
16. Grundsätzliche Verhaltensmuster ergeben sich aus Werten, die für das Individuum, die Gruppe oder das Team kontextübergreifend gelten.
17. Werte, die handlungsleitend sind, aber hinsichtlich ihrer Bedeutung nicht reflektiert werden, führen zu Glaubenssätzen. Glaube ist ein Wertekontext, der nicht hinterfragt wird.
18. Leitwerte sind Werte, die für das Individuum, die Gruppe oder das Team in allen konstruierten Kontexten gelten. Sie bilden die Schnittmenge aller Werte innerhalb dieser Kontexte.
19. Werte bilden die Grundlagen für Entscheidungen. Der Beginn einer Entscheidung ist die gefühlsmäßige Wahrnehmung eines Wertes. Der Abschluss einer Entscheidung begründet einen Wert (subjektiv) rational.
20. Wahrnehmung (Erkenntnis) basiert auf der Wahrnehmung von Unterschieden.

## 1.8. DIE GRUNDLAGEN EINES SYSTEMISCH-KONSTRUKTIVISTISCHEN COACHINGVERSTÄNDNISSES – EINE ZUSAMMENFASSUNG

Das Fundament – oder im pädagogischen Sinne gesprochen – die Didaktik dieses Coachingverständnisses, das sich als konsequent systemisch und konsequent konstruktivistisch versteht, besteht aus den folgenden Aspekten:

» **Verständnis von Coaching als Organisationsrahmen, der eine selbst gewollte, nachhaltige thematische Selbstorganisation (Wirkungserwartung von Coaching) bzw. eine nachhaltige Handlungskompetenz ermöglicht.**
Aus dieser Wirkungserwartung leitet sich später das methodische Vorgehen ab.

» **Konsequente Berücksichtigung des Konstruktivismus.**
Aus dem Konstruktivismus ergeben sich 2 Fakten, die für Coaching von Bedeutung sind:

1. Unser Wahrnehmungsvermögen, unsere Sprache und unsere kognitiven Strukturen „begrenzen" grundsätzlich unser Wissen. Diese Tatsache gilt unabhängig vom Intellekt. Was wahrgenommen wird, ist nie eine Tatsache, sondern das Ergebnis einer individuellen Wirklichkeitskonstruktion.

2. Das, was der Mensch aufgrund seiner emotionalen Interpretation als bedeutsam oder wichtig empfindet, beeinflusst seine Wahrnehmung.

Die Konsequenz für das Coaching liegt darin, dass die Wirklichkeit des Coachees durch andere nicht interpretiert werden darf, da jede Interpretation durch einen anderen ebenfalls konstruktivistisch ist.
Nur der Coachee selbst kann sich selbst „richtig" deuten.

» **Berücksichtigung der Persönlichkeitsrechte und Orientierung an einem humanistischen Menschenbild.**
Persönlichkeitsrechte schützen den Menschen vor einem Eingriff in seine Freiheit, selbst zu entscheiden, was gut für ihn ist. Dieses Freiheitsgrundrecht leitet sich aus der allgemeinen Handlungsfreiheit des Art. 2 Abs. 1 GG und der Menschenwürde aus Art. 1 Abs. 1 GG ab.

Der Humanismus beschreibt den Menschen als Einheit von Körper, Seele und Geist. Durch seinen Geist ist der Mensch sich seines Selbst bewusst. Er besitzt ein Selbstbewusstsein und damit einhergehend die Fähigkeit, sowohl über die Gegenwart als auch die Vergangenheit zu reflektieren und die Zukunft zu planen.

In Verbindung mit dem Konstruktivismus leiten sich daraus die Werte ab, die den Coach in seinem Verhalten grundsätzlich leiten:

**Freiheit, Freiwilligkeit, Selbststeuerung und Ressourcenverfügung.**

Ausschließlich der Coachee bestimmt, wie sein Thema lautet, was mit seinem Veränderungsthema zusammenhängt, ob und wann er sich verändern will und wie er sich zukünftig alternativ selbst organisiert.

» **Konsequente Berücksichtigung systemischen Denkens**
Eine Lösung ist das Ergebnis einer Auseinandersetzung mit dem, was mit einem bestimmten Thema zusammenhängt. Sie besteht aus Handlungsabfolgen, mit denen ein Ziel erreicht wird. Je besser eine Lösung die Zusammenhänge eines Themas – das *Systemische* – berücksichtigt, desto wahrscheinlicher ist es, dass diese Lösung erfolgreich ist.

Der Kontext beschreibt die konstruktivistischen und faktischen Zusammenhänge eines Themas. Ein Kontext ist daher immer ein systemischer Kontext. Jede Veränderung innerhalb eines Themas wirkt sich auf das, was mit dem Thema zusammenhängt, aus. Das Ziel einer selbst gewollten Veränderung ist systemisch, da es als Ergebnis einer Auseinandersetzung mit den thematischen Zusammenhängen den Zustand beschreibt, der nach der Veränderung eingetreten sein wird (Zielkontext). Alle Mittel, auf die zur Zielerreichung zurückgegriffen werden kann, beziehen sich auf den Zielkontext und sind daher ebenfalls grundsätzlich systemisch. Jeder Plan zur Erreichung dieses Ziels beinhaltet Handlungen in Bezug auf das, was mit dem Thema zusammenhängt.

Ein Coaching beginnt daher nie mit einer Lösung, sondern immer mit dem Thema.

» **Konsequente Berücksichtigung von Fakten des Kontextes**
Freiheit bezieht sich auf die Freiheit, innerhalb eines Kontextes selbst zu entscheiden, was von Bedeutung ist und was nicht und woran sich die eigene Entscheidung orientiert. Freiheit bezieht sich auch auf die Möglichkeit, einen Kontext zu verlassen. Innerhalb eines Kontextes gibt es jedoch Fakten, d.h. Tatsachen, die nicht der Deutung eines anderen entspringen, sondern ein tatsächlicher Bestandteil des Kontextes sind. Diese Tatsachen begrenzen nicht die Freiheit zu entscheiden, ob sie für ein Thema relevant sind, wohl aber die Freiheitsgrade innerhalb des Kontextes, da sie in der Entscheidungsbildung berücksichtigt werden müssen.

Im Unternehmen gibt es faktisch z.B. Arbeitsverträge, Betriebsvereinbarung, das Direktionsrecht u.v.m. Diese Fakten des Kontextes zu berücksichtigen, ist ein grundsätzlicher Bestandteil von Handlungskompetenz.

» **Das Kompetenzmodell**
Das Modell beschreibt die Selbstorganisation von Ressourcen aus unterschied-

lichen Kompetenzbereichen als ein Ergebnis der individuellen Auseinandersetzung mit den Ansprüchen bzw. Werten eines thematischen Kontextes. Die erfolgreiche Auseinandersetzung mit diesen Anforderungen, die sich im Handeln zeigt, wird Handlungskompetenz genannt. Da das Modell selbst „inhaltsleer" ist, kann es konstruktivistisch gehandhabt werden, d.h. der Coachee deutet die Zusammenhänge selbst und füllt das Modell mit Inhalten.

Als Modell bildet das Kompetenzmodell die Grundlage eines systemisch-konstruktivistischen Coachingverständnisses, da es die Wirkungserwartung von Coaching in ihren Zusammenhängen beschreibt.

» **Das MVWK-Modell**
Jede Entscheidung für eine Handlung entsteht aus der Wechselwirkung eigener Motive mit den konstruktivistisch gedeuteten Werten eines thematischen Kontextes. Sowohl die Entscheidungsbildung, die zum bisherigen Verhalten geführt als auch die Entscheidungsbildung für zukünftiges Verhalten kann mit diesem Modell reflektiert werden.

Wie das Kompetenzmodell ist das MVWK-Modell „inhaltsleer" und kann konstruktivistisch gehandhabt werden.

Als Modell bildet das MVWK-Modell die grundsätzlichen Zusammenhänge einer kontextbezogenen Entscheidungsbildung ab. Wird Handlungskompetenz als Resultat von erfolgreichen Entscheidungen – bezogen auf ein Thema – verstanden, ist die Beschäftigung mit Motiven, Verhalten, Werten innerhalb dieses Kontextes ein integraler Bestandteil von Coaching.

Das MVWK-Modell verfolgt denselben Gedanken wie das Kompetenzmodell, legt jedoch den Erklärungsfokus auf die Entscheidungsbildung.

» **Die Axiomatik**
Die Axiomatik bildet die zentralen wissenschaftlich-fachlichen Grundannahmen eines systemisch-konstruktivistischen Coachingverständnisses ab. Im Wesentlichen finden sich in ihr das Menschenbild und die grundlegende Erkenntnisse der Entscheidungsbildung wieder. Sämtliche Modelle, Methoden und Definitionen, die das Coachingverständnis beinhaltet oder beinhalten soll, gründen sich auf diese Axiomatik und dürfen ihr nicht widersprechen.

Die Widerspruchsfreiheit ermöglicht die Erklärung eines Modells mithilfe eines anderen, da beide auf denselben Grundannahmen beruhen. Damit wird auch die Kombination verschiedener Modelle ermöglicht.

Die Axiomatik ist wissenschaftliche und fachliche Grundlage des hier vorgestellten konsequent systemisch-konstruktivistischen Coachingverständnisses.

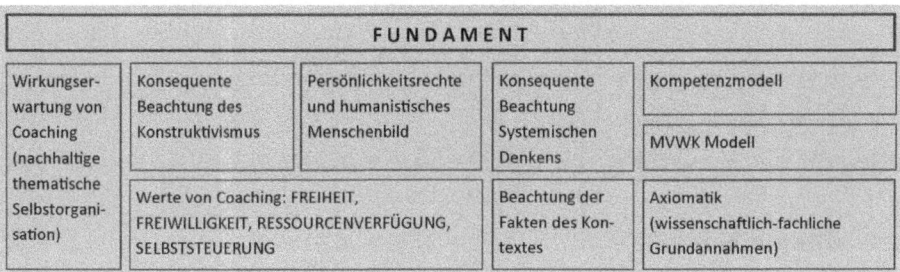

Abb. 1.8. *Das Fundament des konsequent systemisch-konstruktivistischen Coachingverständnisses*

Auf diesem Fundament baut die Methodik des Coachingverständnisses auf, aus der heraus sich später das konkrete Vorgehen im Coaching begründet.

# KAPITEL 2
# METHODIK DES SYSTEMISCH-KONSTRUKTIVISTISCHEN COACHINGVERSTÄNDNISSES

## INHALTSVERZEICHNIS

| | | |
|---|---|---|
| **2.1.** | **Die Methodik** | **49** |
| 2.1.2 | Die 3 zentralen Anliegen des Coachingprozesses | 51 |
| **2.2.** | **Vom Kompetenzmodell zum Coachingprozess – die Entstehung des Prozesses** | **52** |
| 2.2.1. | Den thematischen (IST-) Kontext erfassen | 53 |
| 2.2.2. | Das Ziel festlegen | 54 |
| 2.2.3. | Auseinandersetzung mit den systemischen Folgen des Ziels | 55 |
| 2.2.4. | Ressourcenidentifikation | 57 |
| 2.2.5. | Handlungen zur Zielerreichung finden | 58 |
| 2.2.6. | „Controlling" | 59 |
| **2.3.** | **Fachliche Quellen des Coachingprozesses** | **60** |
| 2.3.1. | Kepner-Tregoe | 61 |
| 2.3.2. | Selbstorganisiertes Lernen | 61 |
| 2.3.3. | Transfertheorien | 62 |
| 2.3.4. | Das Rubikon-Modell nach Heinz Heckhausen | 62 |
| **2.4.** | **Wie zum „Systemischen" die Werte von Coaching hinzukommen** | **63** |
| 2.4.1. | Voraussetzung für ein Coaching – die Vereinbarung auf den Coaching-Ansatz | 65 |
| 2.4.2. | Die Phasen des Coachingprozesses | 65 |
| 2.4.3. | Wirkungserwartungen der Phasen und Teilphasen des Coachingprozesses | 66 |

| | | |
|---|---|---|
| **2.5.** | **Zentrale Strategien innerhalb des Coachingprozesses** | **74** |
| 2.5.2 | Feedbacksystematiken | 76 |
| 2.5.3. | Hypothesengeleitete Feedbacksystematiken zur Ressourcenidentifikation | 79 |
| 2.5.4 | Hypothesenbildung des Coachs | 80 |
| 2.5.5 | Besonderheiten der Auswahl von Feedbacksystematiken | 83 |
| 2.5.6. | Quellen für Feedbacksystematiken | 84 |
| 2.5.7. | Der Perspektivwechsel als zentrale Unterstützung der Grundanliegen und Wirkungsabsichten innerhalb des Coachingprozesses | 85 |
| 2.5.8 | Einnahme der Perspektive einer anderen Person | 86 |
| 2.5.9. | Einnahme der Perspektive des thematisch relevanten Kontextes | 86 |
| 2.5.10. | Einnahme der Perspektive aus einer Zukunft heraus | 87 |
| 2.5.11 | Einnahme der Perspektive einer auf einem Modell, einer Theorie oder einem Axiom basierenden Feedbacksystematik | 87 |
| 2.5.12 | Methodische Verankerung der Nachhaltigkeit der Selbstorganisation | 88 |
| 2.5.13 | Konstruktivistische Taxonomiestufen | 89 |
| 2.5.14. | Zusammengefasst | 91 |

# 2. 1. DIE METHODIK

Wenn Sie ein bestimmtes Ergebnis oder eine bestimmte Wirkung erreichen wollen, überlegen Sie sich vermutlich, wie Sie am besten vorgehen und in welcher Reihenfolge. Sie entwickeln Ihre eigene Methode, mit der die von Ihnen erwartete Wirkung entsteht. Können Sie dieselbe Methode wiederholt nutzen, um diese Wirkung wiederholt zu erreichen, ist sie nachhaltig.

Durch Coaching soll in Bezug auf ein Veränderungsthema eine nachhaltige Selbstorganisation bzw. eine nachhaltige Handlungskompetenz entstehen. Um diese erwartete Wirkung zu erzielen, bedarf es ebenfalls einer Methode, die sich aus dieser Erwartung ableitet. Diese zentrale Methode im Coaching wird als Coachingprozess bezeichnet.

Die Nachhaltigkeit der Selbstorganisation durch Coaching steht in einem direkten Zusammenhang zur Nachhaltigkeit des Coachingprozesses. Kann der Prozess durch den Coachee (den Einzelnen, die Gruppe oder das Team) ohne Hilfe des Coachs selbst angewandt werden, entsteht eine nachhaltige Selbstorganisation.

Die Wirkungserwartung von Coaching entspricht dem Ziel:

**Der Coachee, die Gruppe oder das Team wird eine situative und nachhaltige Selbstorganisation seines Veränderungsthemas für seinen zukünftigen Realisierungskontext erreicht haben.**

**DEFINITION METHODIK**
Methodik bezeichnet die Nutzung wissenschaftlicher Methoden, um etwas zu erreichen; der Gegensatz bildet intuitives und spontanes Handeln.

**DEFINITION METHODE**
Lösungsmuster, das ein „richtiges" Ablaufverfahren im Kontext definiert.

Aus den Grundlagen des Coachingverständnisses – dem Fundament ergibt sich

1. die Haltung des Coachs in der generellen Handhabung der Methode. Der Coach beachtet konsequent die Erkenntnisse des Konstruktivismus, das systemische Denken und die Fakten des Kontextes. Er orientiert sein Verhalten in der Handhabung des Coachingprozesses an den Werten von Coaching: Freiheit, Freiwilligkeit, Ressourcenverfügung und Selbststeuerung.
2. die Methodik. Sie formuliert, mit welcher Strategie und mit welchen Mitteln die Wirkungserwartung von Coaching erreicht wird. Sowohl der Coachingprozess als auch die eingesetzten Mittel müssen – basierend auf dem Fundament – das Ziel von Coaching, die Werte von Coaching, das systemische Denken, die Fakten des Kontextes, die Axiomatik und die Kompatibilität zu Kompetenzmodell und MVWK-Modell beachten. Um der Definition von Methodik gerecht zu werden, müssen beide ebenfalls dem Anspruch wissenschaftlicher Überprüfbarkeit genügen.

Die Methodik des Coachings entspricht dem Coaching-Ansatz.

> **DEFINITION COACHING-ANSATZ**
> Ein Coaching-Ansatz beschreibt grundsätzlich, durch welche Haltung und welche Verfahrens- oder Vorgehensweise die Wirkungserwartung von Coaching erreicht wird.

Der in diesem Buch beschriebene Coaching-Ansatz kann daher als **konsequent systemisch-konstruktivistisch** beschrieben werden.

## 2.1.2 DIE 3 ZENTRALEN ANLIEGEN DES COACHINGPROZESSES

Sind Sie mit einer Situation unzufrieden, weil Sie sich selbst als nicht erfolgreich erleben, ist es vermutlich in der Regel so, dass Sie dafür auch selbst die Lösung zur erfolgreichen Veränderung finden. Sie brauchen kein Coaching.

Funktioniert diese Lösung nicht und fallen Ihnen keine Alternativen mehr ein, kann es sein, dass Sie wiederholt in denselben Zusammenhängen denken und aus dieser Erkenntnis heraus keine alternative Lösung entwickeln können. Ihre Entscheidung, wie Sie sich selbst erfolgreich verändern und welche Ressourcen Sie dafür nutzen werden, hat sich im Zusammenhang mit Ihrem Veränderungsthema wahrscheinlich an Werten (Maßstäben) orientiert, deren Auswahl sich für eine erfolgreiche Veränderung als unzureichend erwiesen hat.

Sind Sie in einer bestimmten Situation emotional erregt – unabhängig davon, ob Sie die Situation als angenehm oder unangenehm erleben –, fokussieren Sie in der Regel Ihre Wahrnehmung der Situation bzw. des Kontextes auf das, was diese Emotion verursacht. Sie sind „assoziiert". Zusammenhänge, die vielleicht bei der Entscheidungsbildung wichtig gewesen wären, konnten nicht erkannt werden. Es entsteht keine alternative Lösung.

> **DEFINITION „ASSOZIIERT"**
> Im Coaching bedeutet assoziiert zu sein, emotional mit seinen eigenen Gefühlen, Motiven, Bedürfnissen in Kontakt zu stehen mit der Folge, Sachzusammenhänge aus der eigenen Person heraus zu deuten und aufgrund der emotionalen Spannung keinen ausreichenden Zugriff auf seine Ressourcen zu haben.

Auch eine Lösung ist konstruktivistisch. Sie entspricht dem, was aus der eigenen Deutung heraus in Bezug auf das Veränderungsthema und die zur Lösung benötigten Ressourcen an Zusammenhängen erkannt werden konnte.

Der Konstruktivismus beeinflusst die Wahrnehmung von Zusammenhängen und verfügbaren Ressourcen und dadurch die Entscheidungsbildung sowie die Entwicklung von Handlungsalternativen, die zu einer situativen Handlungskompetenz führen.

Je besser Zusammenhänge und verfügbare Ressourcen erkannt werden können und je sicherer die Entscheidung ist, was für die Veränderung relevant ist, desto wahrscheinlicher entstehen Handlungsalternativen für eine zukünftig erfolgreiche Selbstorganisation.

Für den Coachingprozess heißt das, dass zur Erreichung einer nachhaltigen Selbstorganisation 3 zentrale Anliegen zu realisieren sind:

» Wahrnehmungserweiterung auslösen
» Entscheidungsfähigkeit sichern
» Handlungsalternativen ermöglichen

## 2.2. VOM KOMPETENZMODELL ZUM COACHINGPROZESS – DIE ENTSTEHUNG DES PROZESSES

Der Coachingprozess realisiert den Weg von der bisherigen situativen oder thematischen Selbstorganisation hin zu einer zukünftigen situativen oder thematischen Selbstorganisation. Vereinfacht gesagt, beschreibt er den Weg von einer IST-Handlungskompetenz zu einer SOLL-Handlungskompetenz. (Siehe auch Abb. 1.4.3.2.).

Handlungskompetenz bezieht sich grundsätzlich auf einen thematischen Kontext.

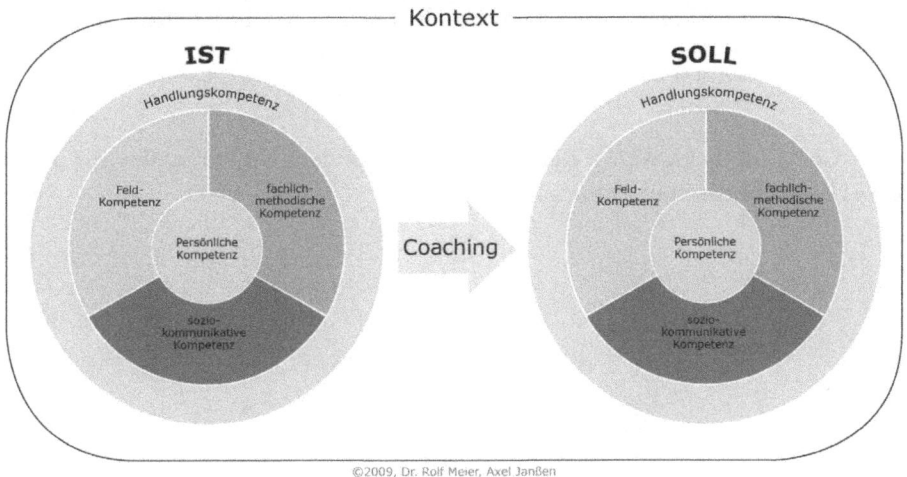

Abb. 2.2 Kompetenzmodell – Vom IST zum SOLL

## 2.2.1. DEN THEMATISCHEN (IST-) KONTEXT ERFASSEN

Wenn Sie Ihre Veränderung „systemisch" gestalten wollen, beginnen Sie nicht mit einer schnellen Lösung, sondern überlegen zunächst einmal (systemisch), was alles mit Ihrem Thema zusammen-hängt. Sie erfassen den Kontext Ihres Veränderungsthemas. Jede Veränderung ist systemisch. Sobald Sie etwas an Ihrem Verhalten verändern, wird sich diese Veränderung in irgendeiner Form auf all das auswirken, was mit dieser Veränderung in Beziehung steht. Entscheiden Sie sich z.B. morgens, 2 Stunden früher als gewohnt aufzustehen, wird sich das nicht nur auf Sie selbst auswirken, sondern auf alles, was mit Ihrem „Aufstehen" zusammenhängt.

Wir verändern zwar unser eigenes Verhalten, gleichzeitig verändern wir auch die Zusammenhänge.

Das Bewusstsein darüber, was mit einer persönlichen Veränderung zusammenhängt bzw. den Kontext zu erkennen, ist die Voraussetzung für eine erfolgreiche Veränderung.

**DEFINITION PROZESS**
Der Prozess (Methode) im Coaching ist die festgelegte Ablaufstruktur, die mithilfe von Reflexionsangeboten auf Abstraktionsebene die nachhaltige Selbstlernkonzeption auslösen will.

Jedes Coaching beginnt mit der konstruktivistischen Erfassung des IST-Kontextes des Veränderungsthemas.

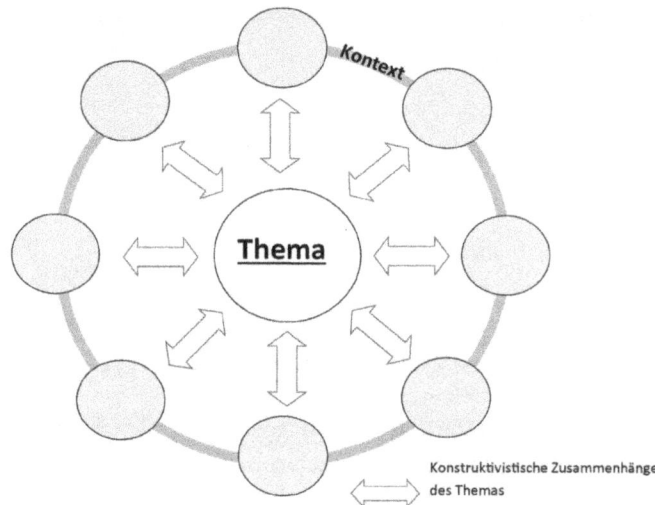

*Abb. 2.2.1. Der IST-Kontext*

## 2.2.2. DAS ZIEL FESTLEGEN

Nun gäbe es die Möglichkeit, zuerst eine Lösung zu entwickeln und dann zu schauen, wie sie sich systemisch, d.h. im Kontext, auswirken könnte. Eine Lösung dient dazu, etwas Bestimmtes zu erreichen. In diesem Fall würden durch Versuch und Irrtum irgendwann Lösungen entwickelt, die die erhofften systemischen Auswirkungen erreichen.

Die Ergebniserwartung einer Veränderung bezieht sich auf den Zustand, d.h. die von Ihnen erwarteten systemischen Auswirkungen Ihrer Veränderung.

Eine Veränderung im Coaching entspricht einer Veränderung des Kontextes durch ein anderes Verhalten als bisher. Das Ziel einer Veränderung entspricht daher dem SOLL-Kontext, der nach der Veränderung eingetreten sein wird.

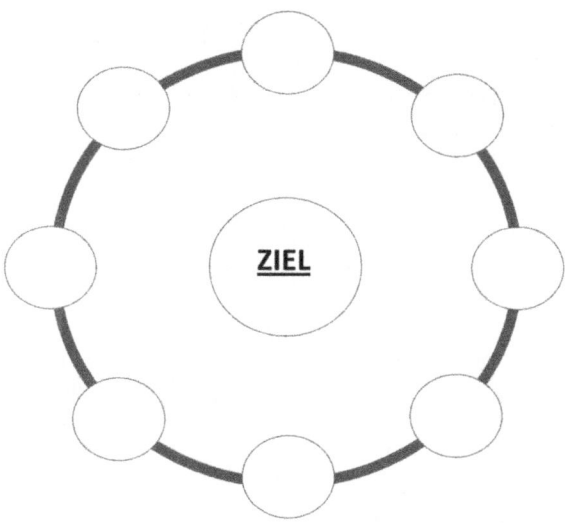

*Abb. 2.2.2. Ziel-Kontext*

**Nachdem der IST-Kontext erfasst ist, wird der SOLL-Kontext, das Ziel der Veränderung, formuliert.**

## 2.2.3. AUSEINANDERSETZUNG MIT DEN SYSTEMISCHEN FOLGEN DES ZIELS

Ist es Ihnen schon einmal so gegangen, dass Sie eine bestimmte Handlung als ungeheuer verlockend empfanden, sich dann aber doch entschieden haben, auf diese Handlung zu verzichten?

Ganz ähnlich kann es mit einem Ziel sein. Der erwartete systemische Zustand kann aus der eigenen Perspektive heraus emotional sehr attraktiv sein – die mit der Zielerreichung einhergehenden zukünftigen Handlungen können jedoch aus der Perspektive anderer unangenehm sein.

Bevor das Ziel fixiert wird, lohnt es sich, sich einmal mit den Folgen für den Zielkontext auseinanderzusetzen. Ob Sie diese Folgen berücksichtigen, ist Ihre Entscheidung. Wenn Sie Ihnen wichtig sind, haben Sie entweder die Möglichkeit, Ihr Ziel anders zu formulieren oder den Folgen mit späteren Lösungen intelligent zu begegnen.

Ganz nebenbei steigert es die Motivation, ein Ziel zu erreichen, wenn die Folgen des Ziels für einen selbst attraktiv sind.

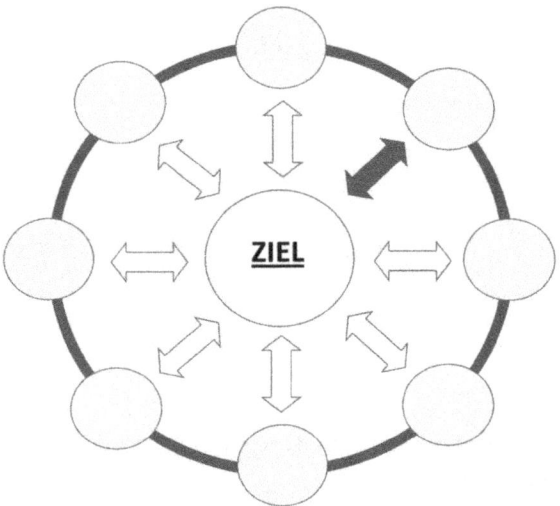

*Abb. 2.2.3. Bewertung der systemischen Folgen eines Ziels*

**Jedes Ziel wird im Coaching im Hinblick auf die systemischen Folgen reflektiert.**

## 2.2.4. RESSOURCENIDENTIFIKATION

Um z.B. das Ziel eines Projekts zu erreichen, benötigen Sie Ressourcen, d.h. Quellen, aus denen Sie sich zur Zielerreichung bedienen können. Ganz ähnlich ist es auch bei einer persönlichen Veränderung. Auch hier benötigen Sie etwas, auf das Sie zurückgreifen können, um Ihr selbst gewähltes Ziel zu erreichen.

Nun könnten Sie alles, was Sie jemals gelernt und für richtig befunden haben, als Ressource auflisten. Aus dieser großen Liste benötigen Sie jedoch nur die Ressourcen, die Sie selbst (konstruktivistisch) als hilfreich für die Zielerreichung ansehen.

Ihre Auswahl Ihrer Ressourcen orientiert sich am Ziel bzw. am Zielkontext.

Das Kompetenzmodell ist für Sie an dieser Stelle eine strukturelle Hilfe, da es ihnen anbietet, die an den Kompetenzbereichen orientierten Ressourcen zur Zielerreichung selbst zu identifizieren.

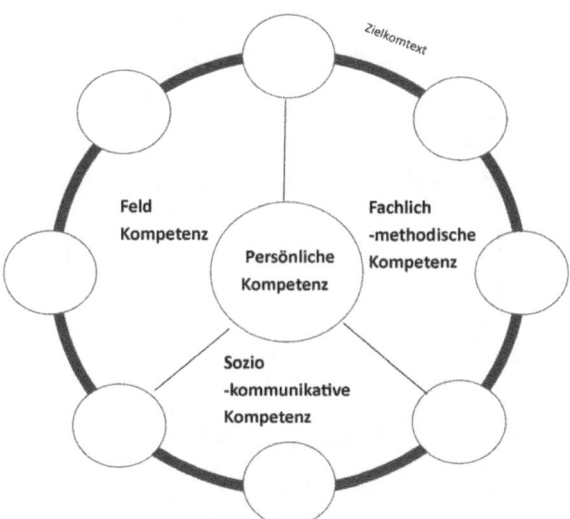

*Abb. 2.2.4. am Kompetenzmodell orientierte Ressourcenidentifikation*

**Mithilfe des Kompetenzmodells werden im Coaching die Ressourcen identifiziert, die zur Zielerreichung vorhanden sind.**

## 2.2.5. HANDLUNGEN ZUR ZIELERREICHUNG FINDEN

Ihr Ziel ist Ihnen bewusst. Ihre Ressourcen stehen zum Abruf bereit. Nun geht es darum, aus diesen Ressourcen Handlungen zu entwickeln, mit denen Sie Ihr Ziel erreichen.

Das Ziel entspricht dem erwarteten SOLL-Kontext, der nach Ihrer Veränderung eingetreten sein wird. (Siehe 2.3.2). Es geht darum, die eigenen Ressourcen selbst so zu organisieren, dass der SOLL-Kontext entsteht. Zum Ziel führt jedoch nicht nur eine einzige Handlung. Ein Ziel ist systemisch. Es gilt daher, aus den verfügbaren Ressourcen für jeden Bestandteil des Kontextes jeweils eigene Handlungen zu entwickeln. Die Gesamtheit aller Handlungen in Bezug auf die Bestandteile des Zielkontextes führt zum Ziel bzw. zu Ihrer Handlungskompetenz in Bezug auf Ihr Coachingthema.

Da diese Handlungen anders sind als Ihre bisherigen Handlungen, die zur Nachfrage nach einem Coaching geführt haben, stellen sie eine Handlungsalternative dar.

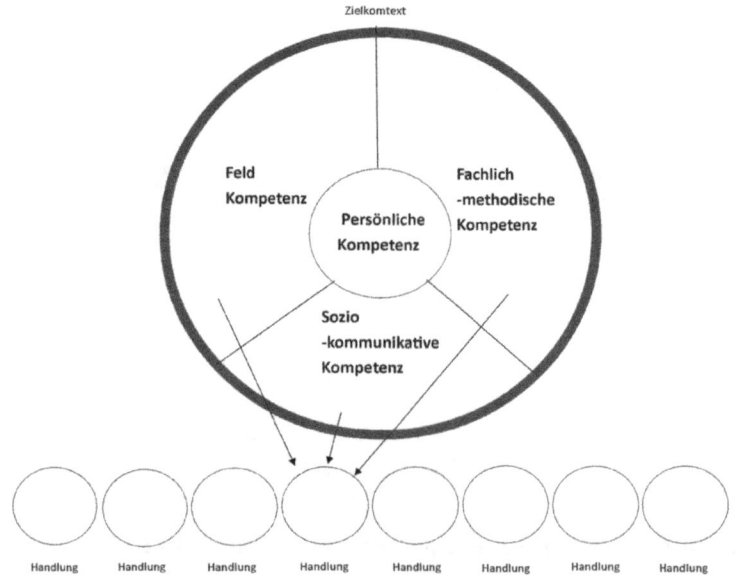

*Abb. 2.2.5 am Zielkontext orientierte Selbstorganisation der Ressourcen*

Aus den verfügbaren Ressourcen werden im Coaching zur Zielerreichung „selbst organisierte", d.h. an den Bestandteilen des Zielkontextes orientierte Handlungsalternativen entwickelt.

## 2.2.6. „CONTROLLING"

Wenn Sie für sich Handlungen entwickelt haben, die zur Erreichung Ihres Ziels führen, ist es von entscheidender Bedeutung, ob Sie diese Handlungen auch wie von Ihnen geplant ausführen. Denn jede Abweichung davon könnte Ihre Zielerreichung gefährden. Wird eine Abweichung erkannt, können Sie sich erneut an Ihren Ressourcen bedienen und Handlungen entwickeln, die Sie wieder auf Kurs zu Ihrem Ziel bringen.

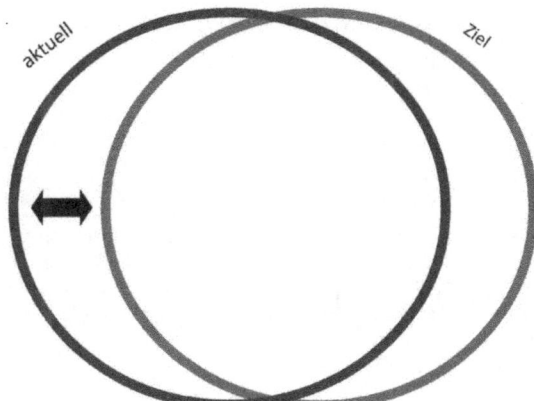

*Abb. 2.2.6. Controlling der Selbstorganisation*

**Ein „Controlling", ob Handlungen wie geplant ausgeführt werden und die erwartete Wirkung haben, ist Bestandteil jedes Coachings. Das Controlling seiner Selbstorganisation erfolgt durch den Coachee selbst.**

Wenn Sie als „Controller" Ihrer Selbstorganisation Abweichungen in Ihren Handlungen feststellen, können Sie sich erneut des Coachingprozesses bedienen, um „aus sich selbst heraus" Ihr Ziel zu erreichen.

Haben Sie den Coachingprozess selbst so gut verstanden, dass Sie ihn auch auf vergleichbare Themen anwenden können, können Sie sich selbst zu diesen Themen coachen. Sie sind „aus sich selbst heraus" fähig, den Coachingprozess auf ähnliche Themen zu übertragen und sich selbst zu helfen.

**Ihr Coachingprozess erreicht eine nachhaltige Selbstorganisation.**

**DEFINITION NACHHALTIGKEIT**
Ursprünglich stammt der Begriff aus der Forstwirtschaft und steht für die Bewirtschaftung und sinnvolle Nutzung der Ressourcen (Baum und Tanne usw.), so dass ein Wald sich „aus sich selbst heraus" erneuert.

Im Coaching bedeutet der Begriff, dass der Coachee, auch nach dem Coaching, mithilfe des Coachingprozesses, „aus sich selbst heraus", vergleichbare zukünftige thematische Veränderungen erfolgreich gestaltet.

## 2.3. FACHLICHE QUELLEN DES COACHINGPROZESSES

Mit der vorangehenden Skizzierung des Coachingprozesses steht erstmals eine Methode bereit, die den Menschen in seiner eigenen Veränderung so unterstützt, dass zukünftig eine situative Handlungskompetenz entsteht.

Nun muss nicht alles, was neu ist, auch richtig sein. Und nicht immer ist das Richtige so gut, dass es nicht noch optimiert werden könnte. Würde eine Entscheidung darüber, wie der Coachingprozess aufgebaut und gehandhabt werden soll, allein aus dem Konstruktivismus der Autoren entstehen, könnte berechtigt die Frage nach der fachlichen Legitimation gestellt werden. Aus diesem Grund legitimiert sich der Coachingprozess aus folgenden fachlichen Quellen und wurde in seiner Ausformulierung auch von diesen Quellen inspiriert:

## 2.3.1. KEPNER-TREGOE

Bereits in den 1950er Jahren entwickelten Charles Kepner und Benjamin Tregoe vor dem Hintergrund ihrer Forschungsergebnisse zu grundsätzlichen Problemlösungsmustern des Menschen eine Methode, um falsche Entscheidungen zu vermeiden. Die Methode systematisiert und versachlicht den Problemlösungs- und Entscheidungsprozess. Aus diesem Grund wird die Methode auch als „rationales Management" bezeichnet.

Die Methode integriert 4 rationale Prozesse:

1. Situationsanalyse
2. Problemanalyse
3. Entscheidungsanalyse
4. Analyse potenzieller Probleme und Alternativen

Der Coachingprozess entspricht einem Problemlösungsmuster für eine thematische Selbstorganisation und bedient sich daher in seiner Ausdifferenzierung auch bei den Erkenntnissen von Kepner und Tregoe.

## 2.3.2. SELBSTORGANISIERTES LERNEN

Unabhängig von unterschiedlichsten fachlichen Definitionen beinhaltet Selbstorganisiertes Lernen den Erwerb von Methoden, die den Anwender befähigen, seine Probleme selbst zu lösen. Im Ablauf ähneln diese Methoden dem Coachingprozess und damit auch der Kepner-Tregoe-Methode.

Im selbstorganisierten Lernen hat der Lernende die Freiheit, selbst darüber zu entscheiden,

» wo er lernt,
» was er lernt,
» wie er lernt,
» wann und wie lange er lernt,
» woraufhin er lernt (Ziel) und
» mit wem er lernt.

Ebenso wie im Selbstorganisierten Lernen bilden auch im Coaching die Werte „Freiheit" und „Freiwilligkeit" den Rahmen, in dem der Lernende sein Lernen bzw. seine Veränderung selbst organisiert. Auch im Selbstorganisierten Lernen ist es eine Voraussetzung, den Lernenden so zu sehen, dass er Zugriff auf seine Ressourcen hat und sich selbst steuern kann.

## 2.3.3. TRANSFERTHEORIEN

Es gibt unterschiedliche Transfertheorien. Gemeinsam ist ihnen die Erkenntnis, dass ein Transfer, d.h. eine Übertragung des Gelernten auf etwas anderes, nur dann erfolgreich ist, wenn der Lernende in dem anderen etwas gefunden hat, was er als ähnlich oder vergleichbar empfindet und er so daran „andocken" kann. Der Transfer von Gelerntem erfolgt über ein konstruktivistisches „Andocken" an einen anderen Anwendungs-Kontext. Welcher Kontext vom Lernenden als „andockbar" empfunden wird, ist durch andere nicht vorhersagbar.

Im Coaching „lernt" der Coachee auch den Coachingprozess. Der Prozess hilft ihm, sich in seinem Coachingthema selbst zu organisieren. Im Sinne der Transfertheorien kann der Coachee den Coachingprozess nur auf Themen übertragen und anwenden, die er selbst als ähnlich oder vergleichbar empfindet (konstruktivistischer Kontext-Transfer).

Die Transfertheorien korrespondieren mit dem Konstruktivismus und begründen, warum sich die Nachhaltigkeit der Selbstorganisation einerseits auf die Anwendung des Coachingprozesses bei vergleichbaren oder ähnlichen Themen bezieht. Andererseits begründen sie im Sinne einer Lernerfolgskontrolle des Coachingprozesses, warum im Coachingprozess zur Sicherung der Selbstorganisation die Überprüfung stattfinden muss, ob der Coachee den Coachingprozess zukünftig auf selbst gewählte andere Themen übertragen kann.

## 2.3.4. DAS RUBIKON-MODELL NACH HEINZ HECKHAUSEN

Die Motivation, sich zu verändern, bedeutet nicht automatisch, dass eine Veränderung auch tatsächlich in Angriff genommen wird. Erst, wenn das Ziel zukünftiger Handlungen eine so hohe emotionale Attraktivität aufweist, dass es, sobald der erste Schritt getan ist, sprichwörtlich „kein zurück" mehr gibt, entsteht Volition. Ist der Rubikon überschritten, entsteht der Wille zur Umsetzung.

Jede selbst gewollte persönliche Veränderung benötigt Motivation und den Willen zur Umsetzung. Der Coachingprozess nutzt daher auch die Erkenntnisse des Rubikon-Modells, um eine selbst gewollte und nachhaltige Veränderung zu ermöglichen.

> **DEFINITION WILLE**
> Der Wille ist das unverhandelbare Bedürfnis, einen Handlungsplan umzusetzen.

## 2.4. WIE ZUM „SYSTEMISCHEN" DIE WERTE VON COACHING HINZUKOMMEN

Nun könnten Sie den Coachingprozess als Coach so nutzen, wie Sie selbst es für Ihren Coachee als richtig erachten. Sie könnten z. B. das Thema für Ihren Coachee formulieren, ihn auf Zusammenhänge aufmerksam machen, die aus Ihrer Erfahrung heraus bedeutsam sind, Ihrem Coachee das Ziel, dass sich für Sie daraus ergibt, als Ziel für sein Coaching vorschlagen und mit ihm gemeinsam die Folgen bewerten. In der Ressourcenidentifikation zeigen Sie ihm, über welche vorzüglichen Ressourcen er verfügt und entwickeln daraus Vorschläge für Ihren Coachee.

Kurz: Sie könnten für Ihren Coachee entscheiden, was er wahrnehmen soll, welches Ziel er formuliert, wie die Folgen zu interpretieren sind, welche Ressourcen er zur Verfügung hat und wie er seine Ressourcen am besten zu Handlungen nutzt.

Würden Sie ein solches Verhalten zeigen wollen, orientierten Sie sich an dem, was Ihnen als Coach wichtig ist. Ihr Verhalten wäre aus Ihrer Person heraus begründet.

Aus der konsequenten Beachtung der Erkenntnisse des Konstruktivismus in Verbindung mit den Persönlichkeitsrechten und einem humanistischen Menschenbild sind die Werte „Freiheit", „Freiwilligkeit", „Selbststeuerung" und „Ressourcenverfügung" entstanden.

Diese Werte bilden den grundsätzlichen Legitimationsrahmen für das Verhalten des Coachs im Umgang mit dem Prozess. D.h. alles, was Sie im Rahmen des Coachings tun, muss sich an diesen Werten orientieren. In einem konsequent systemisch-konstruktivistischen Coaching geht es nie um den Coach und seine Lebenserfahrung. Es geht darum, dass Ihr Coachee mittels des Prozesses seine zukünftige Selbstorganisation selbst entwickelt, frei von Beeinflussung.

Auf diese Weise werden nicht nur Widerstände in Bezug auf die Bewertungen des Coachs und in Bezug auf die Ideen, die der Coach für seinen Coachee hat, ausgeschlossen. Es wird vielmehr die Grundlage dafür geschaffen, dass sich der Coachee auch wirklich selbst organisieren kann und darf.

Der Coachingprozess entfaltet seine beabsichtigte Wirkung nur innerhalb des Kontextes, der durch die Werte von Coaching gebildet wird. Durch die Wertorientierung entsteht die Haltung des Coachs. Der Coachingprozess ist das Handwerk.

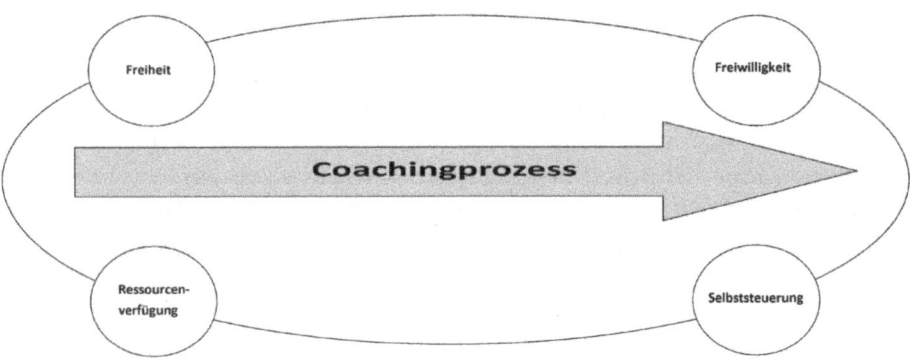

*Abb.2.4. Werteorientierung im Coaching*

**DEFINITION COACHING**
Coaching ist der durch die Werte Freiheit, Freiwilligkeit, Ressourcenverfügung und Selbststeuerung gebildete Kontext, in dem mithilfe des strukturierten Coachingprozesses in Bezug auf ein Thema die Wahrnehmung erweitert und die Entscheidungsfähigkeit gefördert wird sowie Verhaltensalternativen ausgelöst werden, um eine emotional gewollte und nachhaltige Selbstorganisation des Coachees, der Gruppe oder des Teams zu erreichen.

> **DEFINITION COACHING-ANSATZ**
> Der Coaching-Ansatz beschreibt grundsätzlich, durch welche Haltung und welche Verfahrensweise /Vorgehensweise die Wirkungserwartung von Coaching erreicht wird.

## 2.4.1. VORAUSSETZUNG FÜR EIN COACHING – DIE VEREINBARUNG AUF DEN COACHING-ANSATZ

Wenn Sie sich verändern und Coaching in Anspruch nehmen wollen, erwartet Sie in einem konsequent systemisch-konstruktivistischem Coaching ein klarer Coachingprozess, der eine nachhaltige Selbstorganisation erreichen will und eine konkrete Haltung Ihres Coachs, die sich an den Werten von Coaching orientiert. Dieses Coachingverständnis muss nicht Ihren Erwartungen an Ihr Coaching entsprechen. Es ist Ihre eigene Entscheidung, ob Sie auf dieser Grundlage gecoacht werden möchten.

Bevor für Sie das eigentliche Coaching beginnt, ist es an Ihnen, sich für dieses Coachingverständnis zu entscheiden und natürlich auch für Ihren Coach, der auf diese Art und Weise praktiziert. Findet diese Entscheidung nicht statt, kann es passieren, dass Sie während des Coachings unzufrieden werden, da es nicht Ihrer Erwartung entspricht.

Vor dem eigentlichen Coaching findet einen Vereinbarung auf den Coaching-Ablauf, das Verhalten des Coachs gegenüber seinem Coachee (Werteorientierung/Kommunikationskontext) und die Verantwortlichkeit zur Selbstorganisation statt. Aus dem Kontakt mit dem Coach entsteht ein Kontrakt.

**Mit dem Kontrakt ist die Voraussetzung für das Coaching geschaffen. Der Coachingprozess beginnt daher mit dem Kontrakt.**

## 2.4.2. DIE PHASEN DES COACHINGPROZESSES

Um eine nachhaltige Selbstorganisation zu erreichen, gliedert sich der Ablauf des Coachings bzw. der Coachingprozess in 5 definierte Phasen, die sich von den Begriffen, die die Entstehung des Prozesses beschreiben, durch ihre fachlich präzisere Formulierung unterscheiden:

1. Phase „Kontakt und Kontrakt"
2. Phase „Systemische Themen- und Zielklärung"
3. Phase „Zielorientierte Ressourcenidentifikation und Reflexion"
4. Phase Handlungskompetenz im Zielkontext festlegen"
5. Phase „Controlling"

## 2.4.3. WIRKUNGSERWARTUNGEN DER PHASEN UND TEILPHASEN DES COACHINGPROZESSES

Wenn Sie selbst eine Methode entwickeln, um z. B. ein Projektziel zu erreichen, beinhaltet diese Methode vermutlich auch die Erkenntnis, dass bestimmte Dinge abgeschlossen sein müssen, bevor mit anderen begonnen werden kann. Werden diese Dinge nach einem logischen Kriterium zusammengefasst, entsteht eine Gliederung der Methode.

Der Coachingprozess ist in Phasen gegliedert. Wie bei der Erreichung eines Projektziels hat jede Phase des Coachingprozess eine ganz bestimmte Wirkung im Sinn, die in Verbindung mit den Wirkungserwartungen der anderen Phasen zu einem Ergebnis führen – der nachhaltigen Selbstorganisation. Die Grundanliegen von Coaching werden in den Phasen realisiert.

Die methodischen Teile jeder Phase (Teilphasen) unterstützen in Verbindung mit den Grundanliegen die Wirkungserwartung der Phase.

| PROZESSPHASEN UND TEILPHASEN | WIRKUNGSERWARTUNG |
|---|---|
| 1. Phase „Kontakt und Kontrakt" (vor dem eigentlichen Coaching) | Vereinbarung auf den Coaching-Ansatz |
| 1.1. Vorstellung und Erwartung der Beteiligten | Unterstütztes Anliegen: Entscheidungsfähigkeit sichern Entscheidung des Kunden, ob die Erwartung durch das Coaching-Angebot (und den Coach) erfüllt werden kann. |

| | |
|---|---|
| 1.2. Coaching-Ablauf, Kommunikationskontext und Selbstorganisation vereinbaren | **Unterstütztes Anliegen:** Entscheidungsfähigkeit sichern Entscheidung des Kunden für den Coaching-Ansatz und die damit verbundenen Verantwortlichkeiten von Coach und Coachee. |
| 1.3. Thema und Veränderungswunsch skizzieren | **Unterstütztes Anliegen: Entscheidungsfähigkeit sichern** Entscheidung des Coachs, ob er als Vertragspartner in das Coaching einwilligt. Grundlage für die mentale Vorbereitung auf das Coaching. |
| 2. Phase „Systemische Themen- und Zielklärung" | **Wille zur konkreten Selbstveränderung und bewusste Akzeptanz von selbsterkannten Folgen** |
| 2.1. Thematischen Ist-Kontext systemisch visualisieren | **Unterstützte Anliegen: Entscheidungsfähigkeit sichern Wahrnehmungserweiterung auslösen** Entscheidung des Coachees, wie sein Thema lautet und was mit seinem Thema zusammen-hängt. Die Wahrnehmung in Bezug auf die durch den Coachee selbst erkennbaren thematischen Zusammenhänge und deren Bedeutung für sein Thema wird erweitert. |
| 2.2. Ziel festlegen und Folgen reflektieren | **Unterstützte Anliegen: Entscheidungsfähigkeit sichern Wahrnehmungserweiterung auslösen** Entscheidung des Coachees für das Ziel seiner Veränderung und Wahrnehmungserweiterung in Bezug auf die systemischen Folgen der eingetretenen Veränderung. Aus der bewussten Entscheidung für die Akzeptanz der Folgen entsteht in Verbindung mit der emotionalen Attraktivität des Ziels der Wille zur konkreten Selbstveränderung. |

| 3. Phase „Zielorientierte Ressourcenidentifikation und Reflexion" | Ressourcenidentifikation und Reflexion der bisherigen Selbstorganisation |
|---|---|
| 3.1. Motive, Werte und Intelligenzen zur Zielerreichung ermitteln | **Unterstützte Anliegen:** **Wahrnehmungserweiterung auslösen** **Entscheidungsfähigkeit sichern** Die Wahrnehmung des Coachees, welche Motive, eigene Werte und Intelligenzen ihm als Ressourcen zur Zielerreichung zur Verfügung stehen, wird erweitert. Der Coachee entscheidet, welche Ressourcen er als förderlich zur Zielerreichung bewertet. |
| 3.2. Werte des Kommunikationskontextes ermitteln | **Unterstützte Anliegen:** **Wahrnehmungserweiterung auslösen** Die Wahrnehmung des Coachees in Bezug auf die Werte des Kommunikationskontextes, die es bei der Zielerreichung zu beachten gilt, wird erweitert. |
| 3.3. Hypothesengeleitet Ressourcen ermitteln | **Unterstützte Anliegen:** **Wahrnehmungserweiterung auslösen** **Entscheidungsfähigkeit sichern** Der Coachee entscheidet einerseits, ob er eine Hypothese seines Coachs, die ihm helfen soll, weitere Ressourcen zur Zielerreichung wahrzunehmen, annimmt. Andererseits entscheidet er selbst, welche Ressourcen er aus dem hypothesengeleiteten Angebot des Coachs zur Zielerreichung auswählt. |
| 3.4. Ressourcen aus eigenen und fremden Quellen | **Unterstützte Anliegen:** **Entscheidungsfähigkeit sichern** Der Coachee entscheidet, unabhängig von den Teilphasen 3.1 – 3.3, welche Ressourcen er darüber hinaus zur Zielerreichung nutzen könnte. |

| | |
|---|---|
| 3.5. Bisheriges Analyse- und Lösungsmuster der Selbstorganisation im Thematischen Kontext identifizieren | **Unterstützte Anliegen:** **Wahrnehmungserweiterung auslösen** **Entscheidungsfähigkeit sichern** Der Coachee erweitert seine Wahrnehmung in Bezug darauf, wie er bisher in seinem Thema seine Ressourcen organisiert hat. Diese reflektierte Erkenntnis ist die Grundlage, um alternative Entscheidungen in Bezug auf die zielorientierte Selbstorganisation zu treffen. |
| 3.6. Feedbacksystematik und somatische Marker etablieren | **Unterstütztes Anliegen:** **Entscheidungsfähigkeit sichern** Der Coachee identifiziert die Art und Weise, wie sein Körper ihm signalisiert bzw. ein Feedback gibt, welche Qualität eine Entscheidung hat. Er erkennt, welche „somatischen Marker" er zur Bewertung seiner Entscheidungen für alternative Handlungen zur bisherigen Selbstorganisation zur Verfügung hat. Zusätzlich wählt er aus den hypothesengeleiteten Angeboten des Coachs die Modelle, die ihm bei der Entscheidung für alternative Handlungen in der folgenden Phase helfen können, seine Entscheidung zu legitimieren (Feedbacksystematik). |
| 4. Phase „Handlungskompetenz im systemischen Zielkontext festlegen" | **Handlungskompetenz im systemischen Realisierungskontext (Zielkontext) festlegen** |

| | |
|---|---|
| **4.1. Entwicklung und Entscheidung der Handlungsalternativen** | **Unterstützte Anliegen:**<br>**Entscheidungsfähigkeit sichern**<br>**Handlungsalternativen ermöglichen**<br>Der Coachee entscheidet, welche Ressourcen er auswählt und wie er sie zu alternativen Handlungen organisiert, so dass er den systemischen Anforderungen seines Realisierungskontextes erfolgreich begegnet und sein Veränderungsziel erreicht. Hierbei bedient er sich der Feedbacksystematiken aus 3.6. |
| **4.2. Handlungsabfolge festlegen** (Handlungsplan) | **Unterstütztes Anliegen:**<br>**Entscheidungsfähigkeit sichern**<br>Der Coachee entscheidet, wann er welche Handlung realisiert. Durch die Strukturierung der zeitlichen Abfolge alternativer Handlungen, orientiert am Ziel, entsteht der Handlungsplan zur zukünftigen Erreichung von Handlungskompetenz im Zielkontext. |
| **4.3. Potenzielle Probleme bei der Realisierung des Handlungsplans analysieren** | **Unterstütztes Anliegen:**<br>**Entscheidungsfähigkeit sichern**<br>Der Coachee setzt sich mental mit möglichen Problemen bei der Realisierung seines Handlungsplans auseinander und entscheidet, ob er den Plan so beibehalten möchte. |
| **4.4. Ressourcen und Planaktualisierung** | **Unterstützte Anliegen:**<br>**Entscheidungsfähigkeit sichern**<br>**Handlungsalternativen ermöglichen**<br>Falls es zu Problemen bei Umsetzung des Handlungsplans kommen könnte, die nach Ansicht des Coachees berücksichtigt werden müssen, entscheidet der Coachee, was er am Plan verändern muss und welche Ressourcen er dafür zusätzlich benötigt, um Alternativen zu entwickeln, die den möglichen Problemen erfolgreich begegnen. |

| | |
|---|---|
| 4.5. Controlling Merkmale des Handlungsplans festlegen | **Unterstütztes Anliegen: Entscheidungsfähigkeit sichern** Der Coachee entscheidet über die Merkmale, an denen er erkennen kann, ob er seinen Handlungsplan so einhält, dass zum festgelegten Zeitpunkt das Ziel seiner Veränderung eingetreten ist. |
| 4.6. Nachhaltige Selbstorganisation sichern | **Unterstütztes Anliegen: Entscheidungsfähigkeit sichern** Der Coachee reflektiert den Coachingprozess und entscheidet selbst, auf welche ähnlichen Themen er ihn zukünftig übertragen möchte. Ist ihm dieser konstruktivistische Kontexttransfer des Coachingprozesses möglich, steht ihm der Coachingprozess als Ressource zur nachhaltigen Selbstorganisation zur Verfügung. Er hat den Prozess „gelernt". |
| **5. Phase Controlling** (nach dem eigentlichen Coaching) | **Sicherung der Handlungskompetenz** |
| 5.1. Controlling des Handlungsplans | **Unterstütztes Anliegen: Entscheidungsfähigkeit sichern** Der Coachee führt selbstständig ein Controlling der Umsetzung seines Handlungsplans durch. Er entscheidet, wie er sich bei festgestellten Abweichungen vom Ziel mithilfe des Coachingprozesses und ohne Hilfe des Coachs selbst so organisieren wird, dass er sein Ziel erreicht. |

| 5.2. Controlling der nachhaltigen Selbstorganisation | Unterstütztes Anliegen: Entscheidungsfähigkeit sichern
Der Coachee führt selbstständig ein Controlling der Nachhaltigkeit seiner Selbstorganisation durch. Er entscheidet, bei welchen für ihn ähnlichen Themen er den Coachingprozess zukünftig anwenden (und üben) wird, um die Nachhaltigkeit seiner Selbstorganisation zu sichern. |
|---|---|

Ein konsequent systemisch-konstruktivistisches Coaching folgt einem klaren Prozess, der in seinen Wirkungserwartungen beschrieben ist. Wie der Coach den Wirkungserwartungen des Prozesses begegnet, orientiert sich an den Werten von Coaching.

Da die den Prozess konkretisierenden Teilphasen nur ihre Wirkungserwartung formulieren, lässt der Coachingprozess Coach und Coachee viele Freiheiten, selbst zu entscheiden, auf welche Art und Weise die Wirkungserwartung einer Teilphase erfüllt werden soll.

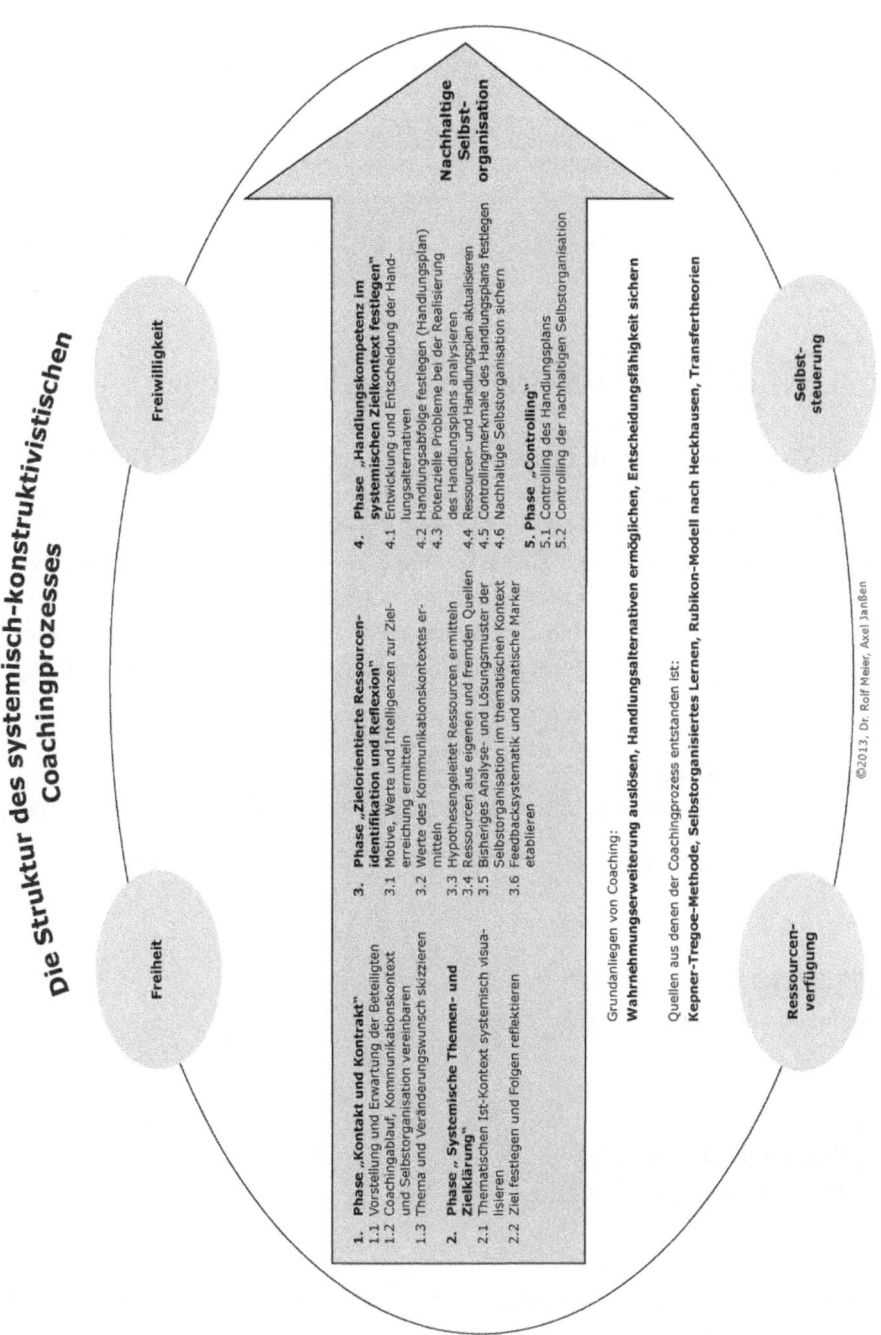

*Abb. 2.4.3 Die Struktur des systemisch-konstruktivistischen Coachingprozesses*

# 2.5. ZENTRALE STRATEGIEN INNERHALB DES COACHINGPROZESSES

Eine Strategie beschreibt, wie Sie grundsätzlich vorgehen, um eine beabsichtigte Wirkung zu erzielen.

## 2.5.1. INDUKTIVES UND DEDUKTIVES VORGEHEN

Wenn Sie vor einer herausfordernden Situation stehen, greifen Sie in der Regel zunächst einmal auf Ihre Erfahrungen mit dieser oder mit ähnlichen Situationen zurück. Aus Ihrer Erfahrung, dem Konkreten heraus, schließen Sie auf die Zusammenhänge bzw. das Abstrakte (induktiv). Würden Sie Ihre Erkenntnis der Zusammenhänge visualisieren, entstände ein abstraktes Abbild dieser situativen Wirklichkeit. Sie hätten sich ein „Modell" geschaffen. Ihr selbst entwickeltes Modell könnten Sie wiederum nutzen, um später in vergleichbaren Situationen daraus Konkretes abzuleiten (deduktiv).

**DEFINITION MODELL**
Ein Modell ist die komplexitätsreduzierende, abstrakte Darstellung von Wirklichkeit.

**DEFINITION „INDUKTIV"**
aus dem Konkreten auf das Abstrakte schließend.

**DEFINITION „DEDUKTIV"**
aus abstrakten Strukturen ableitend.

Einen Sachverhalt, den Sie mit einem „Erklärungs"-Modell bewerten, das (induktiv) aus Ihrer eigenen reflektierten Erfahrung entstanden ist, birgt jedoch die Gefahr in sich, dass es nur das abbilden kann, was bereits in Ihrem Erfahrungsschatz enthalten ist. Alles, was Sie daraus ableiten, entspricht dem, was Sie selbst wahrgenommen und reflektiert haben. So begrenzt der eigene Konstruktivismus Ihre Möglichkeiten, neue Erkenntnisse zu gewinnen.

Eine weitere Dimension der Begrenzung entsteht durch die eigenen Emotionen, die in einer Situation ausgelöst werden. Verletzt z. B. ein Kollege einen Wert, der Ihnen von hoher Bedeutung ist, kann es sein, dass Sie sich darüber schlichtweg ärgern und aus der Emotion (Assoziation) Ihre Entscheidung für eine bestimmte Reaktion oder Handlung ableiten. Ist die Emotion sehr stark, kann es passieren, dass Sie die systemischen Folgen Ihrer Entscheidung nur unzureichend bedenken, da wesentliche Zusammenhänge ausgeblendet werden. Sie haben sprichwörtlich einen „Tunnelblick". Wäre es eine Straftat, würde ein Gericht hier von einer „Handlung im Affekt" sprechen. In einer solchen Situation kann es also passieren, dass Sie induktiv kein reflektiertes Modell erschaffen, aus dem Sie Ihre Handlungen ableiten können, sondern einzig und allein Ihrer spontanen Emotion folgen.

Modelle, die wir uns selbst (induktiv) erschaffen sind Ausdruck unserer Erfahrung.

Nutzen wir unsere konstruktivistisch entstandenen Modelle, um daraus Entscheidungen für etwas abzuleiten (deduktiv), besteht die Gefahr, dass wir nur das erkennen, was auf unseren Erfahrungen beruht. Denn unsere kognitiven Strukturen begrenzen unsere Wahrnehmung.

Eine Entscheidung, die rein aus dem emotionalen Impuls heraus entsteht, blendet große Teile erkennbarer Zusammenhänge aus.

Würden Sie, um eine Entscheidung zu treffen, auf ein Modell zurückgreifen, das nicht aus Ihrem Konstruktivismus geboren wurde, sondern auf wissenschaftlichen Fakten basiert und daraus (deduktiv) Erkenntnisse ableiten, hätten Sie den Vorteil, dass Sie aus dieser Perspektive heraus weniger stark durch Ihre Emotionen beeinflusst wären und so zu einer besseren Qualität Ihrer Entscheidung gelangen.

Deduktives Denken im Coaching entspricht einem Perspektivwechsel. Statt etwas aus sich selbst heraus (induktiv) zu bewerten, wird die Perspektive in ein Modell bzw. in eine abstrakte, deduktive Ebene vorgenommen. Diese Perspektive ermöglicht aufgrund des emotionalen Abstandes einen verbesserten Zugriff auf die eigenen Möglichkeiten, etwas zu erkennen.

Ein systemisch-konstruktivistisches Coaching ist sich dieser Tatsachen bewusst und nutzt den Vorteil des deduktiven Denkens zur Unterstützung der Wirkungsabsichten der Teilphasen des Prozesses und in besonderem Maße zur Unterstützung der Grundanliegen von Coaching:

» **Wahrnehmungserweiterung auslösen**
Die Wahrnehmung in Bezug auf die Zusammenhänge des Themas, die Attraktivität des Ziels und die zur Zielerreichung verfügbaren Ressourcen wird erweitert.
» **Entscheidungsfähigkeit sichern**
Jede Entscheidung, die mit dem Coachingthema zusammenhängt – welches Ziel formuliert wird, welche Ressourcen als förderlich zur Zielerreichung identifiziert werden, welche Ressourcen gewählt werden, um daraus Handlungsalternativen zu entwickeln und wie das Controlling gestaltet wird – kann aus einer fachlich begründeten, deduktiven Perspektive besser legitimiert werden.
» **Handlungsalternativen ermöglichen**
Aus der deduktiven Perspektive (vom Kontext her) werden Handlungsalternativen formuliert. Dieses Vorgehen ist eine Grundvoraussetzung, um Handlungskompetenz zu erreichen.

## 2.5.2 FEEDBACKSYSTEMATIKEN

Woher wissen Sie bei einer Veränderung,

» ob Sie alle Zusammenhänge bedacht haben?
» ob ein formuliertes Ziel richtig ist?
» ob Sie alle Folgen, die mit der Zielerreichung einhergehen, bedacht haben?
» ob Sie alle für Ihre Zielerreichung relevanten Ressourcen identifiziert haben?
» ob die neuen Handlungen, die zum Ziel führen sollen, richtig sind?
» ob Ihre Veränderung so verläuft, wie Sie es geplant haben?

Verändern Sie als Autofahrer Ihre Geschwindigkeit, ist es recht einfach für Sie, zu wissen, ob Ihr Tempo richtig gewählt ist. Es gibt die Straßenverkehrsordnung. Wechseln Sie die Perspektive und betrachten sich aus dem Blickwinkel der StVO, wissen Sie, dass innerorts in der Regel nur Tempo 50 erlaubt ist. Sie können die StVO als Rückmeldeinstanz (Feedbacksystematik) nutzen, um Ihre Entscheidung für ein bestimmtes

Tempo zu reflektieren. Ob Sie dann tatsächlich Tempo 50 fahren, hängt davon ab, ob Sie mit den Folgen leben wollen, wenn Sie schneller fahren und dabei erwischt werden.

Bei einer Veränderung ist es ganz ähnlich: Es geht um Entscheidungen. Je umfangreicher die Feedbacksystematiken, die Ihnen zur Verfügung stehen, sind, desto besser können Sie oben formulierte Fragen beantworten. Das hat zur Folge, dass Ihre Wahrnehmung in Bezug auf die Zusammenhänge Ihres Themas sowie in Bezug auf das Ziel und die verfügbaren Ressourcen erweitert wird. Dadurch steigt die Qualität Ihrer Entscheidungen, so dass Handlungen entstehen, die zu einer nachhaltigen Selbstorganisation führen.

Innerhalb des Coachingprozesses werden die Wirkungserwartungen der Phasen und Teilphasen durch das Angebot von Feedbacksystematiken zur deduktiven Ableitung unterstützt. Zu diesen Angeboten zählen Modelle, Theorien und Axiome. So entsteht eine „abstrakte, deduktive Ebene".

Aus dem Zusammenspiel von deduktiver und induktiver Ebene im Coachingprozess entstehen die Erkenntnisse, die in einer nachhaltigen Selbstorganisation münden. Die abstrakte, deduktive Ebene berücksichtigt in hohem Maße den für das Coaching geltenden Wert FREIHEIT. Der Coachee entscheidet selbst, was er aus einem abstrakten Reflexionsangebot ableitet. Er hat die Freiheit, „auszuwählen" und seine Erkenntnisse selbst zu gestalten.

### DEFINITION FEEDBACK
von englisch feed = füttern, nähren und back = zurück; die zeitnahe Rückmeldung einer Wahrnehmung oder die Beurteilung von etwas nach einem allen Beteiligten verfügbaren Maßstab. Rückmeldungen sind Voraussetzung für die Entwicklung von Kompetenz. Aus dem Vergleich der Rückmeldung mit der Selbstwahrnehmung des eigenen Verhaltens werden Veränderungen im eigenen Verhalten abgeleitet.

### DEFINITION FEEDBACKSYSTEMATIK
Rückmeldemaßstab in einem Kontext für Wahrgenommenes.

**DEFINITION REFLEXION**
Im systemisch-konstruktivistischen Coaching ist die Reflexion ein Synonym für die Ableitung von Erkenntnissen aus einem sprachlich-visuellem, abstrakten Angebot.

## Wirkungserwartungen des Coachingprozesses

**Abstrakte, deduktive Ebene**

1. Vereinbarung auf den Coachingansatz
2. Wille zur konkreten Selbstveränderung und bewußte Akzeptanz von selbsterkannten Folgen
3. Ressourcenidentifikation und Reflexion der bisherigen Selbstorganisation
4. Handlungskompetenz im systemischen Realisierungskontext festlegen
5. Sicherung der nachhaltigen Handlungskompetenz

→ nachhaltige Selbstorganisation

— Wahrnehmungserweiterung auslösen —
Handlungsalternativen ermöglichen
Entscheidungsfähigkeit sichern

**Konkrete, induktive Ebene**

©2013, Axel Janßen, Dr. Rolf Meier

*Abb. 2.5.2 Wirkungserwartungen des Coachingprozesses*

Die Feedbacksystematiken innerhalb des Coachingprozesses können in 3 Gruppen unterteilt werden:

» Durch die Wirkungsabsicht einer Teilphase des Prozesses determinierte, nicht wählbare Feedbacksystematiken

Bsp.: Phase 2.2 „Ziel festlegen". Ein Ziel im Coaching orientiert sich an konkreten Merkmalen, die berücksichtigt werden müssen, um die beabsichtigte Wirkung zu erzielen.

Der Coachee verwendet die Feedbacksystematik selbst, um sein Ziel zu überprüfen, hat jedoch nicht die Möglichkeit, eine andere Feedbacksystematik zu wählen.

» Durch die Wirkungsabsicht einer Teilphase des Prozesses determinierte, wählbare Feedbacksystematiken

Bsp.: Phase 2.1. „Thematischen Ist-Kontext systemisch visualisieren". Zur Wahrnehmungserweiterung werden dem Coachee 3 feststehende Feedbacksystematiken (Modelle) angeboten, aus denen er selbst auswählt, welche er für sein Thema nutzen möchte.

» Hypothesengeleitete Feedbacksystematiken zur Ressourcenidentifikation

In Phase 3.3. werden dem Coachee Feedbacksystematiken zur Identifikation von Ressourcen angeboten, die auf Hypothesen des Coachs beruhen.

Der Coachee hat die Möglichkeit, ein Angebot, dass er als nicht relevant für sein Thema erachtet, abzulehnen.

Wie die Feedbacksystematiken im Coaching konkret verwendet werden, ist Teil des Kapitels „Handwerk".

## 2.5.3. HYPOTHESENGELEITETE FEEDBACKSYSTEMATIKEN ZUR RESSOURCENIDENTIFIKATION

Handlungskompetenz benötigt Ressourcen. Analog zum Kompetenzmodell (siehe Abb. 1.4.1) entsteht Handlungskompetenz aus der Selbstorganisation der Ressourcen, gewählt aus den Bereichen dieses Modells. Bestimmte Ressourcen sind „fix", da jede Veränderung grundsätzlich mit Motiven, Werten, Intelligenzen und auch eigenen somatischem Markern zu tun hat. Ob bestimmte Wissensgebiete bzw. thematische Inhalte wie z.B. Führung, Marketing oder die Kenntnis eigener „Antreiber" und „Konfliktlösungsmuster" eine Ressource zur Zielerreichung darstellen, ist abhängig vom thematischen Kontext.

Die eigene Lebenserfahrung als „hilfreiche" Feedbacksystematik anzubieten, schließt sich aus, da dieses Vorgehen einerseits die Erkenntnisse des Konstruktivismus nicht beachtet, andererseits fachlich nicht überprüfbar ist.

Nun könnten Sie als Coach selbst Modelle, Theorien oder Axiome als themenbezogene Feedbacksystematiken (Phase 3.3 des Coachingprozesses) auswählen, um die deduktive Ebene des Prozesses zu unterstützen. Ihre Auswahl wäre jedoch konstruktivistisch, da Sie selbst entscheiden, was zur Unterstützung der Wirkungserwartung „Ressourcen zur Zielerreichung identifizieren" für Ihren Coachee hilfreich ist oder nicht. Sie nähmen ganz bewusst Widerstände Ihres Coachees in Kauf, wenn er mit diesem Angebot nicht einverstanden ist, da es Ihrer konstruktivistischen „Diagnose" entsprungen ist.

Sie können also lediglich Hypothesen bilden, ob ein Modell, eine Theorie oder ein Axiom hilfreich ist, um Ressourcen zu identifizieren. Dem Wert „Freiheit" folgend entscheidet der Coachee selbst, ob er Ihre Hypothese teilt.

**DEFINITION INTELLIGENZ**
Intelligenz ist eine individuelle, ererbte und gelernte strukturelle, neuronale Ressource, die in einem Kontext die Qualität kognitiver, emotionaler und psychomotorischer Entscheidungen beeinflusst.

**DEFINITION „SOMATISCHE MARKER"**
Der Begriff wurde vom portugiesischen Neurowissenschaftler António R. Damásio entwickelt und drückt aus, dass der Körper (griechisch: „Soma") mit den Emotionen (Geist) interagiert und die Bewertung dieser Interaktion individuell körperlich (Marker) signalisiert.

## 2.5.4 HYPOTHESENBILDUNG DES COACHS

Wollen Sie den Konstruktivismus und die damit einhergehenden Werte von Coaching konsequent beachten, könnten Sie argumentieren, dass die Möglichkeit Ihres Coachees, ein hypothesengeleitetes Angebot abzulehnen dem Wert „Freiheit" bereits genügt. Was aber, wenn Ihre Hypothesen zur Gänze abgelehnt werden? Neben einer Einbuße an Glaubwürdigkeit würden letzten Endes Wirkungsabsichten einzelner Teilphasen des Prozesses nicht unterstützt. Der Coachingprozess als Ganzes könnte dadurch gefährdet sein. Eine Wahrnehmungserweiterung, um möglicherweise wichtige themenbezogene Ressourcen zur Zielerreichung zu identifizieren und möglicherweise auch wichtige Feedbacksystematiken zur Sicherung der Entscheidungsfähigkeit würden fehlen.

Es geht darum, auf die eigene Deutung des Themas als Coach bewusst zu verzichten und möglichst präzise Hypothesen zu bilden, damit Ihr Coachee sie mit seinem Thema in Verbindung bringen (andocken) kann.

Da die eigene Lebenserfahrung rein konstruktivistisch ist, orientiert sich die Hypothesenbildung ausschließlich an veröffentlichten, wissenschaftlich überprüfbaren Modellen, Theorien und Axiomen. Der Coach hört dazu seinem Coachee in Phase 1 und 2 des Coachingprozesses aufmerksam zu und vergleicht die gehörten Wörter mit Wörtern aus ihm bekannten Modellen, Theorien oder Axiomen. Findet er ein dem Wortstamm nach identisches (nicht durch ihn gedeutetes) Wort, kann er die Hypothese bilden, dass das betreffende Modell bzw. die Theorie oder das Axiom eine Relevanz als Feedbacksystematik zur Ressourcenidentifikation in Phase 3 hat.

Angeboten wird eine solche Hypothese in Phase 3.3 z.B. mit der Fragestellung: *„Kann es sein, dass Ihre Zielerreichung mit diesem Modell (Theorie oder Axiom) in Zusammenhang steht?"* Der Coachee dockt dann an dieses Modell an und leitet (deduktiv) Erkenntnisse in Bezug auf seine Ressourcen zur Zieleerreichung ab.

Wird ein Modell Ihrem Coachee als „Ganzes" in Form einer Grafik angeboten – einschließlich des Namens –, kann es sein, dass Ihr Coachee mit dem Namen und oder der Grafik bestimmte Emotionen verbindet, die ihm sprichwörtlich seine „Unschuld" im Umgang mit diesem Modell rauben. Maslows Bedürfnispyramide z.B. suggeriert allein durch ihre Formgebung, dass die „Grundbedürfnisse" den größten Raum einnehmen. Der Name Maslow kann auch mit einem Training verbunden werden, das als unangenehm empfunden wurde. Um einen unbefangenen Umgang mit dem Modell zu ermöglichen, ist es daher aus Sicht der Wirkungserwartung des Coachingprozesses besser, dieses Modell in „Einzelteilen" anzubieten. Selbstverständlich vollständig, da eine Auswahl von Teilen durch den Coach ein konstruktivistischer Akt wäre. Ein angenehmer Nebeneffekt ist an dieser Stelle die intensivere Auseinandersetzung mit den einzelnen Teilen des Modells in Bezug auf die Zielerreichung.

Wird ein Modell in Einzelteilen angeboten, geschieht das z.B. durch die Frage: *„Kann es sein, dass Ihre Zielerreichung mit diesen (Anzahl) Begriffen in Zusammenhang steht?"*

**Bsp.:** Aus der Theorie der Transaktionsanalyse sind die sogenannten „inneren Antreiber".

„SEI STARK, SEI PERFEKT, SEI GEFÄLLIG, BEEIL DICH, STRENG DICH AN" bekannt. Wird bei der Entscheidungsbildung auf einen oder mehrere dieser Antreiber zurückgegriffen, beeinflussen sie das Verhalten in einer entweder „antreibenden" (förderlichen) oder „blockierenden" (hinderlichen) Form. Antreiber werden in der Regel in der Kindheit gelernt.

Formuliert der Coachee z.B. den Satz: „Ich möchte meinen Mitarbeitern Arbeitsbedingungen bieten, die perfekt sind", enthält dieser Satz das Wort „perfekt", das ebenso bei den „inneren Antreibern" vorkommt. Der Coach kann die Hypothese bilden, dass dieses Modell eine Relevanz als hypothesengeleitete Feedbacksystematik hat.

Je öfter gehörte Begriffe bestimmten Modellen, Theorien oder Axiomen dem Wortstamm nach zugeordnet werden können, desto wahrscheinlicher ist es, dass der Coachee dieses hypothesengeleitete , abstrakte Angebot annimmt und daraus Erkenntnisse ableitet.

Anders als bei Angeboten, die auf einer möglicherweise therapeutischen Deutung des Coachees durch den Coach basieren, füllt der Coachee das „deutungsleere" Angebot selbst mit Inhalten. Er entscheidet, ob das Angebot einen Bezug zu seinem Ziel hat und welchen Bezug er darin sieht.

## TRANSAKTIONSANALYSE
Als psychologische Theorie der menschlichen Persönlichkeitsstruktur wurde die Transaktionsanalyse vom US- amerikanischen Psychiater Eric Berne (1910–1970) begründet. In den 70er Jahren des 20. Jahrhunderts entwickelten Bernes Kollege Taibi Kahler und seine Mitarbeiter als Weiterentwicklung aus klinischen Beobachtungen heraus das Konzept der Antreiber.

## MASLOW, ABRAHAM HAROLD
war ein US-amerikanischer Psychologe und gilt als einer der Gründerväter der Humanistischen Psychologie. Die von ihm entwickelte Maslowsche Bedürfnispyramide bildet eine Hierarchie menschlicher Bedürfnisse ab.

## 2.5.5 BESONDERHEITEN DER AUSWAHL VON FEEDBACKSYSTEMATIKEN

Würde Ihnen Ihr Coach etwas als Feedbacksystematik anbieten, das z.B. wie folgt lautet:

1. Lobe Deine Mitarbeiter
2. Halte Pausen ein
3. Beachte Gesetz und Ordnung
4. Wähle Gewinner-Gewinner-Lösungen
5. Orientiere Dich am Gewinn

In diesem Fall würden Sie daran vielleicht einen gewissen Gefallen finden und möglicherweise zur Erkenntnis gelangen, dass Sie an anderer Stelle einmal Pausen einhalten sollten oder Ihre Mitarbeiter loben sollten. Nur die Möglichkeit, selbst zu entscheiden, ob alle 5 Punkte dieser Aufzählung überhaupt etwas mit Ihrem Ziel oder Thema zu tun haben und ob es nicht andere Lösungen gibt, haben Sie nicht. Die Aufzählung ist nicht bedeutungsleer. Ein anderer hat beschlossen, dass diese 5 Dinge insgesamt zu beachten sind und den Elementen „Mitarbeiter", „Pause", „Gesetz und Ordnung", „Lösungsstrategie" und „Gewinn" eine Bedeutung gegeben.

Ein Angebot als Feedbacksystematik im systemisch-konstruktivistischem Coaching ist „ungedeutet". Erst der Coachee weist dem Wort eines Modells im Kontext seines Themas eine Bedeutung zu. Der Coachee hat immer die Möglichkeit, zu wählen.

So könnte die o.a. Liste beispielsweise wie folgt formuliert werden:

» Mitarbeiter
» Pausen
» Gesetz und Ordnung
» Lösungsstrategie
» Gewinn

„Kann es sein, dass Ihre Zielerreichung mit diesen 5 Begriffen in Zusammenhang steht?"

Doch wer hat entschieden, ob diese 5 Begriffe vollständig sind? Handelt es sich um eine vom Coach aus seiner Erfahrung heraus getroffene Auswahl, dann fehlen womöglich wichtige Begriffe in diesem Angebot. Wäre diese Liste wissenschaftlich überprüfbar, enthielte sie alle Begriffe, die zu dem, was die Liste beschreiben will (z.B. Führungsaufgaben), fachlich richtig bekannt sind.

Eine Feedbacksystematik ist ein Reflexionsangebot auf Abstraktionsebene. Bei näherem Blick auf o.a. Liste fällt auf, dass die Aufzählung Nr. 4 „Wähle Gewinner-Gewinner-Lösungen" ein anderes Abstraktionsniveau hat. So konnte in der Weiterführung des Beispiels aus diesem Satz nicht der abstrakte Begriff herausgefiltert werden. Stattdessen musste ein beschreibendes, abstraktes Wort gefunden werden: „Lösungsstrategie". Als Teil einer Lösungsstrategie können „Mitarbeiter", „Pausen", Gesetz und Ordnung" und „Gewinn" bei der Entwicklung von Maßnahmen eine Relevanz haben. Der Begriff „Lösungsstrategie hat eine höhere Abstraktion als die anderen gelisteten Begriffe und damit innerhalb der Begriffe eine andere Wertigkeit. Eine Feedbacksystematik soll es erlauben, aus gleichwertigen Angebotsteilen zu wählen. Aus diesem Grund ist es von entscheidender Bedeutung, dass alle Begriffe einer Feedbacksystematik auf demselben Abstraktionsniveau sind.

Neben der Voraussetzung, dass eine Feedbacksystematik

1. die Wirkungsabsicht einer Teilphase als abstrakte, deduktive Ebene unterstützt,
2. die Orientierung an den Werten von Coaching ermöglicht und
3. widerspruchsfrei zu Kompetenzmodell, MVWK-Modell und Axiomatik ist,

muss bei der Auswahl beachtet werden, dass die Feedbacksystematik

» inhaltsleer bzw. „ungedeutet" ist,
» wissenschaftlich überprüfbar ist und
» auf einem einheitlichen Abstraktionsniveau arbeitet.

## 2.5.6. QUELLEN FÜR FEEDBACKSYSTEMATIKEN

Theoretisch können Sie die gesamte abstrakte, deduktive Ebene des Coachingprozesses selbst gestalten oder hier Beschriebenes austauschen, unter der Voraussetzung, dass die Besonderheiten der Feedbacksystematiken beachtet werden.

Doch woher stammen Modelle, Theorien und Axiome, die als Feedbacksystematik verwendet werden können? Im Buch „Coachausbildung – ein strategisches Curriculum" (siehe Kapitel „Relevante Veröffentlichungen und Weblinks") sind mehr als 30 „abstracts" von relevanten Wissensgebieten für Coaching veröffentlicht. Aus diesen Quellen, aber natürlich auch aus dort noch nicht beschriebenen fachlichen Quellen, können Modelle, Theorien und Axiome gewonnen werden, die Sie als Feedbacksystematik zur Unterstützung der Wirkungsabsichten der Phasen und Teilphasen des Coachingprozesses nutzen können.

Im nächsten Kapitel finden Sie die Feedbacksystematiken, die „typisch" für das hier beschriebene Coachingverständnis sind.

## 2.5.7. DER PERSPEKTIVWECHSEL ALS ZENTRALE UNTERSTÜTZUNG DER GRUNDANLIEGEN UND WIRKUNGS ABSICHTEN INNERHALB DES COACHINGPROZESSES

Ein Perspektivwechsel hilft Ihnen dabei, eine andere Sichtweise einzunehmen und zu Erkenntnissen zu gelangen, die bei einem Blick auf die Dinge aus der eigenen Person heraus nicht erkannt werden können. Mit dem Perspektivwechsel geht ein verbesserter Zugriff auf die eigenen Ressourcen einher, da der „Tunnelblick" – verursacht durch die Emotionen, die mit der „Deutung aus der eigenen Person heraus" einhergehen – gemildert wird.

Nicht nur in einem konsequent systemisch-konstruktivistischen Coaching findet der Perspektivwechsel daher eine hohe Beachtung.

Ein Perspektivwechsel kann auf verschiedene Arten und Weisen entstehen:

» die Perspektive einer anderen Person wird eingenommen
» die Perspektive des thematisch relevanten Kontextes wird eingenommen
» diePerspektive aus einer Zukunft heraus wird eingenommen
» die Perspektive aus einer auf einem Modell, einer Theorie oder einem Axiom basierenden Feedbacksystematik wird eingenommen

In einem systemisch-konstruktivistischen Coaching ist der Perspektivwechsel fest im Prozess verankert und wird nicht vom Coach initiiert. Würde der Coach konstruktivistisch auswählen, mit wem oder was ein Perspektivwechsel zu erfolgen hat, weil seiner Meinung nach genau die daraus folgende (mögliche) Erkenntnis wichtig für seinen Coachee ist, würde seine Auswahl den Wert „Freiheit" gefährden.

Dieser permanente Perspektivwechsel ist die zentrale methodische Unterstützung innerhalb des Prozesses. Er dient dazu, die Wirkungsabsichten und damit auch die nachhaltige Selbstorganisation zu realisieren. Der Coachingprozess nutzt eine Vielzahl unterschiedlicher Möglichkeiten, einen Perspektivwechsel zu initiieren.

## 2.5.8 EINNAHME DER PERSPEKTIVE EINER ANDEREN PERSON

Systemisch zu coachen heißt, dass der Coachee sein Thema „in Zusammenhängen" betrachtet. Selten hängt nur eine einzelne, andere Person mit einem Thema zusammen. Ein Perspektivwechsel im systemischen Coaching berücksichtigt alle aus Sicht des Coachees am Thema beteiligten Personen.

In Teilphase 2.2 „Ziel festlegen und Folgen reflektieren" nimmt der Coachee auch die Perspektive der am Thema beteiligten Personen ein. Er reflektiert daüber, welche Folgen für diese Personen mit der Erreichung seines Ziels einhergehen.

In Teilphase 3.2 „Werte des Kommunikationskontextes ermitteln" nimmt der Coachee ebenfalls die Perspektive der am Thema beteiligten Personen ein und reflektiert über die den Kommunikationskontext beeinflussenden Werte dieser Personen. Auf diese Weise gelangt er an die für seine Selbstorganisation benötigte Ressource „Werte des Kommunikationskontextes" (Bereich sozio-kommunikative Kompetenz im Kompetenzmodell).

## 2.5.9. EINNAHME DER PERSPEKTIVE DES THEMATISCH RELEVANTEN KONTEXTES

Wenn Sie ein wenig Erfahrung im Marketing haben, wissen Sie, dass Marketing die Führung des Unternehmens vom Markt her ist. Dieselben Gesetzmäßigkeiten des Marketings gelten auch für die eigene Person als „Unternehmer in eigener Sache". Übersetzt in die Sprache von Coaching bedeutet Marketing: „Selbstorganisation vom Kontext her". Es geht darum, den Markt bzw. Kontext eines Themas zu identifizieren, sich mit den Anforderungen oder Bedürfnissen des Kontextes auseinanderzusetzen und sie bei der Selbstorganisation alternativer Handlungen zu berücksichtigen.

Die Einnahme einer „Markt"-Perspektive geht weit über den Perspektivwechsel mit anderen Personen hinaus. Es ist möglich, dass Sie z.B. die Perspektive eines am Thema beteiligten betrieblichen Prozesses oder einer Maschine einzunehmen. Das geht doch gar nicht? Einem Prozess ist z.B. wichtig, dass er eingehalten wird. Einer Maschine kann wichtig sein, dass ihr Energie zugeführt und dass sie gewartet wird. Wenn diese Bedürfnisse nicht berücksichtigt werden, hat das in der Regel Konsequenzen.

Die Einnahme der Perspektive des thematisch relevanten Kontextes erfolgt in denselben Teilphasen, wie sie in Kapitel 2.9.1 dargestellt sind.

## 2.5.10. EINNAHME DER PERSPEKTIVE AUS EINER ZUKUNFT HERAUS

Ob Sie sich verändern, hängt entscheidend davon ab, wie Sie die emotionale Notwendigkeit Ihrer Veränderung im Hinblick auf zukünftige Folgen betrachten. Verändern Sie sich nicht, wird sich das auf alles, was mit einer Veränderung zusammenhängt, auswirken. Es lohnt sich, sich einmal in die Zukunft hineinzuversetzen und sich zu fragen: „Wie entwickeln sich die Dinge, wenn ich mich nicht verändere? – Will ich das?"

Die Einnahme einer solchen Perspektive ist kein integraler Bestandteil des Coachingprozesses. In der Auseinandersetzung mit den thematischen Zusammenhängen entsteht der Wille zur Veränderung, der sich im Ziel manifestiert (Phase 2). Ein zusätzlicher Perspektivwechsel über die Zeit ist nicht notwendig.

## 2.5.11 EINNAHME DER PERSPEKTIVE EINER AUF EINEM MODELL, EINER THEORIE ODER EINEM AXIOM BASIERENDEN FEEDBACKSYSTEMATIK

Der gesamte Prozess enthält in seinen Phasen und Teilphasen zur Unterstützung der Grundanliegen von Coaching eine abstrakte, deduktive Ebene. Durch den Wechsel der Perspektive – weg von der ausschließlich induktiven Betrachtung, hinein in eine Feedbacksystematik – entsteht die Möglichkeit, mit einem dissoziierten, deduktiven Blick die eigene Wahrnehmung zu erweitern, Handlungsalternativen zu entwickeln und die Entscheidungsfähigkeit zu sichern.

## 2.5.12 METHODISCHE VERANKERUNG DER NACHHALTIGKEIT DER SELBSTORGANISATION

Eine Wirkungserwartung des Coachingprozesses ist, dass Sie ihn nach Ihrem Coaching selbstständig auf für Sie vergleichbare oder ähnliche Themen übertragen können. Pädagogisch ausgedrückt bedeutet das, dass Sie einen Lerntransfer erbringen. Das, was Sie über das Vorgehen im Coaching gelernt haben (den Prozess), sollen Sie selbst auf ein für Sie ähnliches Thema übertragen. Sie sollen sich also mithilfe des Coachingprozesses selbst coachen können. Dafür müssen Sie gelernt haben, wie der Coachingprozess funktioniert, und das so gut, dass Sie ihn selbst anwenden können. Damit Sie das können, ist es die Aufgabe Ihres Coachs, Ihnen den Prozess so gut zu erklären und Ihr Verständnis dahingehend zu überprüfen, dass dieser beabsichtigte Transfer klappt.

Um den Coachingprozess, seine Phasen und Teilphasen zu verstehen, müssten Sie zunächst einmal wissen, wozu er gut ist, d.h. was er denn konkret erreichen will. Erst danach haben Sie einen Betrachtungsrahmen (Kontext), aus dem heraus jede weitere Erklärung ihre Plausibilität bezieht.

Ein Beispiel: Stellen Sie sich vor, jemand bittet Sie, an einem Brettspiel teilzunehmen, das Ihnen unbekannt ist. Sie haben sich bereits entschieden, mitzuspielen. Nun gibt es zwei unterschiedliche Strategien, das Spiel zu erklären:

1. Ihnen werden die Figuren, das Brett sowie der Spielablauf erklärt in der Hoffnung, dass Sie sich das merken oder
2. Ihnen wird erklärt, was der Sinn und Zweck des Spiels ist (Wirkungsabsicht) und anschließend werden die Figuren, das Brett sowie der Ablauf erklärt.

Bei „2." wird Ihnen die Möglichkeit geboten, zunächst einmal zu erkennen, warum es das Spiel gibt. Aus diesem Kontext heraus verstehen Sie die folgenden Erklärungen deutlich besser.

In der Kontaktphase des Prozesses trifft der Coachee sinngemäß die Entscheidung, mitzuspielen. Er prüft, ob die Wirkungserwartung des Prozesses eine emotionale Attraktivität für ihn hat und ihm der Ablauf plausibel anmutet. Vor diesem Hintergrund lernt er den Prozess.

## 2.5.13 KONSTRUKTIVISTISCHE TAXONOMIESTUFEN

Sind Sie eine Führungskraft, dann sind Sie sehr wahrscheinlich auch mit der Formulierung von Zielen vertraut. Sie wissen, dass Ihr Unternehmen vielleicht eine bestimmte Vorstellung davon hat, wie ein Ziel formuliert werden soll. Oder es ist Ihnen – unabhängig von den Vorstellungen Ihres Unternehmens im Zusammenhang (Kontext) mit dem Thema Führung – bekannt, dass es Zielanweisungen, Zielvorgaben und Zielvereinbarungen gibt. Dieses Wissen wenden Sie in einem konkreten Führungskontext an. So kann es sein, dass Sie Ihre Mitarbeiter in manchen Situationen anweisen, wie sie ein Ziel zu erreichen haben. In anderen Situationen dagegen geben Sie nur das Ziel vor und Ihre Mitarbeiter finden den Weg allein, in wieder anderen Situationen geben Sie nicht das Ziel vor, sondern vereinbaren ein Ziel mit Ihren Mitarbeitern. Sie wenden Ihr Wissen über Ziele in Kontexten an. Ihr Handeln (Agieren) als Führungskraft in einem bestimmten Kontext wirkt sich auf unterschiedlichste Zusammenhänge in diesem Kontext aus. So kann es sein, dass Sie feststellen, „Führen mit Zielanweisungen" wirkt sich (systemisch) auf die Motivation Ihrer Mitarbeiter aus, gleichzeitig aber auch auf die zeitliche Effizienz, die Wahrnehmung Ihrer Person durch die Kunden und vieles mehr. Setzen Sie sich mit diesen systemischen Folgen Ihres Handelns gedanklich auseinander (reflektieren), gewinnen Sie neue Erkenntnisse. Haben Sie diese Erkenntnisse so gut verarbeitet, dass Sie sie auch auf andere Kontexte, die Sie (konstruktivistisch) dafür geeignet finden, übertragen (transferieren) können, haben Sie „gelernt".

Konstruktivistisches Lernen orientiert sich an 4 sogenannten Taxonomiestufen (griech.: taxis = Ordnung)

1. Faktisch richtiges Wissen
2. Kontextbezogenes Anwenden von Wissen
3. Reflexion systemischen Agierens
4. Konstruktivistischer Kontexttransfer

Soll der Coachingprozess so gut „gelernt" werden, dass ihn der Coachee selbst auf ein als ähnlich empfundenes Thema übertragen kann, geht es einerseits darum, dass der Coachee verstanden hat, welche Wirkungserwartungen der Prozess, seine Phasen und Teilphasen verfolgen, andererseits darum, dass er jeden Inhalt des Prozesses in den 4 Taxonomiestufen durchlaufen hat.

**Bsp.: Teilphase 2.2 Ziel festlegen und Folgen reflektieren – das Ziel**

Der Coachee hat die Wirkungsabsicht des Prozesses, der Phase 2 und der Teilphase 2.2 verstanden.

## TAXONOMIESTUFE 1
Der Coachee erwirbt im Kontext des Coachingprozesses faktisch richtiges Wissen über ein Ziel und dessen Merkmale. (Der Coach vermittelt ihm diese Fakten, das heißt, er verzichtet vollständig auf eigene Deutungen.)

## TAXONOMIESTUFE 2
Der Coachee wendet dieses Wissen an und leitet daraus seine Zielformulierung ab oder überprüft damit ein bereits von ihm formuliertes Ziel.

## TAXONOMIESTUFE 3
Der Coachee reflektiert durch die Anwendung seines Wissens seine Zielformulierung im Coachingprozess.

## TAXONOMIESTUFE 4
Empfindet er das Ergebnis seiner gedanklichen Auseinandersetzung in der vorangegangenen Taxonomiestufe als positiv bzw. „nützlich ", überlegt er, in welchen für ihn ähnlichen Themen ihm diese Erkenntnisse auch nützen könnten. Er vollzieht einen konstruktivistischen Lerntransfer, da er selbst entscheidet, in welchem Kontext er seine Erkenntnisse noch anwenden kann.
Der Coach unterstützt das Lernen seines Coachees durch Fragen, die sich an den Taxonomiestufen orientieren. Sämtliche Materialien, die er an dieser Stelle zusätzlich verwendet hat, z. B. die Grafik einer Feedbacksystematik zum Ziel und seinen Merkmalen, stellt er seinem Coachee zur Verfügung.

Soll der Coachee sich in einem ähnlichen Thema mithilfe des Prozesses selbst coachen können, wird er all das, was im Coachingprozess verwendet wurde, auch brauchen, wenn er sich ohne seinen Coach selbst hilft.

Eine nachhaltige Selbstorganisation ist im Coaching nur möglich, wenn es einen Coachingprozess gibt, der für den Coachee reproduzierbar ist. Ein „Prozess", der nach dem Gusto des Coachs in jedem Coaching neu entsteht und daher in der Regel nicht reproduzierbar ist, kann keinen Beitrag zur Nachhaltigkeit leisten.

## 2.5.14. ZUSAMMENGEFASST

Die Methodik des konsequent systemisch-konstruktivistischen Coaching basiert auf den in Kapitel 1 beschriebenen Grundlagen – dem Fundament.

Neben der Wirkungserwartung von Coaching sind durch den Coachingprozess 3 Grundanliegen zu realisieren.

Der Perspektivwechsel ist die zentrale Unterstützung der Grundanliegen und Wirkungsabsichten innerhalb des Coachingprozesses. Er wird durch die abstrakte, deduktive Ebene des Prozesses unterstützt. Diese Ebene nutzt die Hypothesenbildung des Coachs sowie Feedbacksystematiken, um das deduktive Denken zu unterstützen.

Als fachliche Quellen nutzt der Coachingprozess u.a. die Kepner-Tregoe-Methode, das selbstorganisierte Lernen, das Rubikon-Modell Heinz Heckhausens und die Erkenntnisse der Transfertheorien, stellt aber als Ganzes eine eigenständige Entwicklung dar.

Die Taxonomiestufen unterstützen den Coachee darin, den Prozess zu lernen, so dass er ihn selbst konstruktivistisch anwenden kann.

**Fundament und Methodik im konsequent systemisch-konstruktivistischen Coaching**

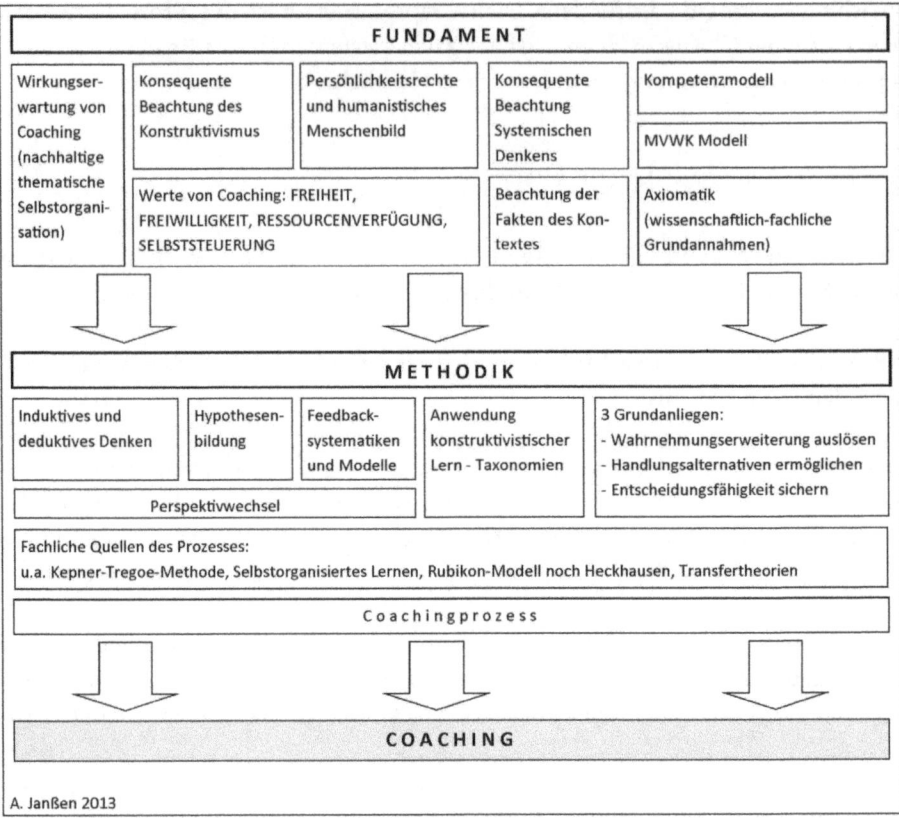

*Abb. 2.5.14 Aufbau des konsequent systemisch-konstruktivistischen Coachingverständnisses*

# KAPITEL 3
# BESONDERE FEEDBACKSYSTEMATIKEN ALS TEIL DER METHODIK

## INHALTSVERZEICHNIS

3. Bedeutung von Werten und abstrakter Ebene für den Coachingprozess    95

3.1.    Modelle zur Wahrnehmungserweiterung in Bezug auf den thematischen Kontext    97
- 3.1.1    Das Neue St. Galler Management-Modell    100
- 3.1.2    Das 10-Felder-Modell    102
- 3.1.3    Das Vier-Faktoren-Modell der Themenzentrierten Interaktion (TZI)    104
- 3.1.4    Das Modell des konstruktivistischen Konflikt Kontextes – 3K-Modell    106
- 3.1.5    Das Modell selbsterlebter Gesundheit    108
- 3.1.6    Ergänzende Modelle    110

3.2. Das Ziel im Coaching    110
- 3.2.1    Die Komponenten einer Zielformulierung    114

3.3.    Das MVWK-Modell und seine Anwendungserklärungen    116
- 3.3.1.    Die Entstehung des MVWK-Modells    117
- 3.3.2.    Die Anwendungserklärungen zum MVWK-Modell    122
- 3.3.3    MVWK Anwendungserklärung 1    123
- 3.3.4.    MVWK Anwendungserklärung 2    125
- 3.3.5.    MVWK Anwendungserklärung 3    126
- 3.3.6    MVWK Anwendungserklärung 4    128
- 3.3.7    MVWK Anwendungserklärung 5    129
- 3.3.8    MVWK Anwendungserklärung 6    136
- 3.3.9    MVWK-Modell in der Praxis    137

3.4. Die Hilfsmittel des Coachingprozesses                    **138**
   3.4.1.  Motive und Motivdefinitionen                       139
   3.4.2   Werte                                              141
   3.4.3.  Intelligenzen                                      143
   3.4.4   Somatische Marker                                  145

# 3. BEDEUTUNG VON WERTEN UND ABSTRAKTER EBENE FÜR DEN COACHINGPROZESS

Der Coachingprozess als Methode könnte von Ihnen auch unter Nicht-Beachtung der Werte von Coaching verwendet werden. So könnten Sie sich entschließen, dass Ihre Expertise im Thema Ihres Coachees der entscheidende Wert ist, der Ihren Umgang mit dem Prozess bestimmt. In der Folge würden Sie entscheiden, mit welchen Zusammenhängen sich Ihr Coachee auseinandersetzen muss, wenn er wieder erfolgreich sein will, wie sein Ziel lauten sollte, welche Ressourcen gewählt werden sollten und welche Optionen sich daraus ergeben. Da Sie letzten Endes für Ihren Coachee denken, wird Ihr Coachee zwar den Ablauf des Prozesses verstehen. Es ist ihm klar, warum Sie so vorgehen. Doch ohne Ihre Hilfe wird er sich danach sehr wahrscheinlich nicht selbst coachen können. Die möglichen Widerstände Ihres Coachee gegenüber Ihren Bewertungen sorgen für eine permanente Betonung der Beziehungsebene.

Erst durch den durch die Werte „Freiheit", „Freiwilligkeit", „Ressourcenverfügung" und „Selbststeuerung" gebildeten Kontext, der Ihr Verhalten als Coach im Umgang mit dem Prozess beeinflusst, wird aus der Anwendung des Prozesses ein systemisch-konstruktivistisches Coaching.

Doch woher weiß derjenige, der sich am Wert „Expertise" orientiert, was er vorschlägt? Er nutzt Feedbacksystematiken. Der große Unterschied zu den Feedbacksystematiken, die diesem Coachingverständnis zugrunde liegen, liegt darin, dass sie meist im Kopf des Experten sind. Ob es sich dabei um „Modelle" handelt, die der eigenen Erfahrung entspringen oder um wissenschaftliche Modelle, Theorien oder Axiome: der „Experte" leitet konstruktivistisch daraus seine Empfehlungen ab. Wenn Sie dieses „Coaching" noch einmal Revue passieren lassen wollen oder sich anschließend zu einem ähnlichen Thema selbst coachen wollen, benötigen Sie dazu auch die Feedbacksystematiken Ihres Experten, die er in Ihrem Thema verwendet hat.

Die abstrakte, deduktive Ebene des Coachingprozesses steht dem Coachee im systemisch-konstruktivistischem Coaching während des Coachings und auch nach dem Coaching zur Verfügung. Sie entspricht nicht der Lebenserfahrung eines Experten, sondern beruht auf wissenschaftlichen Modellen, Theorien oder Axiomen. Der Coachee wendet sie selbst an und hat die Freiheit zu entscheiden, welche Erkenntnisse er daraus ableitet und welche Handlungen damit einhergehen.

Sobald der Coachingprozess – eingebettet in die Werte von Coaching – angewendet wird, erhält er eine abstrakte, deduktive Ebene, die dann zu einem Teil des Prozesses wird.

Das eigentliche Coaching erfordert einen Fundus an Modellen, Theorien und Axiomen, damit der Prozess über eine abstrakte, deduktive Ebene verfügen kann, die ihn in seinen Grundanliegen und Wirkungsabsichten unterstützt.

Nachfolgend werden besondere Feedbacksystematiken beschrieben, die „typisch" für die Handhabung des Prozesses durch die „Hamburger Schule" sind.

## HAMBURGER SCHULE

Von Dr. Rolf Meier und Axel Janßen 2005 gegründeter „think-tank" zur Erklärung des Selbstorganisierten Coachings (*www.hamburger-schule.net*). Der Name Hamburger Schule entstand durch die Teilnehmer an den Coach-Ausbildungen, die damit das gelernte „besondere" Verständnis von Coaching zum Ausdruck brachten, dass sie in Hamburg kennen gelernt haben.

„Hamburger Schule" ist ein plakativer Begriff für ein konsequent systemisch-konstruktivistisches Coachingverständnis, das eine nachhaltige thematische Selbstorganisation erreicht.

# 3.1. MODELLE ZUR WAHRNEHMUNGSERWEITERUNG IN BEZUG AUF DEN THEMATISCHEN KONTEXT

Die Teilphase 2.1 des Coachingprozesses verfolgt das Grundanliegen „Wahrnehmungserweiterung." Nachdem der Coachee zunächst induktiv alles visualisiert, was aus seiner Sicht mit dem Thema zusammenhängt, wird ihm eine Feedbacksystematik in Form eines Modells angeboten, aus der er weitere Zusammenhänge ableiten (deduktiv) kann und so seine Wahrnehmung der thematischen Zusammenhänge erweitert.

Diese Wahrnehmungserweiterung ist an dieser Stelle in besonderem Maße von Bedeutung, da die Zusammenhänge den Kontext des Themas abbilden. Jede Veränderung des Coachees wird sich auf alle thematischen Zusammenhänge auswirken. Je besser diese thematischen Verästelungen erkannt werden, desto besser können sie in der Selbstorganisation berücksichtigt werden.

Nicht jedes Modell ist an dieser Stelle gleich gut für eine Wahrnehmungserweiterung geeignet. Würde Ihnen z. B. bei einem Coachingthema, das aus Ihrer Sicht mit Produktivität, Liquidität, Wirtschaftlichkeit, Prozessen usw. zu tun hat, ein Modell angeboten, dass sich eher mit psychischen und biologischen Wohlbefinden beschäftigt, fiele es Ihnen womöglich schwer, darin einen Zusammenhang zu Ihrem Thema zu erkennen. Sie können an diese Begriffswelt sprichwörtlich nicht andocken, weil sie in Ihrer Deutung nichts mit Ihrem Thema zu tun haben.

So benötigt auch der Coachingprozess an dieser Stelle mehrere Feedbacksystematiken. Welche für die Wahrnehmungserweiterung genutzt wird, entscheidet Ihr Coachee.

Werden die häufigsten Coaching-Anfragen im Management auf Gemeinsamkeiten hin untersucht, ergeben sich derzeit drei große thematische Bereiche:

1. **Business**
   (z. B. Führung und Organisation, Projekte, Change u.v.m.)
   Die Themen repräsentieren in der Regel die Verantwortlichkeiten des Coachees im Zusammenhang mit seiner Funktion im Unternehmen.

2. **Beschäftigung mit sich selbst**
   (z. B. work-life-balance-Burnout, Motivationsverlust, Karriere u.v.m.)
   Die Themen repräsentieren in der Regel das eigene psycho-biologische Empfinden, das den Wunsch nach Veränderung auslöst.

3. **Konflikte mit anderen**
   (z. B. Konflikt mit einer anderen Person, einem Team oder einer Gruppe)
   Die Themen repräsentieren in der Regel Abhängigkeiten zu anderen. Durch die eigene Veränderung soll die Beziehung zu anderen verändert werden.

Zukünftig werden auch Themen, die sich mit dem Erhalt der eigenen Gesundheit beschäftigen, relevant werden. Der Coachingprozess bietet hier die Möglichkeit, zur Wahrnehmungserweiterung auch Modelle aus dem Bereich „Salutogenese" (Gesundheitsentstehung) einzusetzen.

Die Wahrnehmungserweiterung kann mit jedem wissenschaftlich legitimierten Modell ausgelöst werden, das eine systemische Sicht beinhaltet und sowohl sprachlich als auch intellektuell durch Ihren Coachee „andockbar" ist.

Für die drei oberen Bereiche werden im systemisch-konstruktivistischem Coaching nach der Hamburger Schule 3 Modelle genutzt:

1. Business: Das Neue St. Galler Management-Modell
2. Beschäftigung mit sich selbst: Das 10-Felder-Modell
3. Konflikte mit anderen: Das Vier-Faktoren-Modell der Themenzentrierten Interaktion (TZI)

Zur Unterstützung der Wahrnehmungserweiterung in Teilphase 2.1 sind diese 3 Modelle bzw. Feedbacksystematiken durch die „Hamburger Schule" determiniert. Der Coachee wählt aus diesen 3 Angeboten aus.

Jedes Modell bildet eine Struktur ab, d.h. es sagt aus, dass die Merkmale der Struktur einen Zusammenhang bilden.

Wird ein Modell auf der deduktiven Ebene des Coachingprozesses verwandt, werden dem Coachee grundsätzlich alle Strukturmerkmale angeboten. Ihr Coachee entscheidet selbst, ob er in Bezug auf sein Coachingthema einen Zusammenhang daraus ableiten kann oder nicht.

Erkennt er einen Zusammenhang, d.h. erkennt er, womit sein Coachingthema noch zu tun hat, ergänzt er seine bisherige Visualisierung um diese Erkenntnisse. Die zunächst induktive Wahrnehmung wird so durch die deduktive Wahrnehmung erweitert.

Um sein selbstgewähltes Ziel zu erreichen, kann Ihr Coachee nur das selbst bearbeiten, was er auch selbst zu erkennen vermag.

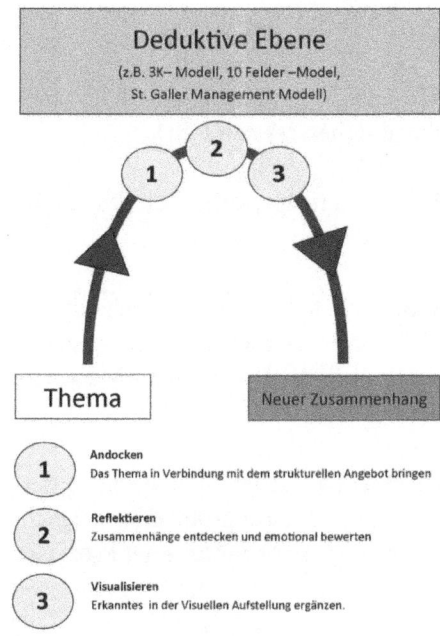

*Abb. 3.1 Funktionsprinzip der Wahrnehmungserweiterung*

Im Coaching geht es in der Teilphase 2.1. darum, dass der Coachee entdeckt, was mit seinem Thema zusammenhängt. Dem Coachee werden zur Wahrnehmungserweiterung in Bezug auf den thematischen Kontext die vollständigen Merkmale eines Modells angeboten. Er selbst entscheidet konstruktivistisch, ob ein Merkmal für sein Thema relevant ist bzw. damit zusammenhängt. Entdeckt der Coachee einen Zusammenhang, visualisiert er ihn.

Im Coaching gewinnt der Coachee aus der Auseinandersetzung mit jedem einzelnen der Merkmale eines Modells die Erkenntnis darüber, was alles bei seiner Veränderung zusätzlich zu dem, was er bereits (induktiv) erkannt hat, von Bedeutung ist (Wahrnehmungserweiterung). Er identifiziert konstruktivistisch den thematischen Kontext.

### 3.1.1 DAS NEUE ST. GALLER MANAGEMENT-MODELL *

Dieses Modell bildet 22 Merkmale ab, die mit jeder Veränderung innerhalb eines unternehmerischen Kontextes in Zusammenhang stehen (systemisch).

Verändert sich ein Merkmal, z. B. eine rechtliche Grundlage, wirkt sich das auf die anderen Merkmale aus.

Veränderung (Change) im Unternehmen ist systemisch. Jede Person, die sich selbst in einem unternehmerischen Kontext gewollt verändern will, unterliegt – genauso wie die inhaltliche Veränderung eines Merkmals durch andere – den durch die Merkmale des Modells beschriebenen Wechselwirkungen.

Mit dem Neuen St. Galler Management-Modell wird in besonderem Maße die „unternehmerische Wirklichkeit" im Coaching berücksichtigt. So ist es problemlos möglich, Themen wie z. B. „Reorganisation", „Projekt", „Führung" u.v.m. mithilfe des Prozesses erfolgreich zu coachen.

Die Themen, für die der Coachee dieses Modell auswählt, beziehen sich in der Regel auf Themen, die sich für ihn aus der Verantwortlichkeit im Zusammenhang mit seiner Funktion im Unternehmen ergeben.

*In: Rüegg-Stürm, Das neue St. Galler Management-Modell, Haupt Verlag (Februar 2003).*

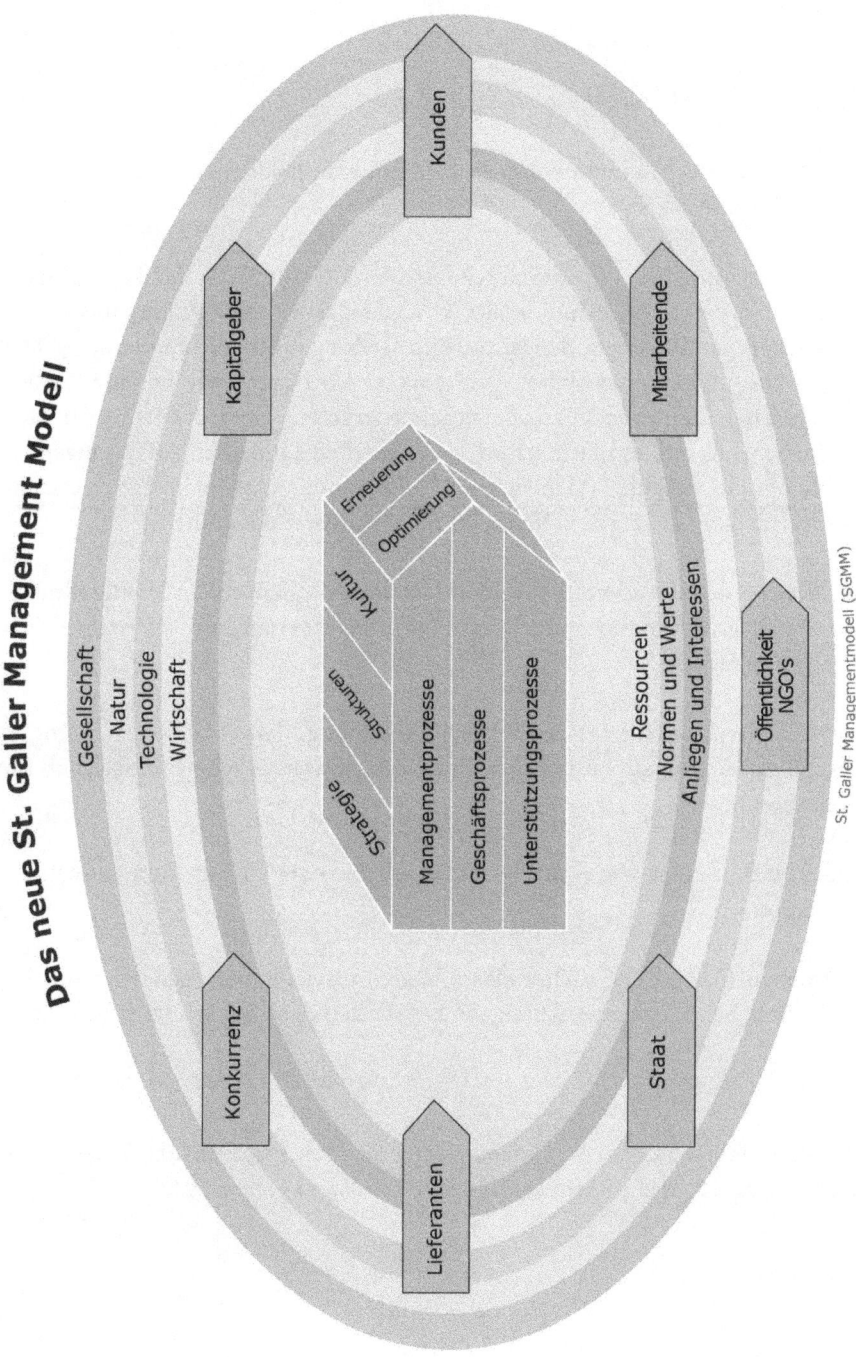

*Abb. 3.1.2 Das Neue St.Galler Management-Modell*

## 3.1.2 DAS 10-FELDER-MODELL *

Dieses Modell bildet Zusammenhänge ab, die unser individuelles psycho-biologisches Befinden beeinflussen.

Jeder Veränderung liegt eine psychische und biologische Befindlichkeit zu Grunde. Eine Veränderung ist dann für uns attraktiv, wenn sie einen Beitrag zu unserem psycho-biologischen Wohlbefinden leistet. Einer selbst gewollten Veränderung geht also eine „psycho-biologisches Unbehagen" voraus. Wird das eigene Befinden selbst als Anlass gesehen, sich zu coachen oder coachen zu lassen, bietet das 10-Felder-Modell die Möglichkeit, sich strukturiert mit den aktuellen Einflüssen auf das eigene psycho-biologische Befinden („Unbehagen") auseinanderzusetzen und so zu erkennen, was zusätzlich bei der eigenen Veränderung noch von Bedeutung ist.

Um selbstorganisiert sowohl psychisch als auch biologisch ein Wohlbefinden zu erlangen, gilt es, den aktuellen Einflüssen (Kontext) zukünftig mit alternativen Handlungen zu begegnen.

Das 10-Felder-Modell trägt der Tatsache Rechnung, dass jede Entscheidung, sich selbst zu verändern, auf einer Beurteilung des eigenen psycho-biologischen Empfindens beruht.

Das sind z. B. Themen wie „work-life-balance", „Burnout", Motivationsverlust", „Karriere" u.v.m.

Die Themen, für die der Coachee dieses Modell auswählt, beziehen sich in der Regel auf Themen, bei denen eher das eigene Empfinden den Wunsch nach Veränderung auslöst.

* In: Meier/Janßen, CoachAusbildung – ein strategisches Curriculum, Wissenschaft & Praxis; Auflage: 2. überarbeitete und erweiterte Auflage (Januar 2011).

## Modell der Einflüsse auf das psycho-biologische Empfinden – 10 Felder Modell

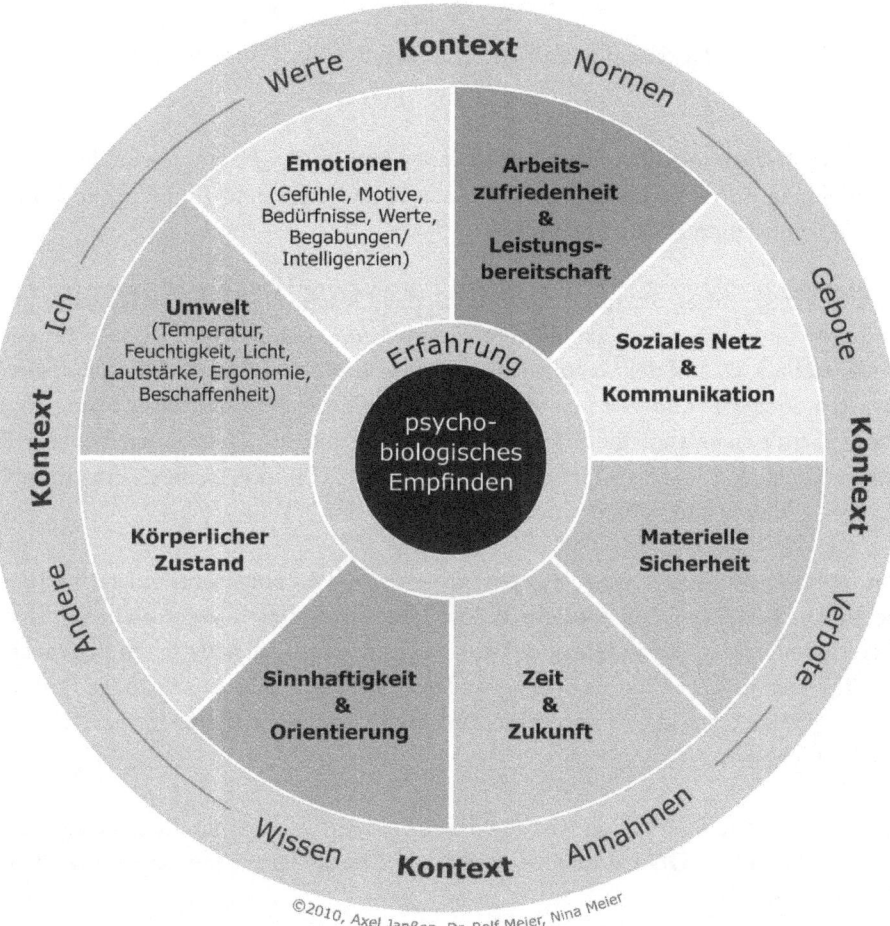

Abb. 3.1.2 Zusammenhänge, die das individuelle psycho-biologische Befinden beeinflussen.

## 3.1.3 DAS VIER-FAKTOREN-MODELL DER THEMENZENTRIERTEN INTERAKTION (TZI)
*nach Ruth Cohn*

Dieses Modell bildet Zusammenhänge der Interaktion von Gruppen in einem Kontext (GLOBE) ab.

Aus dem Bewusstsein über diese Interaktionen können Freiheitsgrade für das eigene Handeln identifiziert werden, ohne die Balance zwischen dem THEMA (auch ES), dem ICH und dem WIR zu gefährden.

In Konflikten gibt es, orientiert an der TZI, den Coachee (ICH). Der Coachee und sein Pendant in einem Konflikt bilden zusammen eine Gruppe (WIR). Die Sichtweise des Coachees als Teil der Gruppe symbolisiert die Abhängigkeit des Coachees von anderen oder vom anderen bzw. vom WIR. Aus der Reflexion dieser Abhängigkeit entsteht ein Bewusstsein für die eigenen Möglichkeiten und auch Grenzen innerhalb dieser Konstellation. Das THEMA, mit dem sich ICH und WIR beschäftigen, kann für das ICH eine andere Bedeutung haben als für das WIR.

Lautet ein Thema z. B. „Disziplin", werden Sie dieses Wort konstruktivistisch interpretieren. Die Bedeutung, die Sie dem Thema geben, ist wahrscheinlich nicht identisch mit der Bedeutung, die andere dem Thema geben. Setzen Sie sich mit der Bedeutung des Themas nicht nur für Sie selbst, sondern auch für andere auseinander, können Sie Möglichkeiten und Grenzen entdecken, die sich aus dem Thema für das ICH und das WIR ergeben.

Im Coaching eines Konfliktes wird das Thema zu Beginn des eigentlichen Coachings (Phase 2) benannt. Der Coachee selbst ist das ICH, die Partei, mit der er einen Konflikt hat, das WIR.

THEMA, ICH und WIR bilden die Statik des Kontextes bei einem Konflikt. Die deutbaren, d.h. selbst konstruktivistisch mit Inhalten befüllbaren Merkmale, bei denen der Coachee entscheidet, ob und was sie mit seinem Thema zu tun haben, sind durch die Interaktionen innerhalb der Statik abgebildet:

» Die Bedeutung und Wirkung des Themas für mich
» Meine Möglichkeiten und Grenzen, das Thema zu bearbeiten

» Möglichkeiten und Grenzen, die die Gruppe mir bietet
» Meine Möglichkeiten und Grenzen, die ich der Gruppe bieten kann
» Unsere Möglichkeiten und Grenzen, das Thema zu bearbeiten
» Die Bedeutung und Wirkung des Themas für uns

Anders als mithilfe des St. Galler Modells oder des 10-Felder-Modells werden bei Verwendung des TZI-Modells nicht einzelne Wörter als Merkmal angeboten, sondern die „ganzen Sätze" als „deutbare" Merkmale. Bsp.: „Hat Ihr Thema mit (dem Satz) *Meine Möglichkeiten und Grenzen, das Thema zu bearbeiten zu tun?"*

**Verändert der Coachee sein Verhalten in diesem Kontext, wird sich seine Veränderung auf die Beziehung zum Thema und zur anderen Partei auswirken.**

Die Themen, für die der Coachee dieses Modell auswählt, repräsentieren in der Regel Abhängigkeiten zu anderen. Durch die eigene Veränderung soll die Beziehung zu anderen verändert werden.

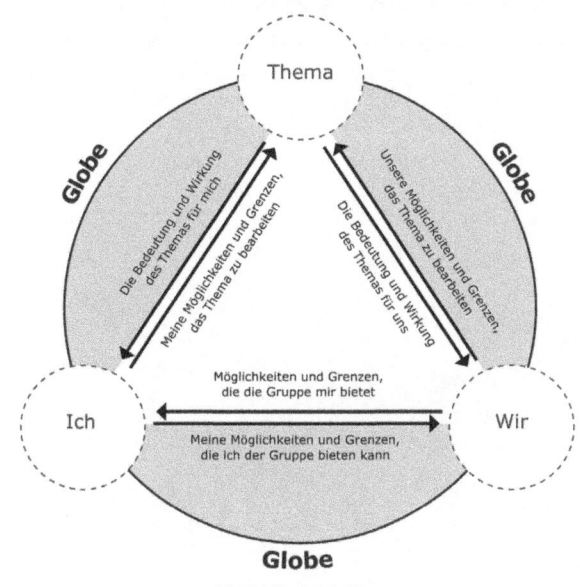

*Abb. 3.1.3 Zusammenhänge der Interaktion von Gruppen*

## 3.1.4 DAS MODELL DES KONSTRUKTIVISTISCHEN KONFLIKT KONTEXTES – 3K-MODELL

Das Modell beschreibt die zentralen Merkmale eines Konflikt-Kontextes, die durch die Person (ICH) konstruktivistisch gedeutet werden. Die konstruktivistische Deutung gilt auch für die Deutung der Partei, mit der ein Konflikt vorliegt und für die Deutung des Konflikts durch Dritte. Jede konstruktivistische Deutung basiert auf Erfahrungen des Deutenden und auf denzur Deutung genutzten Ressourcen im Sinne von eigenen Motiven, Werten, Intelligenzen. Sie basiert aber auch auf rein biologischen Ressourcen wie der zur Wahrnehmung zur Verfügung stehenden Sensorik. Um die konstruktivistische Wahrnehmung eines Konfliktes handelt es sich dann, wenn die Merkmale „Zeit","Abhängigkeiten", „Werte"und „Emotionen" mit dem „Thema" und/oder der „anderen Partei" und/oder „Dritten" in Zusammenhang stehen.

Das 3K-Modell wird alternativ zum TZI-Modell verwendet. Im fachlichen Vergleich zum 10-Felder-Modell weist es durchaus Ähnlichkeiten mit diesem auf, da viele Strukturmerkmale ebenfalls mit Konflikten zu tun haben. So könnte theoretisch auch das 10-Felder-Modell zur Wahrnehmungserweiterung bei Konfliktthemen gewählt werden. In der Praxis hat sich gezeigt, dass ein Coachee an dieses Modell leichter „andocken" kann, da er hier zu einem Konfliktthema sprachlich passendere Angebote findet.

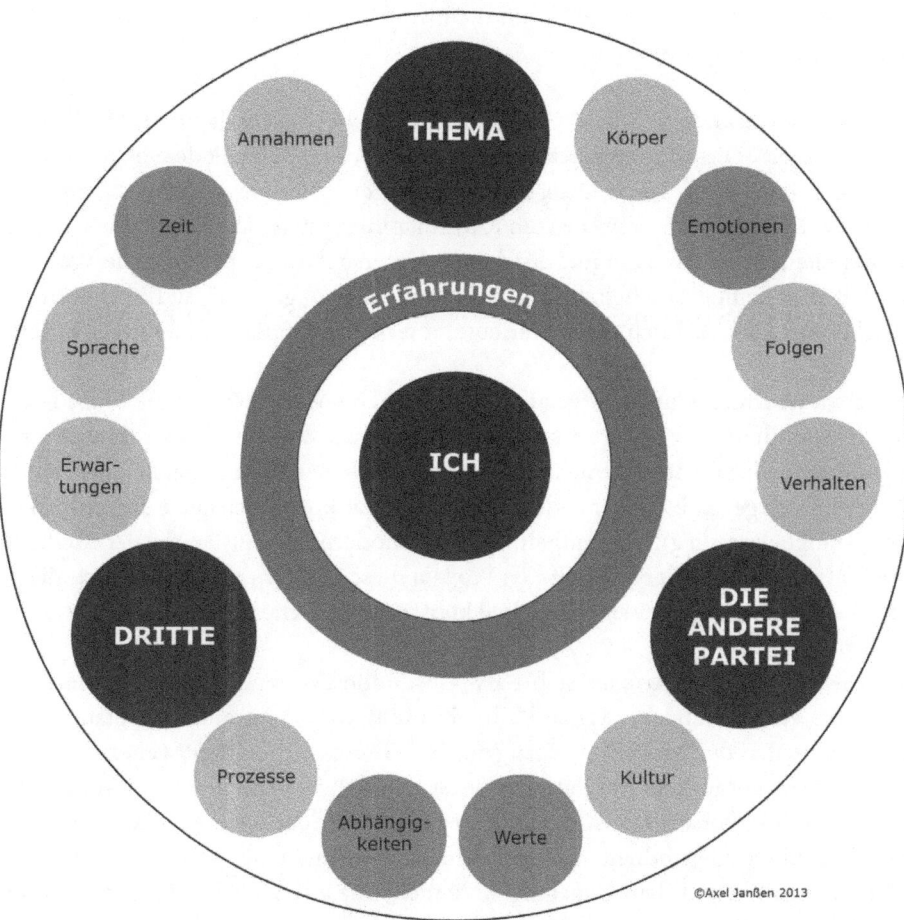

*Abb. 3.1.4 Das 3K-Modell*

## 3.1.5 DAS MODELL SELBSTERLEBTER GESUNDHEIT

Das Thema Gesundheit gewinnt im beruflichen Umfeld zunehmend an Bedeutung. Längst wird beherzigt, dass die Gesundheit des Humankapitals einen betriebswirtschaftlichen Beitrag leistet.

Doch was ist Gesundheit genau? Oft lautet die einfache Antwort lapidar: „Das Fehlen von Krankheit". Diese Herangehensweise ist einfach, da es z. B. mit der von der WHO herausgegebenen ICD 10 (*ICD, englisch = International Statistical Classification of Diseases and Related Health Problems*) ein Klassifikationssystem der weltweit bekannten Krankheiten gibt. Es müsste nur durch eine Untersuchung eines Arztes festgestellt werden, dass keine Krankheit vorliegt – der Patient also „gesund" ist. Ein Unternehmen könnte das z. B. durch einen Betriebsarzt realisieren und dokumentieren lassen.

Vielleicht ist Ihnen einmal aufgefallen, dass manche Menschen auf die Frage nach ihrer Gesundheit ganz anders antworten, als man selbst zuvor (konstruktivistisch) angenommen hat. Es stört sie nicht, dass sie aus ärztlicher Sicht vielleicht krank sind. Sie fühlen sich gesund. Wieder andere fühlen sich krank, obgleich keine diagnostizierbare Krankheit vorliegt. Gesundheit ist in der moderneren Auslegung der Medizin daher etwas „selbst Erlebtes". Mit den Worten dieses Buches gesprochen unterliegt das Thema Gesundheit einer individuell konstruktivistischen Deutung.

Bei Themen, die der Coachee selbst als „Gesundheit" oder ähnlich formuliert, ist es für ihn eine Feedbacksystematik, die ihm hilft, in der Auseinandersetzung mit den Merkmalen des Modells in Bezug auf sein Thema Gesundheit weitere Zusammenhänge zu entdecken. Auf diese Weise ist es möglich, dem Thema „Gesundheit" systemisch und konstruktivistisch zu begegnen. Der Coachee entdeckt, womit bei ihm persönlich „Gesundheit" zusammenhängt, warum er sie gerade so erlebt und nicht anders. Die mit dem Coaching einhergehende alternative Selbstorganisation hilft ihm, seine Gesundheit künftig anders zu erleben.

Selbstverständlich ersetzt ein Coaching zu einem Thema „Gesundheit" keinen Arzt. Darauf sollte der Coachee in Phase 1 auch hingewiesen werden.

Das Modell enthält im Vergleich zu anderen Modellen der visuellen Aufstellung eine Besonderheit: Bestimmte Begriffe für Merkmale des Modells sind bewusst so gewählt, das Sie eine Irritation auslösen, z. B. „Bewältigbarkeit" oder „Verstehbarkeit". Das

Wort selbst ist ungewohnt und erfordert ein wiederholtes, intensives Reflektieren der thematischen Zusammenhänge.

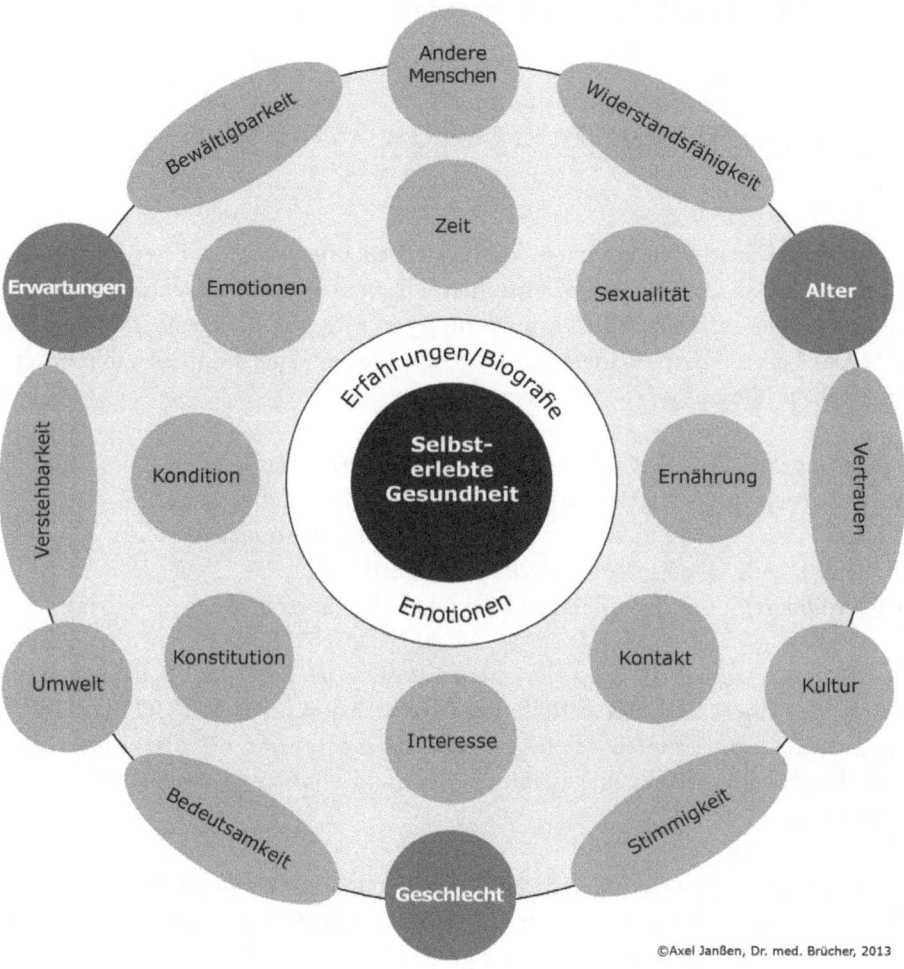

Abb. 3.1.4 Das Modell selbsterlebter gesundheitlicher Zusammenhänge

## 3.1.6 ERGÄNZENDE MODELLE

Das o.a. Modellportfolio deckt einen Großteil von Coachingthemen ab. Es gibt jedoch spezielle Themenkomplexe wie z. B. Fitness, bei denen andere Modelle geeigneter sind.

Die Wahrnehmungserweiterung kann mit jedem wissenschaftlich legitimierten Modell ausgelöst wird, das eine systemische Sicht beinhaltet und sowohl sprachlich als auch intellektuell durch Ihren Coachee „andockbar" ist.

## 3.2. DAS ZIEL IM COACHING

Damit unterschiedlich Aktivitäten koordiniert ablaufen und jeder Beteiligte weiß, wann was in welcher Qualität bereitstehen soll, werden im Unternehmen Ziele formuliert. Oft orientiert sich die Formulierung von Zielen an der Feedbacksystematik „SMART", ein aus den Anfangsbuchstaben der Wörter „**S**pecific **M**easurable **A**ccepted **R**ealistic **T**imed" gebildetets Kurzwort.

**S** (Spezifisch): Ein Ziel soll so präzise wie möglich formuliert sein
**M** (Messbar): Ein Ziel soll messbar und damit überprüfbar sein
**A** (Akzeptiert): Ein Ziel soll vom Durchführenden emotional akzeptiert sein
**R** (Realistisch): Ein Ziel soll tatsächlich realisierbar sein
**T** (Terminiert): Ein Ziel soll einen konkreten Termin enthalten

Der Satz „Bis zum 31.12. sind alle offenen Posten des Bereichs XY abzuarbeiten" entspräche einem Ziel, das mithilfe der Feedbacksystematik SMART (deduktiv) entstanden ist. Sie könnten sich fragen: „Ist das Ziel spezifisch?", „ Ist es messbar?" usw. Beantworten Sie alle Fragen mit „Ja", ist Ihr Ziel im Sinne von SMART richtig formuliert.

Doch was werden Sie eigentlich dadurch erreicht haben, dass Sie alle offenen Posten abarbeiten? Wozu ist das eigentlich wichtig? Welcher Zustand ist dadurch eingetreten? SMART ist im Projektmanagement eine gute Hilfe, um Handlungen zu koordinieren. Im Coaching geht es jedoch darum, sich selbst zu verändern. Der Adressat des Ziels, der Coachee selbst bzw. das ICH wird damit auch zum Teil jeder Zielformulierung.

Wenn die abgeschlossene Handlung das Ziel ist, drängt sich die Frage auf: „Warum setzen Sie es denn nicht einfach um, sondern lassen sich coachen?" Wäre im Coaching die Zielformulierung eine abgeschlossene Handlung, hätte das bereits den Charakter einer Lösung. Doch genau deswegen findet ein Coaching statt: Die bisherigen eigenen Lösungen waren nicht erfolgreich. Es wäre schlichtweg unlogisch, den Coachee sein Ziel im Sinne einer Lösung oder Handlung formulieren zu lassen.

Eine Handlung, Strategie, Maßnahme oder Lösung ist immer dazu da, um ein Ziel zu erreichen. Im Coaching formuliert der Coachee nach einer Auseinandersetzung mit den Zusammenhängen seines Themas (IST-Zustand) sein Ziel, d.h. den Zustand (Soll-Zustand), den er durch seine Veränderung erreicht haben wird. Um dieses Ziel zu erreichen, entwickelt er danach (selbst organisiert) aus seinen zur Zielerreichung verfügbaren Ressourcen Handlungen. Je besser das Ziel die Zusammenhänge des Themas abbildet, desto „spezifischer" ist es.

Ein Ziel im Coaching ist selbstverständlich auch messbar, zum einen, da der Coachee bewerten kann, ob sein Ziel auch eingetreten ist . Hier unterstützt die Teilphase 5.1. des Prozesses „Controlling des Handlungsplans". Zum anderen ist es messbar, da sich der Coachee in Teilphase 2.2. „Ziel festlegen und Folgen reflektieren" mit den erwarteten Folgen seiner Veränderung für alle in Teilphase 2.1. „Thematischen IST-Kontext systemisch visualisieren" von ihm visualisierten Merkmale auseinandersetzt. Ist das Ziel erreicht, verändern sich auch die Beziehungen zu den Merkmalen des Themas. Es entsteht ein SOLL-oder Zielkontext. Ob eine Veränderung der Beziehungen wie erwartet stattgefunden hat, kann gemessen werden.

Haben Sie schon einmal ein Ziel verfolgt, dass Sie emotional als gänzlich unattraktiv empfanden?

Im Unternehmen ist die Anstellung vertraglich geregelt. Selbst wenn Sie mit einem Ziel nicht einverstanden sind, haben Sie in der Regel nur die Möglichkeiten, das Unternehmen zu verlassen oder der Weisung zu folgen. Im Coaching geht es darum, dass Sie sich aus freiem Willen verändern.

Eine solche Veränderung wird nur geschehen, wenn das Ziel einerseits selbst formuliert ist und andererseits für den Coachee emotional hoch attraktiv ist.

Im Unternehmen wird ein Ziel oft vorgegeben, im guten Glauben, dass diejenigen, die mit der Umsetzung betraut werden, es auch selbst erreichen. Der „Zielgebende" bewertet Ihre mögliche Wirksamkeit und vermutet, dass Sie im Ziel auch einen Sinn erkennen und sich damit identifizieren. Das ist sein gutes Recht. Dieses Vorgehen bewährt sich überall dort, wo der ausführende Mensch Einfluss auf Themen im Sinne anderer nehmen soll. Im Coaching will ein Mensch sich selbst verändern. Soll das Ziel dieser Veränderung emotional akzeptiert sein, kann nur er selbst bewerten, ob er sein Ziel auch selbst erreichen kann und er im Ziel einen Sinn erkennt. Er kennt sich selbst besser als jeder andere. Ein Ziel wird dann akzeptiert, wenn es für den Coachee emotional attraktiv, sinnstiftend und selbst erreichbar (realistisch) ist.

Im Unternehmen dienen Termine dazu, Aktivitäten zu koordinieren. Im Coaching erfolgt die Koordinierung und Terminierung der Aktivitäten im Handlungsplan (Teilphase 4.2.). Ähnlich wie im Unternehmen dienen auch im Coaching die Aktivitäten dazu, einen bestimmten Zustand, das Ziel, zu erreichen. Ist bekannt, wann das Ziel erreicht sein soll, ergibt sich daraus die Terminierung der Aktivitäten. Ein Ziel im Coaching enthält wie im Unternehmen immer eine Zeit.

Der deutsche Psychologe Heinz Heckhausen hat in seinem Rubikon-Modell u.a. überlegt, wie der Wille zur Veränderung entsteht bzw. das unverhandelbare Bedürfnis, ein Ziel zu erreichen. Das Wort „Rubikon" wurde als Analogie zu Julius Cäsars Überschreitung dieses Flusses gewählt. Ist die durch das Ziel beschriebene eingetretene Zukunft emotional hoch attraktiv, wird durch den damit einhergehenden Willen sprichwörtlich der Rubikon überschritten. Es gibt kein motivationales Zurück mehr. Die Zielformulierung beinhaltet den Willen zur Veränderung. Dieser Wille kann durch die Art der Zielformulierung auf verschiedene Weise unterstützt werden:

### 1. WAHL DER ZEITFORM
Ein Ziel beschreibt den Zustand, der durch die Veränderung in der Zukunft eingetreten sein wird. Es ist also eine eingetretene Zukunft. Im Deutschen wird eine vollendete Zukunft in „Futur 2" formuliert.

**Bsp.:**
„Ich werde Entspannung erreicht haben."
Die Zielformulierung im Coaching nutzt Futur 2 einerseits, da es die grammatikalisch richtige Zeitform für ein Ziel ist, andererseits unterstützt es die Willensbildung.

Nehmen Sie bitte einmal den Unterschied zwischen der o.a. Formulierung und dieser Formulierung wahr: „Ich werde entspannt sein".

## 2. ZEITPUNKT

Mit der mentalen Vorwegnahme eines in der Zukunft eingetretenen Zustandes gehen in der Regel die Überlegungen, „welche Mittel stehen mir zur Verfügung?" und „wie lange dauert möglicherweise die Aktivität?", einher. Aus diesen Überlegungen entsteht der Zeitpunkt, zu dem das Ziel eingetreten sein soll. Die deutsche Sprache hält für den Zeitpunkt Wörter wie „ab", „am", um" oder „bis" bereit. Das Wort „bis" hat nur einen entscheidenden Nachteil in Zielformulierungen: Es verhindert eine reflektierte Auseinandersetzung mit dem Zeitpunkt, zu dem die Aktivitäten starten sollten.

**Bsp.:**
„Bis 18:00 werde ich den Müll rausgetragen haben."

„Um 18:00 werde ich den Müll rausgetragen haben"

Zielformulierungen im Coaching verzichten auf das Wort „bis".

## 3. DER KONTEXTUELLE BEZUG

Der Aufwand, den wir betreiben, um ein Ziel zu erreichen, bezieht sich immer auf den Kontext, in dem das Ziel erreicht wird. Ist ein Ziel kontextlos, könnte sowohl bewusst als auch unbewusst nicht bewertet werden, wie groß der Aufwand sein kann und ob es überhaupt attraktiv ist, diesen Aufwand zu betreiben. Ein fehlender kontextueller Bezug würde damit den Willen beeinflussen, ein Ziel zu erreichen.

**Bsp.:**
„Ich werde Entspannung erreicht haben." (ohne kontextuellen Bezug)

Die zu organisierenden Ressourcen wären nicht zu bewerten, da „Entspannung" in allen denkbaren Kontexten stattfinden soll. Anders ist es, wenn angegeben wird, in welchem Zusammenhang „Entspannung" steht.

„Ich werde im Beruf Entspannung erreicht haben." (mit kontextuellem Bezug)

Hier müssen nur Ressourcen für diesen Kontext organisiert werden. Der zu betreibende Aufwand kann bewertet werden.

## 4. QUALITÄT UND QUANTITÄT

Wenn Sie im Ziel selbst keine Qualität oder Güte entdecken, wird kein Wille entstehen, es zu erreichen. Qualität ist daher ein formales Kriterium jeder Zielformulierung.

Der Coachingprozess kann auch für Themen angewandt werden, die eine reine Umsetzung beinhalten.

**Bsp.:**
„Ich werde 10 Prototypen gebaut haben."

Ist die Verwirklichung einer Handlung das Bedürfnis des Coachees, das er im Ziel zum Ausdruck bringt, ist die Angabe einer Quantität notwendig. Qualität und Quantität als formale Merkmale einer Zielformulierung sind grundsätzliche Bestandteile einer Zielformulierung im Coaching. Auch der Satz, „Ich werde im Beruf Entspannung erreicht haben", enthält eine Mengenangabe. Es ist nur „eine" Entspannung.

Ein Ziel im Coaching lautet so z. B. wie folgt:

„Ab dem 1.12.13. werde ich im Beruf Entspannung erreicht haben."

Voraussetzung: Das Ziel ist emotional attraktiv, sinnstiftend und auch selbst erreichbar.
Zeit: „Ab dem 1.12.13."
Adressat: „ich"
Qualität: „Entspannung"
Quantität: „(eine) Entspannung"
kontextueller Bezug: „im Beruf"

## 3.2.1 DIE KOMPONENTEN EINER ZIELFORMULIERUNG

Ein Ziel im Coaching nutzt auch Elemente von SMART, geht aber deutlich über diese Ansprüche hinaus, da es um persönliche Veränderung geht. Der zentrale Unterschied liegt darin, dass im Coaching ein Ziel systemisch ist und einen in der Zukunft vollendeten Zustand repräsentiert.

Damit „der Rubikon überschritten" wird, besteht im Coaching ein Ziel aus folgenden Komponenten:

Im nächsten Kapitel – dem Praxisteil – erleben Sie, wie in der Praxis ein Ziel entsteht.

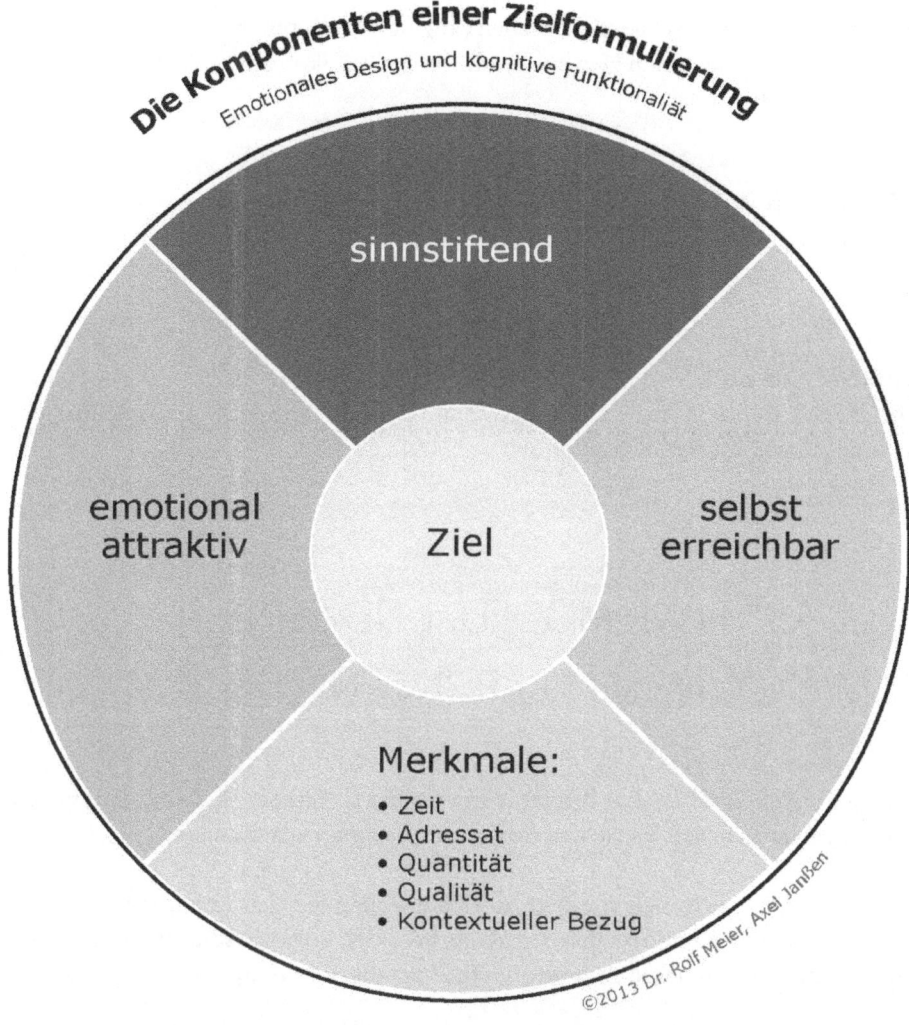

Zielformulierungen sollten positiv und als dauerhaft eingetretener Zustand in der Zukunft formuliert sein (Futur 2)

*Abb. 3.2.1. Komponenten der Zielformulierung*

Im Coaching nutzt der Coachee diese Komponenten, um mit Ihrer Hilfe sein Ziel zu entwickeln oder seine Zielformulierung zu überprüfen und ggf. zu ändern.

Wurden durch den Coachee alle formalen (kognitiven) Komponenten berücksichtigt und die Attraktivität reinen Herzens bejaht, ist der Rubikon überschritten. Der Wille zur Veränderung ist da.

**DEFINITION WILLE**
Wille ist das unverhandelbare Bedürfnis, einen Handlungsplan umzusetzen.

**DEFINITION ZIEL**
Ein Ziel repräsentiert die bewusst angestrebte Befriedigung der eigenen Bedürfnisse zu einem bestimmten Zeitpunkt.

## 3.3. DAS MVWK-MODELL UND SEINE ANWENDUNGSERKLÄRUNGEN

Das MVWK-Modell ist Teil des Fundaments des in diesem Buch beschriebenen konsequent systemisch-konstruktivistischen Coachingverständnisses.

Entschließen Sie sich, sich coachen zu lassen, wollen Sie sich verändern, d.h. nach dem Coaching etwas anders machen als vorher oder, etwas fachlicher ausgedrückt, Ihre Handlungskompetenz in Bezug auf Ihr Veränderungsthema wieder erlangen.

Etwas anders zu machen bzw. sich anders (alternativ) zu verhalten, beinhaltet in jedem Fall, dass die Entscheidungen für ein zukünftiges, alternatives Verhalten anders gebildet werden.

Im Laufe eines Tages treffen wir eine Vielzahl von Entscheidungen: wann wir aufstehen, wie wir mit einem Mitarbeiter umgehen, was wir kaufen u.v.m. In der Regel laufen diese Entscheidungen gänzlich unbewusst ab. Erst in dem Moment, in dem Sie sowohl psychisch als auch biologisch spüren, dass der erhoffte Erfolg nicht eintritt, entsteht der Impuls, die eigene Entscheidung bewusst zu reflektieren.

Vielleicht haben Sie einmal etwas gekauft, sich also für einen Kauf entschieden, und kurz danach gespürt, dass mit Ihrem Kauf ein „Unwohlsein" einhergeht. Sie haben Zweifel an Ihrer Entscheidung. Die Verkaufspsychologie spricht hier auch von „Kaufreue". Entscheidungen sind niemals rein sachlich. Nur eine Maschine könnte so vorgehen. Entscheidungen sind Ausdruck einer eigenen, emotionalen (konstruktivistischen) Bewertung. Wenn Sie beim nächsten Kauf eine bessere, andere Entscheidung treffen wollen, geht es darum, dass Sie Ihrem eigenen (emotionalen) Entscheidungsverhalten auf die Spur kommen und daraus Erkenntnisse gewinnen, die Ihnen helfen, zukünftig anders zu entscheiden. Das MVWK-Modell kann in diesem Fall als Feedbacksystematik eine Hilfe sein, die eigenen Entscheidungen zu reflektieren.

## 3.3.1. DIE ENTSTEHUNG DES MVWK-MODELLS

Die allgemeine Psychologie erklärt menschliches Verhalten u.a. als Wechselwirkung (Interaktion) zwischen den in der Person selbst angelegten Motiven und der jeweils wahrgenommenen Umwelt.

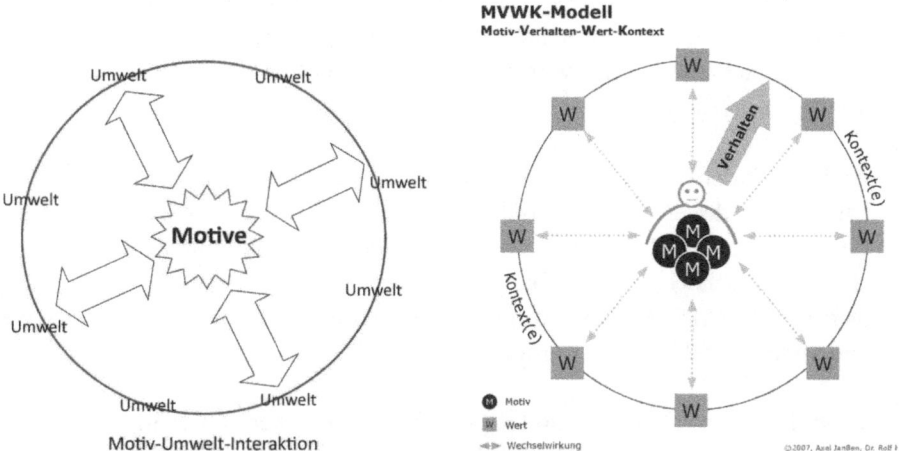

*Abb. 3.3.1. Motiv-Umwelt-Interaktion und MVWK-Modell*

Soll eine Entscheidung reflektiert werden, geht damit die Frage einher, welche „Umwelt" an der Entscheidung beteiligt ist. Einer konstruktivistischen Sichtweise folgend entscheidet der Mensch aus seiner emotionalen Erfahrung heraus, was er in einer Entscheidungssituation als Umwelt ansieht und welche emotionale Bedeutung er der für ihn relevanten Umwelt gibt. Er konstruiert den thematischen Kontext und entscheidet selbst, was ihm in diesem Kontext als Orientierung für seine Entscheidung wichtig bzw. von Wert ist.

**DEFINITION WERT**
Ein Wert dient der Orientierung für (emotional) attraktives Verhalten in einem Kontext.

**Bsp.:** Im Straßenverkehr gibt es faktisch Verkehrsregeln, die jedem Fahrzeughalter bekannt sind.

Rein kognitiv ist „Tempo 50" ein Wert, d.h. es wäre wichtig, sich im Straßenverkehr an diesem Wert zu orientieren. Die gesellschaftliche Bedeutung dieses Werts wird durch Sanktionen bei Wertverletzung unterstrichen. Doch warum fahren manche Menschen trotzdem zu schnell? Sie haben sich an einem Wert orientiert, der für sie emotional attraktiver war. Es kann sein, dass es in diesem Kontext viel wichtiger war, der netten Begleitung zu imponieren (Wert: „Imponieren") oder der Fahrer entschieden hat, dass sein Wert „Schnelligkeit" emotional deutlich attraktiver ist als der Wert „Tempo 50".

Ändert sich der Kontext z. B. dadurch, dass es sich um eine Fahrprüfung handelt, kann es sein, dass derselbe Mensch, der später zu schnell fährt, in diesem Kontext den Wert „Tempo 50" emotional akzeptiert, da er sonst durchfallen würde. Ob er sich nun tatsächlich am Wert „Tempo 50" orientiert oder das Bestehen der Prüfung wertvoll ist (Wert: „Bestehen") und deshalb Tempo 50 gefahren wird, kann durch andere nicht vorhergesagt werden.

Wird das eigene Verhalten im (Kontext) Straßenverkehr als wenig erfolgreich empfunden, leiten sich aus der Feedbacksystematik MVWK die Fragen ab:

„An welchem Wert oder welchen Werten habe ich mich bisher orientiert?" und

„An welchem Wert oder an welchen Werten sollte ich mich orientieren, um wieder erfolgreich zu sein?"

Voraussetzung für die Beantwortung der zweiten Frage ist, dass außer den eigenen Werten auch die Werte der anderen bekannt sind. Jede Entscheidung benötigt als Ressource einerseits die Kenntnis der eigenen Werte in diesem Kontext plus die Kenntnis der Werte der beteiligten Umwelt. Der Coachingprozess identifiziert diese Ressourcen in Teilphase 3.1 und Teilphase 3.2.

Theoretisch braucht zur Entscheidungsbildung im Straßenverkehr nur die Frage gestellt werden: „Was ist den anderen Verkehrsteilnehmern wichtig?" Vermutlich sind mit der Antwort Werte verbunden wie „Unversehrtheit", „Sicherheit" oder auch „Gerechtigkeit". Die Straßenverkehrsordnung ist im Prinzip nichts anderes als eine Sammlung von Werten derer, die am Straßenverkehr beteiligt sind. Um dem Konstruktivismus zu begegnen, wurden die Werte vereinbart, an denen es sich im Straßenverkehr zu orientieren gilt. Aus den Werten wurden durch Vereinbarung und Veröffentlichung Normen, die eingefordert und auch sanktioniert werden können. Würde jeder Verkehrsteilnehmer sich an dem orientieren, was allen anderen in diesem Kontext wichtig ist, wären Verkehrsregeln überflüssig.

Auch Coaching als Kontext beinhaltet eine vereinbarte (in Phase 1) Wertorientierung. Während des gesamten Coachings ist der Coach bei jeder Entscheidung gehalten, sich an den Werten „Freiheit", „Freiwilligkeit", Ressourcenverfügung" und „Selbststeuerung" zu orientieren.

Das MVWK-Modell greift die Erkenntnis auf, dass sich in einem Kontext das Verhalten an Werten orientiert.

Der Kontext ist das Resultat einer konstruktivistischen Deutung. Aus diesem Grund kann nur derjenige, der mithilfe des MVWK-Modells sein Verhalten reflektieren will, das MVWK-Modell „mit Leben füllen". Er bestimmt den Kontext selbst und entscheidet, was in diesem Kontext für ihn von Wert ist und woran er sich letzten Endes bei seiner Entscheidung orientiert.

Doch warum ist für den einen „Schnelligkeit" und den anderen „Vorsicht" in einem Kontext emotional attraktiv?

Werte interagieren in einem Kontext mit Motiven. Ein Motiv aus Sicht der allgemeinen Psychologie ist in der Regel ein stabiles (unveränderliches) Persönlichkeitsmerkmal, das durch Anreize der Umwelt (durch die konstruktivistische Deutung als attraktiv empfundene Werte in einem Kontext) angeregt wird. Kontextlos betrachtet ist ein

Motiv ein unspezifischer Beweggrund, sich auf eine bestimmte Art und Weise zu verhalten. Erst in einem Kontext entscheidet sich, ob die Werte des Kontextes dieses und andere Motive anregen und Energie für eine Handlung bereitgestellt wird (*lat. movere = bewegen*). Motivation entsteht aus der kontextbezogenen Ansprache von Motiven.

Wollen Sie Ihr Verhalten ändern, geht damit eine Orientierung an anderen Werten als vorher einher.

Stellen diese Werte jedoch keinen Anreiz für Ihre Motive dar, so sind Sie zwar als denkender Mensch in der Lage, sich bewusst an diesen Werten zu orientieren, durch die fehlende emotionale Attraktivität wird Ihr Verhalten jedoch eher von inneren Widerständen begleitet sein, als das es sich stabilisiert.

> **Bsp.:** Als Unternehmer ist es Ihnen möglicherweise wichtig (im Kontext „Unternehmen" von Wert), dass Sie den Bedürfnissen Ihres Marktes innovativ begegnen (Wert: Innovation). Es liegt nahe, dass Sie die Orientierung am Wert „Innovation" auch von Ihren Mitarbeitern in deren Funktion fordern.
>
> Um dem Konstruktivismus zu begegnen, haben Sie diesen Wert erklärt und jedem einzelnen ist bewusst, was darunter verstanden werden soll. Vielleicht haben Sie sich auch Belohnungen und Sanktionen ausgedacht, damit sich die Orientierung an diesem Wert stabilisiert. Nun zeigt die Wirklichkeit, dass einige Mitarbeiter dieser Neuorientierung mit Freude Folge leisten, andere nur zögerlich, wieder andere gar nicht. Der Wert „Innovation" stellt für manche Mitarbeiter einen emotionalen Anreiz dar, ihre Motive werden angesprochen, bei anderen Mitarbeitern stabilisiert sich das gewünschte Verhalten nicht, da der Wert sie emotional nur ungenügend anspricht. Der Effekt der extrinsischen Motivation durch Belohnung oder Sanktion ist ebenfalls schnell verbraucht. Wird vom Mitarbeiter die Belohnung als emotional attraktiv angesehen, orientiert sich sein Verhalten möglicherweise an diesem Wert. Da die damit einhergehende notwendige Orientierung am Wert „Innovation" unattraktiv bleibt, muss kontinuierlich so belohnt werden, dass ein Mitarbeiter die Belohnung noch als Anreiz für das gewünschte Verhalten erlebt. Ohne die Belohnung bleibt alles beim Alten. Es kann auch passieren, dass der „neue" unternehmerische Kontext mit der Anforderung „Innovation" als Ganzes für den einzelnen so unattraktiv wird, das er den Kontext verlässt.
>
> Wird einem Mitarbeiter, z. B. im Rahmen eines Coachings, die Möglichkeit gegeben, mithilfe des MVWK-Modells zu reflektieren, ob der Wert „Innovation"

seine Motive anspricht, besteht die Chance, dass ein Mitarbeiter entdeckt, das ihm vorher nicht bewusste Motive als Ressource für das neue Verhalten zur Verfügung stehen. Ist ein „Motiv" im Kontext Unternehmen als emotionale Ressource nicht oder nur schwach vorhanden, ist es unwahrscheinlich, dass sich ein gewünschtes Verhalten einstellt. Im Coaching analysiert sich der Mitarbeiter mithilfe der Feedbacksystematik selbst. Wenn er zu der Erkenntnis gelangt, dass die geforderte Wertorientierung für ihn emotional unattraktiv ist, wird er selbst eine Entscheidung treffen, wie er seine berufliche Zukunft künftig gestalten wird. Das kann eine Kündigung beinhalten. Ein Coaching ist daher immer „ergebnisoffen".

Das MVWK-Modell gründet sich auf der Tatsache, dass Motive (M), Verhalten (V) und Werte (W) in einem konstruktivistisch gedeuteten Kontext einen Zusammenhang bilden. Es dient als Feedbacksystematik der Reflexion von bisherigen Entscheidungen und der Entwicklung sowie emotionalen Legitimation alternativen Verhaltens durch den Coachee bzw. den Anwender.

Als „inhaltsleeres" Modell bedarf es vor der eigentlichen Reflexion der:

» **Identifikation des thematischen Kontexts.**
 Im Coachingprozess geschieht das in der Teilphase 2.1 „thematischen Ist-Kontext systemisch visualisieren"
» **Festlegung des Ziels bzw. des thematischen Soll-Kontexts.**
 Im Coachingprozess geschieht das in der Teilphase 2.2. „Ziel festlegen und Folgen reflektieren"
» **Identifikation eigener Motive und Werte im thematischen Kontext.**
 Im Coachingprozess geschieht das in der Teilphase 3.1 „Motive, Werte und Intelligenzen zur Zielerreichung ermitteln"
» **Identifikation der Werte der „Umwelt" innerhalb des thematischen Kontexts.**
 Im Coachingprozess geschieht das in der Teilphase 3.2. „Werte des Kommunikationskontextes ermitteln"

Als Feedbacksystematik zur Entwicklung und emotionalen Legitimation alternativen Verhaltens wird das MVWK-Modell in Teilphase 3.6. „Feedbacksystematik und somatische Marker etablieren" bereitgestellt.

Zur Reflexion von bisherigen Entscheidungen kann das MVWKModell (alternativ das Kompetenzmodell) in Teilphase 3.5. „Bisheriges Analyse-und Lösungsmuster der Selbstorganisation im thematischen Kontext" (entspricht dem Verhalten (V) im MVWK-Modell) durch den Coachee angewandt werden.

Um das Verstehen des Zusammenhangs von Motiv-Verhalten-Werten-Kontext sowie der damit einhergehenden Phänomene zu erleichtern, wurden verschiedene „Anwendungserklärungen" entwickelt, die Teil des MVWK-Modells sind.

Inspiriert wurden die Anwendungserklärungen u.a. durch die aus der Mathematik bekannte Mengenlehre, da die bildhaften Darstellungen von Gesetzmäßigkeiten der Mengenlehre größtenteils auch auf wertgedeutete Kontexte übertragen werden kann.

Die Menge der „eigenen Werte" kann z. B. eine Teilmenge der „Werte der Gesellschaft" bilden oder auch (nur) eine Schnittmenge davon sein.

## 3.3.2. DIE ANWENDUNGSERKLÄRUNGEN ZUM MVWK-MODELL

Sie lesen gerade ein Buch. Können Sie sich vorstellen, dass Sie mit diesem Buch einen Kontext bilden? Bestimmte Dinge am Buch gefallen Ihnen, sie sind Ihnen wertvoll, andere Dinge sprechen Sie vielleicht weniger an. Sie bewerten das Buch konstruktivistisch als Ganzes und das aktuell Gelesene auf der Basis dessen, was Ihnen persönlich in Bezug auf das Buch bzw. den Kontext „Buch" wichtig ist. So gelangen Sie zu einem Urteil. Möglicherweise lesen Sie das Buch im Auftrag, verbunden mit der Bitte, den Wert des Buches für eine bestimmte Zielgruppe zu formulieren. In diesem Moment werden ebenfalls Ihre eigenen Werte wirken, gleichzeitig erweitert sich der Kontext um die Werte des Auftraggebers und die Werte der Zielgruppe. Ihre Bewertung des Buches wird theoretisch durch Ihre eigenen Werte in Bezug auf das Buch und die Werte von Auftraggeber und Zielgruppe beeinflusst. Nun ist das Buch selbst auch ein Abbild der Werte des Autors und des Verlages. Faktisch sind Autor und Verlag Teil des Kontextes. Es kann sein, dass dem Autor und dem Verlag in Bezug auf das Buch andere Dinge wichtig waren als Ihnen. In diesem Fall liegt im Kontext Buch ein Konflikt vor. Werte sind nicht vereinbar und „konfligieren" (von lateinisch: cōnfligere „zusammenschlagen, zusammenstoßen"). Dieser Konflikt kann Ihre Bewertung beeinflussen. So ist es möglich, dass zwei unterschiedliche Personen aufgrund ihrer konstruktivistischen Wahrnehmung und Interpretation des für sie relevanten Kontextes zu ganz unterschiedlichen Bewertungen gelangen.

Das Denken in Kontexten vollzieht sich in der Regel unbewusst. Erst in der Nachbetrachtung eines Themas oder in der Vorbereitung zukünftiger Entscheidungen ist es möglich, bewusst darüber zu reflektieren.

Das MVWK-Modell beschreibt die Interaktion von Motiven und Werten auf dem höchst möglichen Abstraktionsniveau. Damit der Coachee es als Feedbacksystematik zur Reflexion seiner Entscheidungen und dem damit einhergehenden Verhalten nutzen kann, ist es wichtig, dass er den Aussagegehalt des Modells versteht und im Zusammenhang mit seinem Thema nachvollziehen kann.

Nicht jeder ist geübt, abstrakt in Kontexten zu denken. Aus diesem Grund enthält das MVWK-Modell ein Set an visualisierten „Anwendungserklärungen", die es dem Coachee erleichtern sollen, mit dem Modell zu arbeiten.

### 3.3.3 MVWK ANWENDUNGSERKLÄRUNG 1

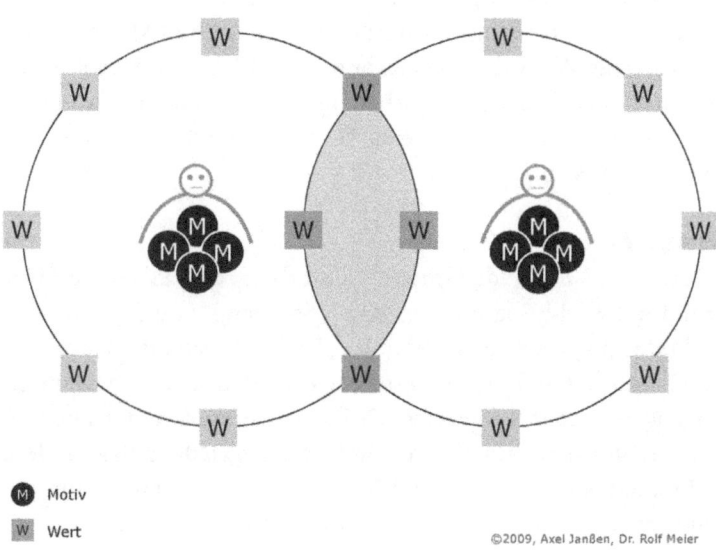

Abb. 3.3.3 MVWK Anwendungserklärung 1

Das Kompetenzmodell beschreibt Kommunikation als Kontext. Kommunikation ist dann erfolgreich, wenn es gelingt, sich in der Situation nicht nur an den eigenen Werten zu orientieren, sondern gleichzeitig auch an den Werten des oder der anderen Beteiligten.

Würden Sie in der Kommunikation mit anderen einseitig ausschließlich das, was Ihnen wichtig ist, verfolgen, kann daraus ein Konflikt entstehen, wenn der andere oder die andere Partei Werte hat, die Ihren eigenen Werten in dieser Situation diametral entgegenstehen. Eine einvernehmliche, lösungsorientierte Kommunikation entsteht, wenn es gelingt, gemeinsame Werte zu identifizieren (Schnittmenge) und sich in der Kommunikation daran zu orientieren.

Diesen Gedanken greifen u.a. auch folgende Modelle auf, mit denen das MVWK-Modell korrespondiert:

**TZI** *nach Ruth Cohn*
Ein Kontext bezieht sich auf ein Thema. In diesem Kontext hat das ICH Werte, gleichzeitig hat das WIR (die Gruppe) Werte. Die Möglichkeiten zum Handeln ergeben sich aus den gemeinsamen Werten von ICH und WIR bezogen auf das Thema.

**JOHARI-FENSTER** *nach Joseph Luft und Harry Ingham*
Die „Arena des freien Handelns" (Schnittmenge im MVWKModell) ergibt sich aus dem Bekanntsein der Werte des oder der anderen und daraus, dass die eigenen Werte anderen ebenfalls bekannt sind. Gleichzeitig wird dadurch das, was allen an einer Situation Beteiligten vorher nicht bewusst war, bewusst. Der Bereich des „Unbewussten" verkleinert sich.

**TEAMPHASEN** *nach Bruce Tuckman*
Tuckman formuliert, dass jede Gruppe – und dazu zählt als Sonderform auch ein Team – grundsätzlich die Phasen „Forming", „Storming" und „Norming" durchläuft, bevor ein „Performing" eintreten kann. Im „Forming" sind die Werte des oder der anderen noch unbekannt. Eine Orientierung erfolgt an bekannten kulturellen Werten im Umgang mit anderen Menschen. Mit dem Bekanntwerden unterschiedlicher Werte setzt ein „Storming" ein. Es entsteht Unruhe, da jeder sich an anderen Werten orientiert. Erst mit der Vereinbarung gemeinsamer Werte, dem „Norming", entsteht eine konfliktfreie Orientierung, die zu einem „Performing" führt.

Die Anwendungserklärung 1 des MVWK-Modells bildet o.a. Sachverhalte grafisch ab.

## 3.3.4. MVWK ANWENDUNGSERKLÄRUNG 2

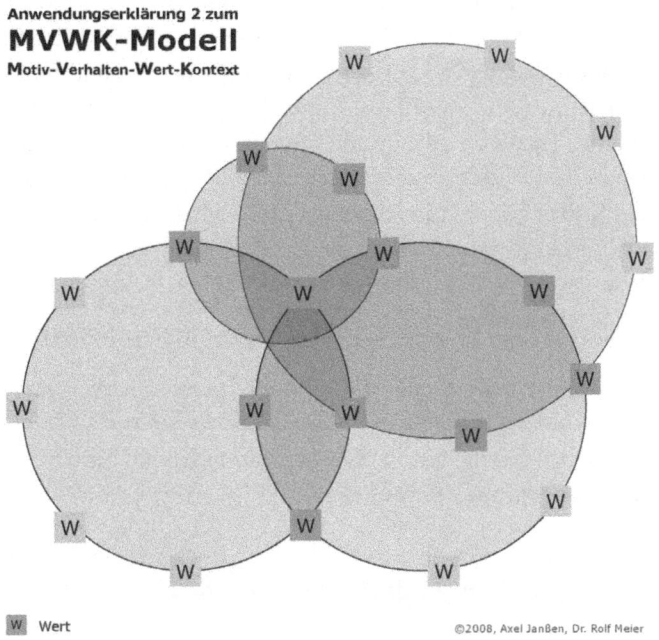

Abb. 3.3.4 MVWK Anwendungserklärung 2

Ein Unternehmen ist ein Kontext. Faktisch wird es u.a. durch die Rechtsform und sein „Leitbild" beschrieben. Doch auch die Werte von Kunden, Lieferanten und Kapitalgebern u.v.m beeinflussen den Kontext Unternehmen. Gleichzeitig ist das Unternehmen als Menge von Werten Bestandteil (Teilmenge) von größeren Kontexten, z. B. der Gesellschaft. Jede Entscheidung im Unternehmen muss sich an den gesellschaftlich vereinbarten Werten, z. B. der Verfassung, orientieren. Ob es sich an den geltenden kulturellen Werten orientiert, bleibt der Entscheidung des Unternehmers überlassen.

**DEFINITION KULTUR**
Über einen längeren, unterscheidbaren Zeitraum stabile Werte eines Kontexts.

Eine Unternehmenskultur im eigentlichen Sinne besteht nicht allein aus einer einzigen Kultur. Eine Vielzahl zum Teil ganz unterschiedlicher Kontexte mit eigenen Kulturen bildet als Ganzes die Unternehmenskultur. In einer Abteilung Controlling gelten durch die unternehmerische Funktion dieser Abteilung faktisch bestimmte Werte. Doch auch die Individuen, die in dieser Abteilung arbeiten, sind mit ihren eigenen Werten Teil des Kontextes „Abteilung Controlling". Die Abteilung Controlling hat eine eigene Kultur. Dasselbe gilt für alle organisatorischen Einheiten eines Unternehmens. Es gibt zwar Überschneidungen (Schnittmengen) an Werten, doch gilt es, sich in jeder Kultur anders zu verhalten. Jeder kulturelle Kontext hat sein eigenes MVWK-Modell. Je besser einem bewusst ist, dass nicht nur ein Unternehmen aus vielen Kontexten besteht, sondern unser ganzes Leben sich in Kontexten abspielt, desto bessere Entscheidungen treffen wir.

Die Anwendungserklärung 2 zum MVWK-Modell veranschaulicht das „systemische Denken" bzw. das Denken in Kontexten. Als Feedbacksystematik kann mithilfe dieser Erklärung reflektiert werden, welcher Kontext einschließlich der damit verbundenen Werte für eine Entscheidung relevant ist.

### 3.3.5. MVWK ANWENDUNGSERKLÄRUNG 3

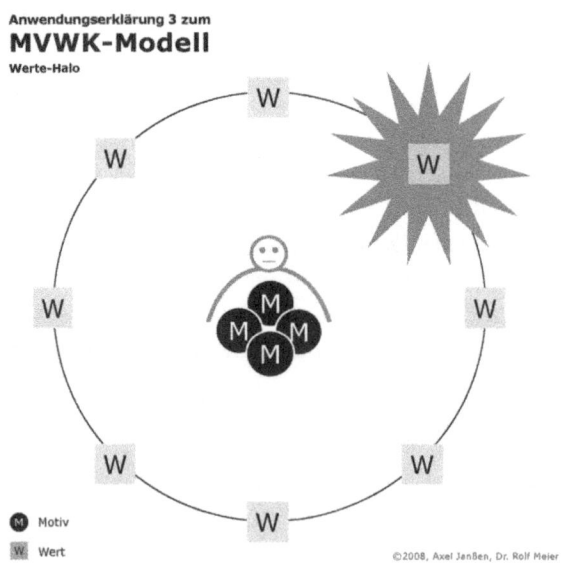

*Abb. 3.3.5 MVWK Anwendungserklärung 3 – Werte Halo*

Warum bleiben manche Menschen bei ihrem Arbeitgeber, obgleich Ihnen bewusst ist, dass der Kontext, der Ihnen geboten wird, für Sie persönlich emotional wenig attraktiv ist? Die Motive werden nur ungenügend angesprochen. Es kann sein, dass in diesem Fall ein Wert noch viel wichtiger ist als alles andere. Dieser Wert überstrahlt sinnbildlich gesprochen die anderen Werte in einem Kontext. (analog zu *Halo*, atmosphärischer Lichteffekt). Ein Halo-Wert beeinflusst Entscheidungen, da er als noch wichtiger als andere Werte empfunden wird. So kann es sein, dass ein Mitarbeiter des Geldes wegen im Unternehmen bleibt oder weil er dort gute Freunde hat. „Geld" und „Freunde" sind in diesem Fall „Halo-Werte".

Mit der Anwendungserklärung 3 kann reflektiert werden, ob eine Entscheidung möglicherweise durch einen „Halo-Wert" beeinflusst wird.

Alle Menschen sind gleich, doch jeder ist anders. Diese Tatsache gilt auch in Unternehmen sowie in allen anderen denkbaren Kontexten. Sobald Menschen in einer Abhängigkeit zueinander stehen, d.h. der eine ist bei der Realisierung von etwas Bestimmten abhängig vom anderen, werden diese Unterschiede deutlich. Es können Konflikte entstehen. Auf menschlicher Ebene ist vielleicht kein Ausgleich möglich. Doch kann es sein, dass den streitenden Parteien unabhängig von ihren persönlichen Befindlichkeiten ein Wert von so großer Bedeutung ist, dass eine Vereinbarung auf diesen Wert den Konflikt löst. In einer persönlichen Beziehung kann das das Kind sein. In einem unternehmerischen Projekt kann das auch der gewinnbringende Abschluss des Projekts sein.

Mit der Anwendungserklärung 3 ist es möglich, darüber zu reflektieren, ob es einen Wert gibt, der noch wichtiger ist als das, was momentan entzweit.

## 3.3.6 MVWK ANWENDUNGSERKLÄRUNG 4

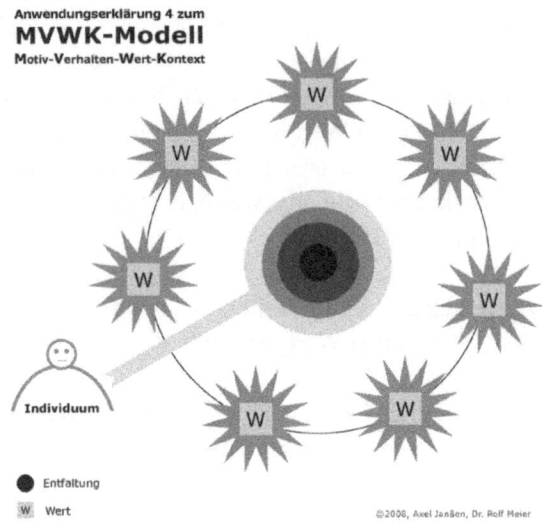

*Abb. 3.3.6 MVWK Anwendungserklärung 4*

Haben Sie sich schon einmal in einer Situation richtig „pudelwohl" gefühlt und gespürt, wie Sie mit Motivation an ein Thema herangehen? Motivation entsteht, wenn die Werte eines Kontexts eigene Motive ansprechen. Will ein Individuum sich motivational entfalten, ist der Kontext von entscheidender Bedeutung. Sprechen seine Werte die Motive dagegen nicht oder nur ungenügend an, entsteht keine Motivation. Die Anwendungserklärung 4 des MVWK-Modells veranschaulicht diese Tatsache. Als Feedbacksystematik unterstützt die Anwendungserklärung sowohl die Reflexion, welchen Zusammenhang es zwischen dem eigenen Wohlbefinden und dem Kontext geben kann, als auch die Entscheidungsbildung in Bezug auf die Auswahl von Kontexten.

Karrierewird beispielsweise eher gelingen, wenn der Kontext, den das Unternehmen bietet, in seinen Werten Motive anspricht. Aus einem Unwohlsein heraus entstehen Überlebensstrategien. Geht mit dem Kontext ein Wohlbefinden einher, entsteht die Bereitschaft, Leistung zu zeigen.

# 3.3.7 MVWK ANWENDUNGSERKLÄRUNG 5

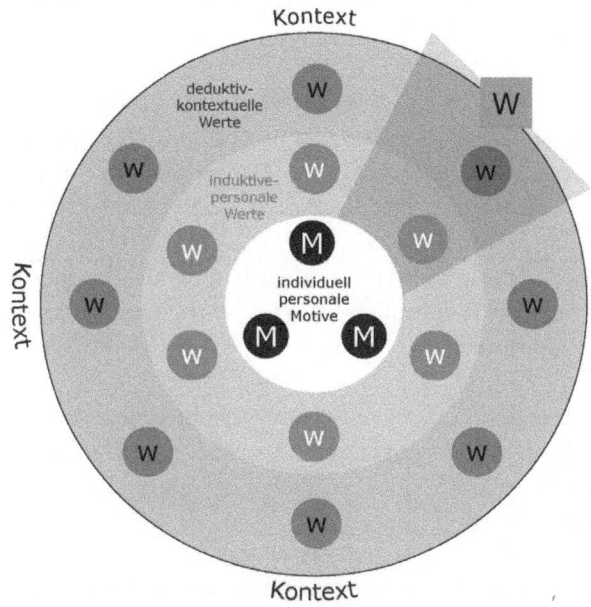

Anwendungserklärung 5 zum
**MVWK-Modell**
Wertebasierte Entscheidung

- **M** Motive
- **W** induktive-personale Werte
- **W** deduktiv-kontextuelle Werte
- **W** Durch psychobiologische Bewertung der induktiven und deduktiven Werte entstandener konstruktivistischer Wert an dem sich die Entscheidung für ein Verhalten orientiert.

©2012, Axel Janßen, Dr. Rolf Meier

**Definitionen**

**Wert**
Werte sind Orientierung für individuell attraktives Verhalten.

**Motiv**
Ein Motiv ist ein unspezifischer Beweggrund für ein Verhalten.

**Bedürfnis**
Ein Bedürfnis ist ein spezifischer Beweggrund für ein Verhalten.

**induktiv**
Aus dem Konkreten ableitend.

**deduktiv**
Aus abstrakten Strukturen ableitend.

*Abb. 3.3.7 MVWK Anwendungserklärung 5*

Die Anwendungserklärung 5 des MVWK-Modells wurde geschaffen, um die Wertorientierung des eigenen, bisherigen Entscheidungsverhaltens im thematischen Kontext intensiv zu reflektieren.

Die Erkenntnis daraus dient als Grundlage (Ressource) für alternative Entscheidungen.

In einem konstruktivistischen Coachingverständnis kann der Coach selbst keine Werte zur Reflexion anbieten. Es wäre seine Auswahl. Auch empirische Ermittlungen, was generell „von Wert" ist, würden zu (Wert-)Wörtern führen, die kulturell konstruktivistischen Deutungen unterliegen und keine Orientierung bieten. In der Anwendungserklärung 5 wurden daher – statt Wörter für Werte zu verwenden – Wertkategorien gebildet. Auf diese Weise ist es möglich, dass der Coachee die Kategorien selbst mit Inhalten füllt. Die Reflexion von Werten bei der Entscheidungsbildung wird so unabhängig von der verwandten Sprache.

Eine Reflexion auf dem Abstraktionsniveau der Wertekategorien ist intellektuell eine Herausforderung. Aus diesem Grund wird die Anwendungserklärung 5 ausschließlich optional verwendet. Der Coach kann das Modell anbieten, ist aber vom Prozess her nicht dazu verpflichtet.

Individuell attraktives Verhalten orientiert sich in einem Kontext an Werten. Der Kontext selbst entsteht durch die konstruktivistische Wahrnehmung und Bewertung von Zusammenhängen in Bezug auf ein Thema.

Was in einem Kontext individuell als Wert empfunden wird, d.h. woran sich eine Entscheidung für ein Verhalten orientiert, ist das konstruktivistische Resultat einer psycho-biologischen Bewertung der mit diesem Kontext verbundenen induktiven und deduktiven Werte. Jede individuelle Entscheidung in einem Kontext wird durch Werte beeinflusst.

Deduktiv-kontextuelle Werte sind die Werte, die reflektiert aus dem Kontext abgeleitet werden.

Bsp.: Um einen Kommunikationskontext zu vereinbaren, orientiert sich Verhalten auch an Werten des Kommunikationspartners. Auch die Folgen einer Entscheidung müssen „wertvoll" sein. Diese Werte werden konstruktivistisch „abgeleitet". Gleiches gilt z. B. für Verhalten im Straßenverkehr – hier werden die Werte u. a. aus der StVO abgeleitet, die faktisch Teil des Kontexts ist.

Induktiv-personale Werte sind die Werte, aus denen heraus eine konstruktivistische Bewertung erfolgt bzw. geschlossen wird. Sie korrespondieren vor dem Hintergrund psycho-biologischer Erfahrungen und Hoffnungen mit Motiven und Bedürfnissen bzw. eigenen Interessen.

Eine Entscheidung für ein Verhalten mag aus Sicht anderer unattraktiv sein – ein Individuum hat sie jedoch aus seinem Vermögen heraus selbst so organisiert, dass durch sie ein psycho-biologisches Wohlbefinden angestrebt bzw. sichergestellt wird. Diese Entscheidung wurde in einem Kontext durch Werte beeinflusst.

Die Anwendungserklärung 5 zum MVWK-Modell stellt eine Konstruktion dar, mit der das eigene Entscheidungsverhalten in einem Kontext reflektiert werden kann. Zur Reflexion dienen verschiedene Wertkategorien, die sich aus wissenschaftlichen Erkenntnissen ableiten lassen.

Wird eine Entscheidung – im Hinblick auf das erhoffte Ergebnis bzw. das psychobiologische Empfinden – individuell als wenig erfolgreich bewertet, so können durch Reflexion jeder einzelnen Wertkategorie die beeinflussenden Wertkategorien identifiziert und hierarchisiert werden. Im Coaching geschieht dies idealerweise innerhalb der Reflexion des bisherigen Analyse-und Lösungsmusters (Teilphase 3.5. des Coachingprozesses).

Die Wertekategorien dienen dabei als Feedbacksystematik.

## DEDUKTIV-KONTEXTUELLE WERTE – DIE WERTKATEGORIEN

**Situative sozio-kommunikative Werte**
Werte, an denen sich die Beziehung zu aktuellen Kommunikationspartnern orientiert.

Bsp.: Höflichkeit, Respekt, Seniorität, „Ausreden lassen"

**Berufs-ethische Werte**
Werte, die im Zusammenhang mit dem selbstgewähltem Beruf sozial und individuell wichtig sind.

Bsp.: Hippokratischer Eid. Wertzuschreibungen an die berufliche Funktion, z. B. Feuerwehrmann „rettet", Vorgesetzter als Vorbild

**Unternehmerische Werte**
Werte, die die betriebswirtschaftlichen Interessen des Unternehmens bzw. anderer wertschöpfungsorientierter Gemeinschaften repräsentieren.

Bsp.: Produktivität, Liquidität, Wirtschaftlichkeit, Effektivität, Effizienz, Kostenbewusstsein oder auch Image

**Werte der relevanten Identitätsgemeinschaft**
Werte, die eine identitätsstiftende Zugehörigkeit repräsentieren.

Bsp.: Zugehörigkeit zu Familie, Partnerschaft, Glaubensgemeinschaft, Verein, Unternehmen, Abteilung

**Kulturelle Werte**
Werte, die den kulturellen Kontext repräsentieren und über einen längeren Zeitraum stabil sind.

Bsp.: Die Sprache innerhalb eines Staates oder die Mundart einer bestimmten Region. Die Art und Weise, Häuser zu bauen.

**Zeitgeistorientierte Werte**
Werte, die den kulturellen Kontext repräsentieren und zeitlich unstabil sind.

Bsp.: Mode oder die Verwendung englischer Wörter in einer von Deutschen geführten Unterhaltung. Ein bestimmtes Produkt, wie z. B. ein Handy, wird als richtungsweisend empfunden.

**Individuell unverhandelbare soziale Werte**
Werte, die das Zusammenleben innerhalb einer abgrenzbaren Gemeinschaft regeln.
Bsp.: Verfassung, GG, StVO, DIN, Betriebsvereinbarungen, Verträge

## INDUKTIV-PERSONALE WERTE IM KONTEXT – DIE WERTKATEGORIEN

**Geschützte Werte**
Werte, die individuell als so bedeutend empfunden werden, dass sie nicht bzw. un-verhandelbar sind.

Bsp.: Manche Personen empfinden die Unversehrtheit der Natur bzw. die Unversehrtheit der darin wohnenden Lebewesen und Pflanzen als so wertvoll, dass sie niemals durch Gentechnik beeinflusstes Gemüse essen würden, auch dann nicht, wenn es nichts anderes zu essen gäbe.

**Somatische Werte**
Die Signale des eigenen Körpers werden als Wert empfunden.

Bsp.: Der eigene Körper signalisiert schneller als der Verstand, dass emotional ein Ungleichgewicht vorliegt. Ob „feuchte Hände" oder „trockener Hals" oder „Nackenverspannung" – die Signale sind individuell ganz unterschiedlich. Die Medizin kennt dieses Phänomen unter dem Begriff „psycho-somatische" Beschwerden. (Soma = Körper)

**Leit-Werte**
Werte, die die eigenen Prinzipien bzw. Einstellungen oder Überzeugungen abbilden und in allen Kontexten gelten.

Bsp.: Manche Personen orientieren sich, unabhängig vom individuell relevanten Kontext, grundsätzlich an „Gleichbehandlung".

**Thematische, motivationsrelevante Werte**
Konkrete Themen, die für eine Verwirklichung von Motiven und/oder konkreten Bedürfnissen wichtig sind, werden als wertvoll empfunden.

Bsp.: Das Thema „Führung" wird als „wertvoll" empfunden. In Besprechungen wird die Diskussion auf dieses Thema gelenkt oder bei Erwähnung dieses Themas durch andere richtet sich darauf die volle Aufmerksamkeit.

**Personenzentrierte, motivationsrelevante Werte**
Die positive Rückmeldung konkreter anderer Personen wird als Wert empfunden.

Bsp.: Die positive Bestätigung einer Entscheidung durch Eltern, Mentor, Ehemann, Partner oder einen besonderen Freund. Die andere Person wird als Wert empfunden.

**Motivzentrierte Werte**
Die unbestimmte Realisierung eines konkreten Motivs (Antrieb/Strebung) wird als wertvoll empfunden.

Bsp.: Der unreflektierte Wunsch, Anerkennung durch andere zu erhalten oder die Lust, zu gestalten oder zu gewinnen.

**Belohnungsorientierte, altruistische Werte**
Werte, die uneigennützig sind und das „allgemeine Wohlergehen" betonen, gleichzeitig aber das Belohnungssystem des Gehirns aktivieren.

Bsp.: Der Schutz der Umwelt ist von allgemeinem Interesse. Wird jemand bei Verletzung dieses Wertes beobachtetet, so bedeutet das Einklagen dieses Wertes einen emotionalen Gewinn für den „Kläger".

**Sensorische Werte**
Werte, die kognitiv nicht reflektiert werten können und auf einer körperlich empfundenen Wahrnehmung beruhen.

Bsp.: Unser Organismus nimmt kontinuierlich Signale aus der Umwelt wahr, durch Sehen, Hören, Anfassen, Riechen, Schmecken, Geruch oder Wahrnehmung über die Haut. Wir „spüren" bisweilen, dass jemand hinter uns steht, ohne ihn dabei bewusst wahrgenommen zu haben und verhalten uns entsprechend.

## PRAXISBEISPIEL ZUR ARBEIT MIT DER ANWENDUNGSERKLÄRUNG 5 DES MVWK-MODELLS

In der Praxis wird in der Teilphase 3.5. „bisheriges Analyse-und Lösungsmuster der Selbstorganisation im thematischen Kontext" optional mit Wertekategorien gearbeitet. Das Modell unterstützt hier die Wirkungserwartung dieser Teilphase.

## VORBEREITUNG
Der Coach fertigt für jede Wert-Kategorie eine Karte an, die die Bezeichnung der Kategorie und die Definition enthält.

## ANMODERATION

Damit der Coachee im Sinne einer nachhaltigen Selbstorganisation MVWK 5 später auch selbst, das heißt ohne Hilfe des Coachs anmoderieren kann, erklärt der Coach seinem Coachee in für ihn verständlichen Worten das Modell und die damit verbundene Vorgehensweise.

## VORGEHENSWEISE

- » **IDENTIFIKATION**

  Der Coach bietet seinem Coachee jede Karte nacheinander an, begleitet von der Frage:

  „Orientiert sich Ihre bisherige Entscheidung an dieser Wertkategorie bzw. dieser Karte?"

  Wird die geschlossene Frage bejaht, die dem Coachee die Freiheit lässt, selbst zu entscheiden, ob er einen Zusammenhang erkennt, schließt sich die Frage an: „Welche Werte sind für Sie konkret mit dieser Karte verbunden?" Die vom Coachee identifizierten Werte werden auf Moderationskarten visualisiert.

- » **REFLEXION**

  In der Reflexion geht es darum, dass der Coachee – orientiert an der Wirkungserwartung der Teilphase – reflektiert, welche Werte bei seiner bisherigen Entscheidung (Lösungsverhalten) maßgebend waren. Diese Erkenntnis steht ihm als Ressource zur Verfügung, so dass er später bei der Entwicklung von Handlungsalternativen in Phase 4 bewusst entscheiden kann, ob er sein Lösungsverhalten reproduziert oder tatsächlich eine Alternative entwickelt hat. Dazu muss ihm sein bisheriges Entscheidungsverhalten bekannt sein.

  Eingeleitet wird die Reflexion z. B. durch die Aufforderung: „Bitte bringen Sie Ihre visualisierten Werte in eine Reihenfolge. Orientieren Sie sich dabei daran, welcher Wert Ihnen bei Ihren bisherigen Entscheidungen am wichtigsten und welcher am wenigsten wichtig war".

  Die jetzt visualierte „Wertreihenfolge" kann auf 5 Werte reduziert werden. Die Komplexitätsreduzierung orientiert sich an neurowissenschaftlichen Erkenntnissen, die aussagen, dass unser Gehirn in der Regel „nur" 5 Dinge gleichzeitig voneinander unterscheiden kann.

» **SICHERUNG DER ERKENNTNIS**
Um das Grundanliegen des Prozesses „Entscheidungsfähigkeit sichern" zu unterstützen, wird der Coachee abschließend gefragt: „Haben Sie eine Erkenntnis in Bezug auf Ihr bisheriges Entscheidungsverhalten?" Der Coach bittet den Coachee dann, diese Erkenntnis als Ressource ebenfalls auf einer Karte zu notieren.

## 3.3.8 MVWK ANWENDUNGSERKLÄRUNG 6

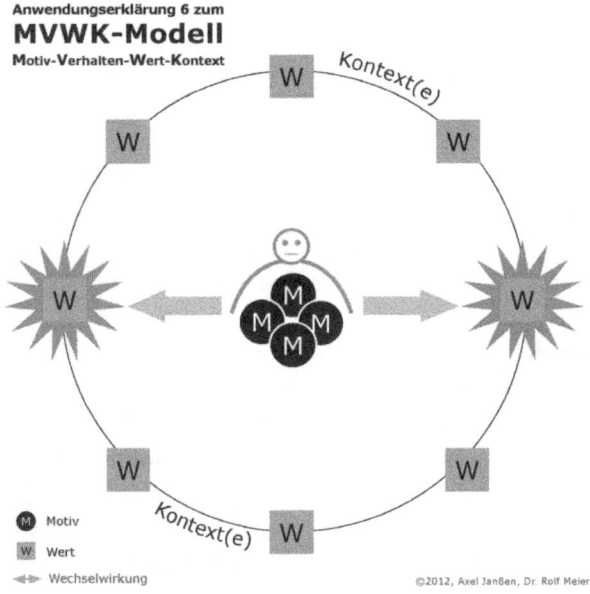

*Abb. 3.3.8 MVWK Anwendungserklärung 6*

„Soll ich oder soll ich nicht?" So oder ähnlich kann die Überlegung bei einer Entscheidung lauten, die letztlich dazu führt, dass sich ein Mensch sprichwörtlich innerlich zerrissen fühlt, da ihm zwei (oder mehrere) Werte in einem Kontext gleich wichtig sind. Diese Werte sind gemäß seiner Wahrnehmung im relevanten Kontext scheinbar unvereinbar. Sie haben eine identische emotionale Qualität für den Entscheider. Aufgelöst wird dieses Dilemma durch die Überlegung, was sich genau hinter diesen Werten verbirgt, um so zu einer differenzierten Betrachtung zu gelangen und Unterschiede zu erkennen. Sprache ist abstrakt. Ein als Wert verwendetes Wort repräsentiert in der Regel auf abstrakter Ebene mehre andere Wörter, die vom Sprechenden als ähnlich empfunden werden.

Mit der beispielhaften Frage, „was verstehen Sie konkret unter diesem Wort?", kann der abstrakte Wertbegriff aufgelöst werden.

## 3.3.9 MVWK-MODELL IN DER PRAXIS

Das MVWK ist ein wahres Multitalent in der Phase 3 des Coachingprozesses – „Zielorientierte Ressourcenidentifikation und Reflexion". In der Praxis kann es in dieser Phase z. B. wie folgt genutzt werden:

**Unterstützung des Verstehens der Wirkungsabsicht der Teilphasen**
Die Teilphasen 3.1, 3.2 und 3.5 enthalten eine Auseinandersetzung des Coachees mit Werten. Indem der Coach dem Coachee vor der Teilphase das MVWK-Modell erklärt, kann beim Coachee einerseits ein besseres Verständnis dafür entstehen, warum der Prozess in den o.a. Teilphasen die Identifikation von Werten als Ressource zur Zielerreichung beinhaltet. Andererseits versteht der Coachee, warum er das bisherige Analyse-und Lösungsmuster als Ressource identifizieren soll. Grafiken des MVWK-Modells und seiner Anwendungserklärungen unterstützen dieses Vorgehen und tragen zur Nachhaltigkeit des Coachings bei.

**Reflexion des bisherigen Analyse-und Lösungsmusters**
Jede Entscheidung ist das Ergebnis einer inneren Auseinandersetzung mit dem Kontext, den Werten des Kontexts sowie den eigenen Motiven und Werten in diesem Kontext. Ein Analyse-und Lösungsmuster repräsentiert das Ergebnis dieser Auseinandersetzung in Form eines bestimmten Verhaltens.

Als Feedbacksystematik in der Teilphase 3.5 erleichtert das MVWK-Modell dem Coachee die bewusste Auseinandersetzung mit o.a. Zusammenhängen.

**Feedbacksystematik zur Auswahl von Ressourcen**
In der Phase 4 des Coachingprozesses „Handlungskompetenz im systemischen Zielkontext festlegen" entwickelt der Coachee aus den Ressourcen, die ihm zur Zielerreichung zur Verfügung stehen, alternative Handlungen. Jeder Handlung beinhaltet eine Entscheidung, sich entsprechend zu verhalten. Steht das MVWK-Modell dem Coa-

chee als Feedbacksystematik zur Verfügung, kann er es wählen und mit dessen Hilfe gezielt auf die Suche nach Ressourcen gehen, die ihm die Zielerreichung ermöglichen.

**Feedbacksystematik zur Bildung und Legitimation von Entscheidungen für Handlungsalternativen**
In der Teilphase 4.1 „Entwicklung und Entscheidung von Handlungsalternativen" soll sich der Coachee bewusst für eine Alternative entscheiden. Eine Feedbacksystematik hilft ihm, zu erkennen, ob seine Entscheidung „richtig" ist. Er kann sie legitimieren. Nutzt er das MVWK-Modell, kann er darüber reflektieren, ob seine „neue" Handlung im Einklang mit seinen eigenen Motiven und Werten steht.

## 3.4. DIE HILFSMITTEL DES COACHINGPROZESSES

Wurden Sie schon einmal Folgendes gefragt:

- » „Wie lauten Ihre Motive?"
- » „Was ist Ihnen wichtig – wie lauten Ihre Werte?"
- » „Über welche Intelligenzen verfügen Sie?"
- » „Wo spüren Sie körperlich, ob Sie gerade erfolgreich oder nicht sind?"

Es kann sein, dass Sie die Antwort nicht gleich parat haben, da Sie nicht wissen, welche Motive und Intelligenzen es gibt und über keine Struktur (Feedbacksystematik) verfügen, aus der Sie Ihre Antwort ableiten können. Über Werte und Ihre „somatischen (körperlichen) Marker" haben Sie vielleicht bisher noch nie nachdenken müssen und finden daher auf die Schnelle keine Antwort. Sie sind sozusagen nicht „sprachfähig".

Der Coachingprozess benötigt in der Phase der Ressourcenidentifikation (Phase 3) Antworten auf o.a. Fragen. Motive, Werte, Intelligenzen und somatische Marker sind Ressourcen, die zur Zielerreichung verwendet werden können. Da jede Veränderung damit zusammenhängt, ist die Identifikation dieser Ressourcen ein fester Bestandteil der Phase 3. Was ein Motiv, ein Wert, eine Intelligenz oder ein somatischer Marker ist, erklärt der Coach faktisch richtig. Damit der Coachee entscheidungs- und sprachfähig wird, können innerhalb des Coachingprozesses „Hilfsmittel" eingesetzt werden unter der Voraussetzung, dass sie mit dem Coachingverständnis vereinbar sind.

## 3.4.1. MOTIVE UND MOTIVDEFINITIONEN

Motive sind im Menschen fest verankert und formulieren, was ihm grundsätzlich (abstrakt) Lust bereitet bzw. wonach er emotional strebt. Sie sind sinnbildlich gesprochen eine „Kraftquelle für unser Handeln. Werte entstehen aus der emotionalen Auseinandersetzung mit unterschiedlichen Kontexten.

Wollen Sie ein Ziel erreichen, stellen Motive als „Kraftquelle" eine Ressource dar, auf die Sie zurückgreifen können, um mit Motivation Ihr Ziel zu erreichen.

Im Moment einer Handlung ist es uns nicht möglich, bewusst über unsere Motive zu reflektieren, da die Handlung bereits das Ergebnis der emotionalen Selbstorganisation ist. Die abgeschlossene Handlung kann jedoch rückblickend reflektiert werden. Wollen wir unser Verhalten ändern und anders als bisher handeln, sind unsere Motive eine Ressource, um zukünftiges Verhalten bewusst selbst zu organisieren.

Ein Motiv als unspezifischer Beweggrund, sich auf eine bestimmte Art und Weise zu verhalten, ist weder gut noch schlecht. Erst die Situation bzw. der Kontext entscheidet darüber, ob bestimmte Motive förderlich oder hinderlich sind, ein Ziel zu erreichen.

So kann z. B. das Zurückgreifen auf ein Motiv „Flexibilität/Streben nach flexiblem Vorgehen" in einem Kontext, der eine Orientierung an einem festgelegten Ablauf erfordert, eher hinderlich sein.

Sind Ihnen Ihre Motive bekannt, können Sie bewusst damit umgehen und mit ihrer Hilfe Ihre Selbstorganisation optimieren.

Der Coachingprozess sieht vor, dass Motive als Ressource in Teilphase 3.1 identifiziert und in Bezug auf „förderlich" zur Zielerreichung oder „hinderlich" zur Zielerreichung reflektiert werden. Damit das geschehen kann, benötigt der Coachee eine Vorstellung davon, was Motive sind und welche Funktion sie als Ressource haben. Außerdem benötigt er eine Feedbacksystematik, die ihm hilft, seine Motive zu identifizieren. Ersteres erklärt ihm der Coach. Die Feedbacksystematik „Motive" stellt er seinem Coachee zur Verfügung, um mit deren Hilfe Motive zu identifizieren. In der Praxis geschieht das dadurch, dass zu jedem Motiv eine Karte gefertigt wird. Der Coachee setzt sich so intensiver mit seinen Motiven auseinander als mit einer Liste.

Welche Motive und Definitionen in der Teilphase 3.1 genutzt werden, ist durch den Prozess selbst nicht festgelegt. Theoretisch können hier sämtliche Konstrukte verwendet werden, die mit dem Coachingverständnis harmonieren und einen wissenschaftlichen Bezug aufweisen.

Die „Hamburger Schule", aus deren Perspektive dieses Buch geschrieben ist, nutzt als Feedbacksystematik die Motive und Definitionen der „Motivationspotenzialanalyse – MPA".

Die MPA fasst jeweils zwei gegensätzliche Motive in einer Kategorie zusammen.

### INFORMATION ZUR MPA
Die Motivationspotenzialanalyse – MPA ist ein Online-Test, der durch die Motivation Analytics UG, Freiburg vertrieben wird. *www.motivation-analytics.eu*

### MOTIVE UND MOTIVDEFINITIONEN DER MOTIVATIONSPOTENZIAL-ANALYSE – MPA

| KATEGORIE | MOTIV | DEFINITION |
|---|---|---|
| Auswirkung | Vorsicht | Streben nach Gewissheit von Folgen |
| | Wagnis | Streben nach Nervenkitzel |
| Beziehung | Distanz | Streben nach emotionalem Abstand zu anderen |
| | Kontakt | Streben nach emotionaler Nähe zu anderen |
| Einordnung | Natürlichkeit | Streben nach bodenständigem Verhalten |
| | Status | Streben nach öffentlicher Achtung der eigenen Person |
| Freiheit | Mitentscheidung | Streben nach gemeinschaftlichen Entscheidungen |
| | Selbstentscheidung | Streben nach Selbstbestimmung |

| Grundsatz | Auslegung | Streben nach zweckorientierter Interpretation von Regeln und Normen |
|---|---|---|
| | Prinzip | Streben nach Orientierung an vorhandenen Regeln und Normen |
| Komplexität | Erkenntnis | Streben nach dem Verstehen von Zusammenhängen und Hintergründen |
| | Pragmatik | Streben nach direktem Handeln |
| Körper | Aktivität | Streben nach körperlicher Bewegung |
| | Ruhe | Streben nach körperlicher Entspannung |
| Offenheit | Abwechslung | Streben nach neuen Erfahrungen |
| | Routine | Streben nach gewohntem Verhalten |
| Struktur | Flexibilität | Streben nach flexiblem Vorgehen |
| | Ordnung | Streben nach geordnetem Vorgehen |
| Unterstützung | Selbstlosigkeit | Streben danach, für andere da zu sein |
| | Selbstorientierung | Streben nach eigenen Vorteilen |
| Verantwortung | Durchführung | Streben nach der Umsetzung von Vorgaben |
| | Einfluss | Streben nach Verantwortung und Gestaltung |
| Wertschätzung | Fremdanerkennung | Streben nach persönlicher Rückmeldung von anderen |
| | Selbstanerkennung | Streben nach persönlicher Rückmeldung durch sich selbst |
| Wettbewerb | Balance | Streben nach dem Ausgleich von Interessen |
| | Dominanz | Streben nach dem Gewinnen |

\* *mit freundlicher Genehmigung der Motivation Analytics UG (haftungsbeschränkt), Freiburg*

## 3.4.2 WERTE

Wenn Ihnen die Frage gestellt wird, „Was ist Ihnen im Zusammenhang mit Ihrem Veränderungs-thema wichtig (von wert/wertvoll/ein Wert)", beabsichtigt der Fragende, dass Sie beantworten, wie Ihre Werte lauten. Nun kann es sein, dass Ihnen in diesem Moment beim besten Willen nichts einfällt. Das kann verschiedene Gründe haben. Es ist möglich, dass Sie bisher nicht über Werte nachgedacht haben oder aber durch die Aufforderung selbst einen leichten emotionalen Druck verspüren, der Sie daran hindert, „sprachfähig" zu sein, d.h. die richtigen Worte zu finden. Wird Ihnen in diesem Moment eine Übersicht an Worten angeboten, die Werte darstellen können, hilft Ihnen diese Übersicht, sich einerseits durch die Beschäftigung mit diesen Worten etwas zu entspannen (zu dissoziieren), auf der anderen Seite haben Sie möglicherweise mit diesem Hilfsmittel eine Inspiration, um „sprachfähig" zu werden.

Anstatt zum Duden zu greifen, erhält der Coachee eine Auswahl von Begriffen, die zwar z.T. „konstruktivistisch" entstanden ist, als Hilfsmittel jedoch zu keiner Zeit den Anspruch auf Vollständigkeit erhebt. Darauf weist der Coach in jedem Fall auch hin. Die u.a. Werteliste weist in den Begrifflichkeiten Korrelationen zu Motiven der MPA auf. Gleichzeitig stellt sie ein aus mehreren hundert Coachings gewonnenes empirisches Ergebnis dar.

## BEISPIEL EINER WERTELISTE FÜR DEN PRAKTISCHEN EINSATZ

| | | |
|---|---|---|
| Abgrenzung | Genügsamkeit | Ruhe |
| Abwechslung | Genuss | Ruhm |
| Achtung | Gerechtigkeit | Sachorientierung |
| Ästhetik | Geschmack | Schönheit |
| Aktivität | Geselligkeit | Selbstbewusstsein |
| Akzeptanz | Gewissheit | Selbstsicherheit |
| Ansehen | Gewohnheit | Selbstlosigkeit |
| Anerkennung | Gleichheit | Selbstverwirklichung |
| Aufmerksamkeit | Gesundheit | Sensibilität |
| Ausgeglichenheit | Glaube | Sexualität |
| Ausgleich | Gleichheit | Sicherheit |
| Autarkie | Harmonie | Sieg |
| Authentizität | Heiterkeit | Souveränität |
| Balance | Herkunft | Sparen |
| Beachtung | Höflichkeit | Spontanität |
| Beliebtheit | Humor | Stabilität |
| Bequemlichkeit | Identität | Schnelligkeit |
| Bescheidenheit | Individualität | Sexualität |
| Bestätigung | Innovation | Sparsamkeit |
| Bodenständigkeit | Integrität | Stärke |

| | | |
|---|---|---|
| Bildung | Kompetenz | Struktur |
| Distanz | Klugheit | Tapferkeit |
| Disziplin | Kreativität | Teamorientierung |
| Effektivität | Leidenschaft | Toleranz |
| Effizienz | Loyalität | Tradition |
| Ehre | Macht | Trends |
| Ehrlichkeit | Menschlichkeit | Treue |
| Eigennutzen | Mitgefühl | Überlegenheit |
| Eigentum | Mut | Überzeugung |
| Einfluss | Nachkommen | Umweltschutz |
| Entspannung | Nachsicht | Unabhängigkeit |
| Erfolg | Nachhaltigkeit | Unterordnung |
| Erholung | Nähe | Unterstützung |
| Erklärbarkeit | Nervenkitzel | Verantwortung |
| Ernsthaftigkeit | Nüchternheit | Verbindlichkeit |
| Fairness | Nutzen | Vergnügen |
| Familie | Objektivität | Verlässlichkeit |
| Flexibilität | Offenheit | Vernunft |
| Fitness | Ordnung | Vertrauen |
| Freigiebigkeit | Originalität | Wahrheit |
| Freiheit | Phantasie | Wechsel |
| Freiraum | Pragmatismus | Weisheit |
| Freude | Pflichtbewusstsein | Wohlwollen |
| Freundlichkeit | Praxis | Wagnis |
| Freundschaft | Pünktlichkeit | Weitblick |
| Frieden | Rationalität | Zärtlichkeit |
| Gastlichkeit | Realismus | Zeitlosigkeit |
| Gefühle | Rechtmäßigkeit | Zugehörigkeit |
| Gelassenheit | Reserven | Zurückhaltung |
| Gemeinsamkeit | Risikobereitschaft | Zusammenhänge |
| Gemütlichkeit | Robustheit | Zweck |

## 3.4.3. INTELLIGENZEN

Haben Sie sich schon einmal gefragt, warum manche Menschen leichter als andere eine neue Sportart oder ein neues Musikinstrument erlernen, andere aber für dieselbe Fertigkeit sehr lange üben müssen? Möglicherweise können Erstgenannte auf eine besondere Intelligenz oder Begabung zurückgreifen, die sie dabei unterstützt.

Intelligenz ist eine Ressource, die zur Zielerreichung genutzt werden kann und aus diesem Grund fester Bestandteil der Teilphase 3.1 des Coachingprozesses ist.
Auch Intelligenzen werden dem Coachee in der Praxis –auf einzelnen Karten visualisiert – als Hilfsmittel zur Identifikation von Ressourcen angeboten. Bewährt hat sich die von Howard Gardner entwickelte Struktur. Doch können im Coaching auch andere Strukturierungsmöglichkeiten von Intelligenzen verwendet werden.

**„INTELLIGENZEN"** *(nach Howard Gardner)*

| | |
|---|---|
| **Logisch-mathematische Intelligenz** | » Probleme analytisch angehen<br>» Situationen auf Muster und Regelmäßigkeiten hin untersuchen<br>» logische und numerische Muster wahrnehmen und voneinander unterscheiden<br>» mit Ketten langer Schlussfolgerungen umgehen |
| **Sprachliche Intelligenz** | » ein Gespür für Sprache entwickeln und treffsicher einsetzen<br>» die eigenen Gedanken ausdrücken<br>» das Sprechen anderer verstehen |
| **Musikalische Intelligenz** | » Rhythmen produzieren<br>» Tonhöhen und Klangqualitäten erkennen<br>» musikalischen Ausdruck schätzen<br>» Musik komponieren |
| **Räumliche Intelligenz** | » räumliche Zusammenhänge erkennen und gedanklich umformen<br>» im Kopf komplizierte Objekte rotieren lassen |
| **Körperlich-kinästhetische Intelligenz** | » den eigenen Körper und seine Körperteile beherrschen, kontrollieren und koordinieren<br>» geschickt mit Gegenständen und Objekten umgehen<br>» Gespür für Bewegungsabläufe entwickeln |
| **Intrapersonale Intelligenz** | » seine Impulse kontrollieren<br>» eigene Grenzen kennen<br>» die eigenen Gefühle kennen und klug mit ihnen umgehen<br>» das eigenen Wissen, die eigenen Stärken und Schwächen erkennen |

| | |
|---|---|
| **Interpersonale Intelligenz** | » andere Menschen und die Beweggründe ihres Verhaltens verstehen<br>» Stimmungslagen anderer erfassen und einfühlsam mit ihnen kommunizieren<br>» sich für die Gedanken und Gefühle seiner<br>» Mitmenschen interessieren |
| **Naturalistische Intelligenz** | » Lebendiges beobachten, unterscheiden und klassifizieren<br>» Sensibilität für größere Zusammenhänge entwickeln |

## 3.4.4 SOMATISCHE MARKER

Unser Körper gibt uns in der Regel viel schneller eine Rückmeldung darüber, ob mit einer aktuellen oder zukünftigen Situation ein Wohlbefinden einhergeht oder ob es Zeit ist, etwas zu verändern. Manche Menschen sind geübt darin, auf die Signale ihres Körpers zu achten, andere nicht. Für letztere ist u.a. Grafik ein Hilfsmittel, sich mit ihren somatischen Markern auseinanderzusetzen und sie als Ressource zu identifizieren.

Der Coachingprozess berücksichtigt die Tatsche, dass in der Teilphase 3.6 somatische Marker existieren, indem er sie grundsätzlich als Feedbacksystematik identifiziert. In Phase 4.1 stehen sie dem Coachee so als Feedbacksystematik zur Entwicklung und Legitimation seiner Entscheidung für Handlungsalternativen zur Verfügung. Er kann sich fragen: „Geht mit meiner Entscheidung ein körperliches Wohlbefinden einher?", „Wie fühlt sich die Entscheidung an?", „Signalisieren mir meine (in 3.6 identifizierten) somatischen Marker ein Wohlgefühl?"

Die Grafik „Feedbacksystem des Körpers" beschreibt, dass Emotionen und somatische Marker in einem thematischen Kontext in Beziehung zueinander stehen. Sie beruht zum einen auf medizinischen Fakten, z. B. Herz + Kreislaufsystem, zum anderen auf empirisch ermittelten Markern, wie z. B. Kopf. Die empirisch ermittelten Marker erheben keinen Anspruch auf Vollständigkeit. Die Orte oder Stellen des Körpers, die für einen Menschen einen Bezug darstellen, um sein „Inneres" wahrzunehmen, sind nur durch die Möglichkeit, sie zu beschreiben begrenzt. (Interozeption = Innenwahrnehmung).

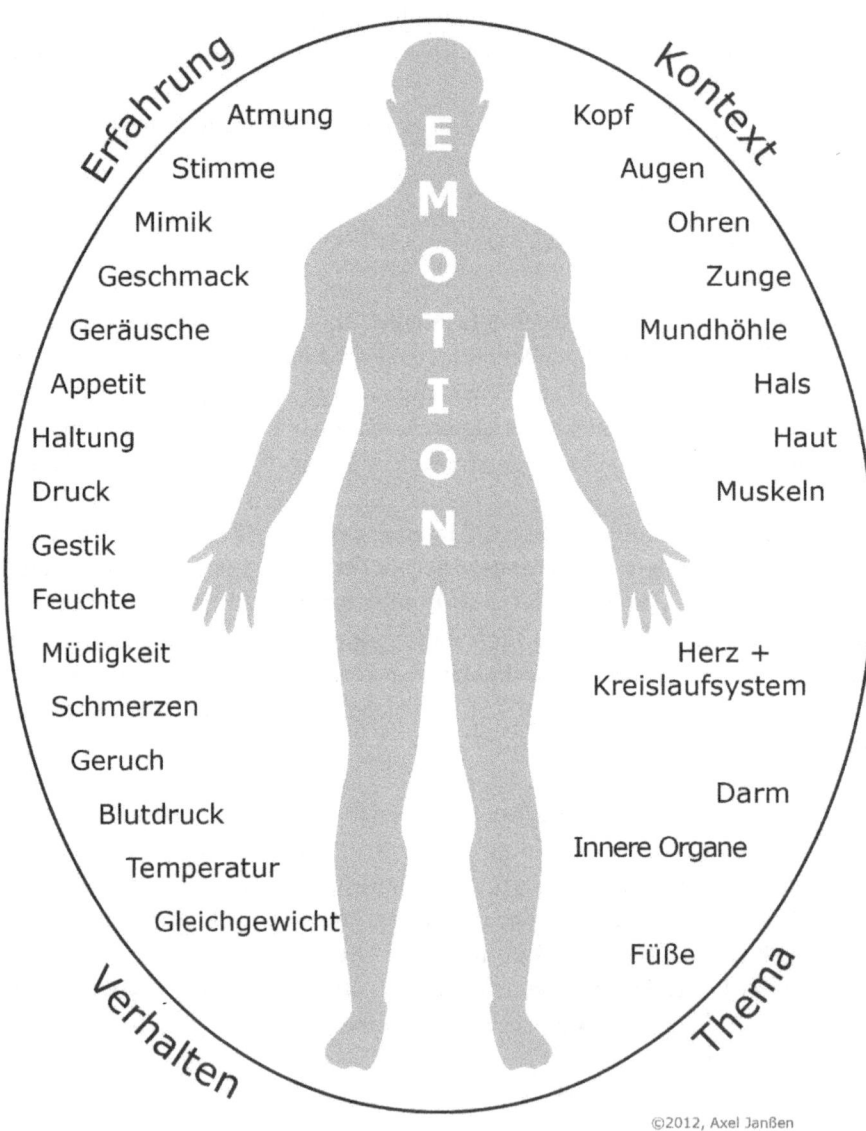

Abb. 3.4.4 Somatische Marker - das Feedbacksystem des Körpers

# KAPITEL 4
# DER COACH

## INHALTSVERZEICHNIS

**4. Coach und Coachingprozess**     **149**

**4.1 Die Anforderungen des Kontexts „Coaching" an den Coach**     **149**
- 4.1.1 Anforderungen an die „persönliche und sozio-kommunikative Kompetenz"     149
- 4.1.2 Anforderungen an die „fachlich-methodische Kompetenz"     151
- 4.1.3 Anforderungen an die „Feldkompetenz"     153
- 4.1.4 Die „Werkzeuge" des Coachs     154
- 4.1.5 Supervision des Coachs     157

# 4. COACH UND COACHINGPROZESS

Anders als am Markt oft üblich hat der Coach in einem konsequent konstruktivistischen Coaching eine deutlich geringere Bedeutung. Damit geht einher, dass der Coach auf jede Bewertung des Coachees und seines Themas verzichtet. Aufgrund der, mittels eines festgelegten Prozesses ermöglichten nachhaltigen Selbstorganisation, bleibt für den Coach scheinbar „nur" noch die Orientierung an den Werten von Coaching sowie die Verantwortung des Coachingprozesses und seiner Grundanliegen.

Damit ein Coach im Thema Coaching über „Handlungskompetenz" verfügt, ist es für ihn wichtig, im Kontext Coaching über Ressourcen zu verfügen und sie selbst zu einem erfolgreichen Handeln zu organisieren, so dass er jedes „coachbare" Thema auch coachen kann.

## 4.1 DIE ANFORDERUNGEN DES KONTEXTS „COACHING" AN DEN COACH

### 4.1.1 ANFORDERUNGEN AN DIE „PERSÖNLICHE UND SOZIO-KOMMUNIKATIVE KOMPETENZ"

Fällt es Ihnen leicht, einem anderen die Freiheit zu lassen, selbst zu entscheiden oder spüren Sie, dass Sie gerne helfen möchten, gerne auch mit einem guten Ratschlag oder einer passenden Intervention, von der Sie überzeugt sind, dass das gut für Ihren Coachee ist?

In einem konsequent konstruktivistischen Coaching muss sich das Handeln des Coachs nicht nur am Wert „Freiheit" orientieren. Während des gesamten Prozesses gilt es, alle vier Werte von Coaching in seinem Verhalten stets zu berücksichtigen. Zusätzlich gilt noch der Wert „Diskretion". Dieser Wert ist kein expliziter Bestandteil des Coachingverständnisses. Wenn Ihnen bewusst ist, dass jede Information, die Sie über ein Coaching oder Ihren Coachee an andere weitergeben, Ausdruck Ihrer konstruktivistischen Deutung ist und auch der andere das Gehörte konstruktivistisch interpretiert, werden Sie sich ganz von selbst an diesem Wert orientieren. In der Praxis ist es in der Regel auch ein Wert des Coachees, der in den Kommunikationskontext einfließt. Er möchte nicht, dass andere vom Coach erfahren, was er diesem im Vertrauen kundgetan hat.

Coaching geschieht oft im Auftrag eines Unternehmens. Ein Unternehmen investiert in ein Coaching in der Regel nur, wenn es sich davon einen Erhalt oder eine Entwicklung des „Humankapitals" verspricht. Es ist meistens nicht im Interesse des Unternehmens, wenn ein Coachee sich zu Themen coachen lässt, die das unternehmerische Interesse nicht unterstützen. Das kann z. B. bei einem Thema geschehen, das vom Coache mit den Worten „ich bin auf der Suche nach einem neuen Arbeitgeber" skizziert wird. Ist vor dem Coaching bekannt, dass eine Kollision mit unternehmerischen Interessen vorliegen kann, gilt in diesem Fall für den Coach der Wert „Loyalität". Dieser Wert wird zum Teil des Kommunikationskontexts. Es sei denn, dass das Unternehmen ausdrücklich auch mit solchen Themen einverstanden ist.

Selbstverständlich findet ein Coaching immer im „größeren" Kontext der Freiheitlich Demokratischen Grundordnung (FDGO) statt. Coachingthemen, die erkennbar dagegen verstoßen, darf ein Coach nicht annehmen.

Ein Coachingprozess ist ein festgelegter Ablauf. Der Prozess erwartet – als Teil des Kontexts Coaching – vom Coach, dass er den Ablauf einhält und sich an der Wirkungserwartung des Prozesses, seiner Teilphasen und den Grundanliegen orientiert. Insofern hat auch ein Prozess Werte.

Als Coach sind Sie den Werten des Kontexts Coaching verpflichtet.

Wenn Sie als Coach spüren, dass Ihre Motive und Ihre eigenen Werte dieser Verpflichtung im Wege stehen oder stehen können, ist es an Ihnen, Ihre Kompetenz dahin zu entwickeln, dass Sie sich im Coaching an diesen Werten orientieren. Es besteht die Möglichkeit, dass Sie für sich in der Auseinandersetzung mit Ihren Motiven, Werten und auch Intelligenzen feststellen, dass der Kontext Coaching für Sie emotional unattraktiv ist. Sie würden zwar Coaching erlernen können, jedoch nie wirklich Freude daran verspüren.

Der Kunde von Coaching ist ein Mensch. Als Individuum ist es ihm wichtig, als solches akzeptiert zu werden. Die Orientierung an den vier Werten von Coaching ist Ausdruck einer grundsätzlichen Wertschätzung des Individuums. Im Coaching ist der

Coach Botschafter dieser Werte und schafft damit die Grundlage für eine erfolgreiche Beziehung zum Coachee.

Als Individuum verfügt jeder Mensch über ganz unterschiedliche Erfahrungen. Er lernt individuell basierend auf seiner Erfahrung, seinem intellektuellen Vermögen und dem, was ihm in Bezug auf Lernen persönlich (emotional) wichtig ist. Manche Menschen stürzen sich sprichwörtlich mit Lust auf alles Neue, andere wollen erst wissen, wozu etwas gut ist, um vor dem Handeln die Folgen einzuschätzen. Erfahrungen, Motive, Werte und Intelligenzen beeinflussen auch das Lernen.

Da Coaching eine nachhaltige Selbstorganisation erreichen will, lernt der Coachee im Coaching auch den Coachingprozess, so dass er ihn selbst konstruktivistisch anwenden kann. Das, was dem Coachee in Bezug auf Lernen wichtig bzw. von Wert ist, wird damit zum Teil des Kommunikationskontextes. In der Praxis kann der Coachee einfach gefragt werden, was ihm hier wichtig ist. Idealerweise geschieht das in Phase 1 des Coachingprozesses „Kontakt und Kontrakt".

## 4.1.2 ANFORDERUNGEN AN DIE „FACHLICH-METHODISCHE KOMPETENZ"

Selbstverständlich hat ein Coach alle fachlichen Inhalte seines (konsequent systemisch-konstruktivistischen) Coachingverständnisses in allen Lern-Taxonomien durchlaufen. Er ist mit der zentralen Methode, dem Coachingprozess, seinen Grundanliegen und Wirkungserwartungen „auf Du".

Zusätzlich stellen die in den Kommunikationskontext eingehenden Werte des Coachees in Bezug auf sein Lernen eine Anforderung an seine fachlich-methodische Kompetenz dar. Coaching will eine nachhaltige Selbstorganisation erreichen. Die Grundlage der Nachhaltigkeit ist der Coachingprozess. Der Coachee soll den im Coaching „gelernten" Prozess mit den darin verwendeten Feedbacksystematiken auf selbst gewählte, andere Themen übertragen können.

Jeder Mensch lernt individuell. Gleichzeitig enthält der Coachingprozess in seinen Phasen und Teilphasen definierte Wirkungserwartungen. Wie die Wirkungserwartungen der Teilphasen, die zur Erfüllung der Wirkungserwartung einer Phase führen, methodisch umgesetzt werden, ist durch den Prozess nicht vorgeschrieben. Hier gilt es, dass der Coach über verschiedene methodische Varianten verfügt, die das individuelle Lernen seines Coachees bestmöglich ansprechen.

Aus der Wirkungsabsicht einer Teilphase leitet der Coach unter Berücksichtigung der „Lern-Werte" seines Coachee ein methodisches Vorgehen für die Teilphase ab.

> **Bsp.:** Der Coachingprozess erwartet in Teilphase 2.2, dass der Coachee sein Ziel formuliert. Das Ziel soll bestimmten Merkmalen genügen, um einen Willen zur Veränderung auszulösen. Eine methodische Variante wäre, den Coachee zunächst sein Ziel spontan aufschreiben zu lassen und ihn dann zu bitten, mithilfe der Feedbacksystematik „Zielkomponenten" sein Ziel zu optimieren. Eine andere methodische Variante wäre es, den Coachee von Anfang an mithilfe der Feedbacksystematik „Zielkomponenten" sein Ziel selbst entwickeln zu lassen.
>
> Im Kapitel „Praxis" werden verschiedene Varianten für jede Teilphase beschrieben.

Ein Coach verfügt über unterschiedliche methodische Varianten, um die festgelegten Wirkungserwartungen der Teilphasen des Prozesses orientiert am Coachee zu unterstützen.

Es ist ein Unterschied, ob Sie einem Kind, einem Jugendlichen oder einem Erwachsenen etwas erklären, so, dass er es versteht. Dieser Unterschied wirkt nicht nur beim Alter. Wie bereits oben beschrieben hat jeder Mensch ein individuelles intellektuelles Potenzial und Werte in Bezug auf die Art und Weise, wie ihm etwas erklärt wird. Auch Erfahrungen mit dem Lerninhalt spielen eine Rolle. Es kann sein, dass ein Coachee über keine vorhandenen Erfahrungen mit der Formulierung von Zielen verfügt oder Worte, die der Coach verwendet, nicht kennt. Handelt der Coach an dieser Stelle unreflektiert, kann es passieren, dass sein Coachee gegen die Art, wie ihm etwas erklärt wird, einen inneren Widerstand aufbaut. Der Coach handelt assoziiert. Er hat etwas so erklärt, wie er selbst es gerne erklärt bekommen hätte und sich nicht an dem orientiert, was seinem Kunden – dem Coachee wichtig ist.

Jede Phase und Teilphase im Coaching wird „anmoderiert". Die Anmoderation orientiert sich am Coachee. Aus diesem Grund verfügt ein Coach auch über unterschiedliche Varianten der Anmoderation als methodische Ressource.

## 4.1.3 ANFORDERUNGEN AN DIE „FELDKOMPETENZ"

Jedes Coachingthema hat mit (systemischer) „Veränderung" zu tun. Der Kontext, das Ziel, eigene Motive, Werte und Begabungen sowie die Werte des Kontextes sind fester Bestandteil im Coachingprozesses. Theoretisch kann mit den fest zur Methodik des Coachingverständnisses gehörenden Feedbacksystematiken jedes Thema gecoacht werden.

Die Teilphase 3.3. „Hypothesengeleitete Ressourcen ermitteln" erweitert die Ressourcenidentifikation um die variablen, spezifischen Bestandteile von Veränderung. Veränderung **kann** (Hypothesenbildung) z. B. mit „inneren Antreibern", „Ich-Zuständen", „Konfliktlösungsmustern", „Führung", „Marketing", „Team" und dergleichen zu tun haben.

Damit ein Coach Hypothesen bilden kann, um themenspezifische Feedbacksystematiken in Teilphase 3.3 zur Ressourcenidentifikation anzubieten, benötigt er als Grundlage faktisch richtiges Wissen über diese Feedbacksystematiken.

Bewegen Sie sich im Kontext Unternehmen/Management, wissen Sie, dass ein Unternehmen vom Markt her geführt wird (Marketing). Ein Mensch, als Unternehmer in eigener Sache, der z. B. ein Thema „Karriere" hat, unterliegt denselben Gesetzmäßigkeiten. Feedbacksystematiken aus dem Bereich Marketing und auch aus dem Bereich Führung sollten daher zum festen Bestandteil des Repertoires an hypothesengeleiteten Feedbacksystematiken eines Coachs zählen, der vorwiegend Kunden aus unternehmerischen Kontexten hat.

Jedes Unternehmen und jede Organisation muss sich mit Liquidität, Produktivität und Wirtschaftlichkeit auseinandersetzen. Betriebswirtschaftliche Zusammenhänge sind Teil dieser Kontexte. Ein Coach, der im Rahmen seiner Feldkompetenz über kein betriebswirtschaftliches Grundwissen verfügt, kann zum einen in der Teilphase 2.1 kein kontextbezogenes Faktenwissen anbieten, zum anderen wird er auch aus dem „Gehörten" keine Hypothese bilden können, die seinem Coachee in Teilphase 3.3 hilft, Ressourcen zur Zielerreichung zu finden. Auch der Kommunikationskontext ist hiervon in der Regel betroffen, da der Coachee einem Coach, der bereits im Kontaktgespräch Unkenntnis betriebswirtschaftlicher Zusammenhänge ausstrahlt, selten einen Auftrag zu einem unternehmerischen Thema erteilt.

## 4.1.4 DIE „WERKZEUGE" DES COACHS

Neben einem gut gefüllten „Trainerkoffer", der alle Materialien zur Visualisierung enthält, Grafiken des Prozesses und verwandter Feedbacksystematiken (als Ganzes und in Einzelteilen), ist vor allem „Sprache" das Werkzeug des „Coachs". Mittels Sprache unterstützt er den Coachingprozess in seinen Wirkungserwartungen. Er moderiert Phasen und Teilphasen an und stellt innerhalb der Teilphasen Fragen.

Aus der Schule sind Ihnen vielleicht noch die drei grundsätzlichen Fragearten bekannt:

» Offene Frage
» Geschlossene Frage
» Suggestivfrage

Der Coachingmarkt hat aus der Therapie als Begrifflichkeit die sogenannten „systemischen Fragen" übernommen:

» Hypothesengeleitete Frage
» Zirkuläre Frage
» Skalierende Frage

Oft werden Fragen auch mit einem „Bindestrich" formuliert. So gibt es eine Fülle von Fragearten, die z. B. als „Ressourcen-Frage", „Lösung(orientierte) Frage" oder „Ziel- Frage" bezeichnet werden.

All diesen Fragen ist eines gemeinsam: Fragen können im Hinblick auf die Absicht, die mit der Frage verbunden ist, unterschieden werden:

Eine offene Frage verfolgt die Absicht, dass der Adressat a) die Frage beantwortet, d.h. sich mit der Frage auseinandersetzt und b) „offen" antwortet.

Bsp.: *„Was hat Ihre Persönlichkeit mit Ihren Problemen zu tun?"*

Eine geschlossene Frage verfolgt die Absicht, dass der Adressat entscheidet

Bsp.: *„Möchten Sie einen Ratschlag?"*

Eine hypothesengeleitete Frage hat die Absicht, dass sich der Adressat mit der Hypothese auseinandersetzt. Oft handelt es sich bei der Hypothese nicht um ein wissenschaftliches Modell, sondern um eine Idee aus dem Erfahrungsschatz des Fragenden. Da der Fragende nicht weiß, ob seine (Lösungs)-Idee richtig ist, bezeichnet er sie als Hypothese.

Bsp.: *„Mal angenommen, Sie würden auf Ihren CEO mehr eingehen, welchen Vorteil hätten Sie dadurch?"*

Eine zirkuläre Frage hat die Absicht, beim Adressaten einen Perspektivwechsel auszulösen.

Bsp.: *„Was würde Ihr Kollege dazu sagen?"*

Eine skalierende Frage hat die Absicht, Empfindungen des Adressaten „messbar" zu machen und auf einer angebotenen Skala abzubilden.

Bsp.: *„Wie bewerten Sie Ihre Zufriedenheit aktuell auf einer Skala von 1-10, wobei 1 niedrig ist und 10 sehr hoch?"*

Eine „Bindestrich"-Frage verfolgt immer die Absicht, die vor dem Bindestrich steht.

Sämtliche Fragen basieren auf den drei „grundsätzlichen" Fragearten „offen", „geschlossen" und „suggestiv".

Arbeitet ein Coach auf der Grundlage eines konsequent systemisch-konstruktivistischen Coachingverständnisses, ist er verpflichtet, sich während des Coachings an den Werten „Freiheit", Freiwilligkeit", „Selbststeuerung" und „Ressourcenverfügung" zu orientieren. Das gilt auch für die Absicht, die er mit seinen Fragen verfolgt. Suggestivfragen verbieten sich daher von selbst. In diesem Zusammenhang ist der Wert „Freiheit" der Feedbacksystematik „Die vier Werte von Coaching" besonders interessant:

**Bsp.:**
*„Was hat Ihre Persönlichkeit mit Ihren Problemen zu tun?"*

Hat der Coachee selbst geäußert, dass es in diesem Fall einen Zusammenhang gibt, gefährdet die Frage den Wert „Freiheit" nicht. Entspricht es der konstruktivistischen Einschätzung des Coachs, dass es da einen Zusammenhang gibt, zwingt er den Adressaten, sich mit seiner konkreten Diagnose auseinanderzusetzen. Der Wert „Freiheit" wird nicht berücksichtigt. Der Coache hat selbst nicht die Wahl, aus unterschiedlichen Zusammenhängen zu wählen.

*„Möchten Sie einen Ratschlag?"*

Der Coachee hat die „Freiheit", selbst zu entscheiden, ob er einen Rat möchte oder nicht. Jedoch würde der Ratschlag als solcher gegen den Wert „Freiheit" verstoßen.

*„Mal angenommen, Sie würden auf Ihren CEO mehr eingehen, welchen Vorteil hätten Sie dadurch?"*

Der Coach hat die Vermutung, dass seine Lösungsidee für seinen Coachee von Vorteil ist und zwingt den Adressaten, sich mit ausschließlich mit den Vorteilen der Idee des Coachs auseinanderzusetzen. Der Wert „Freiheit" wird nicht berücksichtigt.

*„Was würde Ihr Kollege dazu sagen?"*

Ist der Kollege Teil des vom Coachee beschriebenen Kontexts, entspricht die einzunehmende Perspektive nicht einer konstruktivistischen Idee des Coachs. Voraussetzung für eine konsequente Orientierung am Wert „Freiheit" ist hier, dass der Coach alle Bestandteile des Kontexts zum Perspektivwechsel anbietet. Würde er nur einen auswählen, so wäre das seine Wahl und würde den Wert Freiheit gefährden.

Ein Coach orientiert sich in seinen Fragen grundsätzlich an den vier Werten des Kontexts von Coaching. Als Verantwortlicher für den Coachingprozess orientiert sich die Absicht seiner Fragen an den Wirkungserwartungen der Phasen und Teilphasen des Prozesses.

Bsp.: *„Wie bewerten Sie Ihre Zufriedenheit aktuell auf einer Skala von 1-10, wobei 1 niedrig ist und 10 sehr hoch?"*

Stellt der Coach diese Frage aus seinem persönlichen Interesse heraus, kann er diese Frage nicht legitimieren. Er verletzt seine Verantwortung für den Prozess. Anders sieht es aus, wenn der Prozess in einer bestimmten Teilphase eine Bewertung in dieser Form erwartet. Beispielsweise erwartet die Teilphase 2.2, dass das Ziel für den Coachee eine so hohe emotionale Attraktivität aufweist, dass Wille zur Veränderung entsteht, der Coachee bildlich gesprochen „über den Rubikon geht".

So kann an dieser Stelle o.a. Frage ganz ähnlich gestellt werden:

„Wie bewerten Sie die emotionale Attraktivität Ihres Ziels auf einer Skala von 1-10, wobei 1 niedrig ist und 10 sehr hoch?"

## 4.1.5 SUPERVISION DES COACHS

Eine Supervision dient dazu, das während oder nach einer Handlung mithilfe eines vorher vereinbarten Maßstabes Abweichungen festgestellt und später beseitigt werden.

Supervision beinhaltet die Verfügbarkeit von Feedbacksystematiken. Ein Mensch, der sich vom Kontext her selbst organisieren kann (Handlungskompetenz), verfügt in diesem Kontext über Feedbacksystematiken, die es ihm ermöglichen, selbst einen Maßstab zu entwickeln und sein Handeln erfolgreich zu gestalten.

Ein Coach, der Handlungskompetenz zeigt und auf Basis des in diesem Buch beschriebenen Coachingverständnisses arbeitet, erkennt Abweichungen selbst. Er kann jederzeit selbst prüfen, ob er sich an den 4 Werten von Coaching und den Wirkungserwartungen, den Grundanliegen des Coachingprozesses und den Kompetenzanforderungen orientiert.

Doch ist ein Coach in erster Linie Mensch. Es kann immer passieren, dass vorhandene Feedbacksystematiken wider besseren Wissens im eigenen Sinne interpretiert werden. Zieht der Coach aus seinem professionellen Anspruch heraus einen externen Supervisor hinzu, wird sich auch eine externe Supervision immer an den Werten, am Prozess und an den beschriebenen Kompetenzanforderungen orientieren.

# KAPITEL 5
# DIE PRAXIS

## INHALTSVERZEICHNIS

| | |
|---|---|
| **5. Coaching – eine kurze Wiederholung** | **159** |
| **5.1. Coaching – die praktische Durchführung** | **161** |
| 5.1.1 Die Anmoderation der Phasen des Coachingprozesses | 161 |
| 5.1.2 Grundsätzliche Varianten der Anmoderation der Phasen des Coachingprozesses | 162 |
| 5.1.3 Vor dem Coaching – Die mentale und organisatorische Vorbereitung | 163 |
| **5.2. Die Phase 1 „Kontakt und Kontrakt"** | **165** |
| 5.2.1. Die Teilphase 1.1 „Vorstellung und Erwartung der Beteiligten" | 166 |
| 5.2.2. Die Teilphase 1.2 „Coachingablauf, Kommunikationskontext und Selbstorganisation vereinbaren" | 167 |
| 5.2.3. Die Teilphase 1.3 „Thema und Veränderungswunsch skizzieren" | 171 |
| **5.3. Die Phase 2 – „Systemische Themen- und Zielklärung"** | **172** |
| 5.3.1 Die Teilphase 2.1 „Thematischen Ist-Kontext systemisch visualisieren" | 174 |
| 5.3.2 Die Teilphase 2.2 „Ziel festlegen und Folgen reflektieren" | 185 |
| 5.3.3. Reflexion der systemischen Folgen des eingetretenen Ziels | 190 |
| **5.4 Die Phase 3 – Zielorientierte Ressourcenidentifikation und Reflexion** | **195** |
| 5.4.1 Teilphase 3.1. „Motive, Werte und Intelligenzen zur Zielerreichung ermitteln" | 198 |
| 5.4.2 Teilphase 3.2 „Werte des Kommunikationskontexts ermitteln" | 207 |
| 5.4.3 Teilphase 3.3 „Hypothesengeleitet Ressourcen ermitteln" | 211 |
| 5.4.4 Teilphase 3.4 „Ressourcen aus eigenen und fremden Quellen" | 215 |
| 5.4.5 Teilphase 3.5 „Bisheriges Analyse- und Lösungsmuster der Selbstorganisation im thematischen Kontext" | 219 |

| | | |
|---|---|---|
| 5.4.6 | Teilphase 3.6 „Feedbacksystematik und somatische Marker etablieren" | 223 |
| 5.4.7 | Kritische Faktoren in der Phase 3 | 227 |

**5.5 Die Phase 4 – Handlungskompetenz im systemischen Zielkontext festlegen** — **229**

| | | |
|---|---|---|
| 5.5.1 | Die Teilphase 4.1. „Entwicklung und Entscheidung der Handlungsalternativen" | 230 |
| 5.5.2 | Die Teilphase 4.2. „Handlungsabfolge festlegen (Handlungsplan)" | 238 |
| 5.5.3 | Die Teilphase 4.3 „Potenzielle Probleme bei der Realisierung des Handlungsplans analysieren" | 239 |
| 5.5.4 | Die Teilphase 4.4 „Ressourcen- und Planaktualisierung" | 240 |
| 5.5.5 | Die Teilphase 4.5. „Controllingmerkmale des Handlungsplans festlegen" | 242 |
| 5.5.6 | Die Teilphase 4.6 „Nachhaltige Selbstorganisation sichern" | 243 |

**5.6 Die Phase 5 – „Controlling"** — **244**

| | | |
|---|---|---|
| 5.6.1 | Die Teilphase 5.1 „Controlling des Handlungsplans" | 245 |
| 5.6.2 | Die Teilphase 5.2 „Controlling der nachhaltigen Selbstorganisation" | 247 |

# 5. COACHING – EINE KURZE WIEDERHOLUNG

Prozesse begleiten uns ein Leben lang. Wenn Sie in einer Partnerschaft gemeinsam Geschirr abwaschen, haben Sie sich überlegt, wie denn das Resultat aussehen soll.

Um eben dieses Resultat zu erreichen, haben Sie vielleicht festgelegt, dass einer von Ihnen abwäscht, der andere das Geschirr abtrocknet und wegräumt. Sie haben einen Prozess definiert.

Im Berufsleben üben Sie möglicherweise eine Tätigkeit aus, bei der Sie Zuarbeiten von anderen brauchen und andere gleichzeitig auf Ihre Arbeitsergebnisse angewiesen sind. Die Abfolge aller gemeinsamen Arbeitsschritte ist so gedacht, dass sie zu einem erwarteten Ergebnis bzw. zu einer erwarteten Wirkung führt.

**DEFINITION PROZESS**
Festgelegte, wiederholbare Ablaufstruktur zum Erreichen eines erwarteten Ergebnisses.

Im Coaching ist der Prozess die festgelegte, wiederholbare Ablaufstruktur, die mithilfe von Reflexionsangeboten auf Abstraktionsebene (Feedbacksystematiken) eine nachhaltige Selbstorganisation des Coachees in Bezug auf sein Coachingthema und für ihn damit vergleichbare Themen auslösen will.

Jeder Prozess, an dem Sie beteiligt sind, hat in seinen Teilschritten (Phasen und Teilphasen) konkrete Wirkungserwartungen. Wenn Sie z. B. das Geschirr abwaschen, kann der andere erst abtrocknen, wenn Ihre Zuarbeiten erfolgt sind.

Könnte ein Prozess sprechen, würde er sagen, dass es ihm wichtig ist, eingehalten zu werden. Im Kommunikationskontext, den der Prozess mit den Beteiligten bildet, ist dieser Wert demnach zu berücksichtigen. Die Ablaufstruktur eines Prozesses beinhaltet die Wirkungserwartung des Prozesses, zu der jedes Strukturmerkmal des Prozesses einen Beitrag leistet. Die erwartete Wirkung tritt nur dann ein, wenn die Wirkungserwartungen der Strukturmerkmale erfüllt werden. Das gilt für rein technische Prozesse, wie z.B. in der Datenverarbeitung oder der maschinellen Herstellung von Gütern ebenso wie für Prozesse, an denen Personen beteiligt sind, z.B. für Geschirrabwasch oder den Coachingprozess.

Je besser ein Prozess auch die Werte der beteiligten Personen in den Kommunikationskontext aufnimmt, desto wahrscheinlicher ist es, dass dieser Prozess emotional akzeptiert wird.

Der Coachingprozess ermöglicht es Ihrem Coachee einerseits, Handlungskompetenz in Bezug auf sein aktuelles Coachingthema zu entwickeln. Andererseits kann derselbe Prozess vom Coachee selbstständig für Themen genutzt werden, die er als ähnlich ansieht. Der Prozess geht von dem grundsätzlichen Wert Ihres Coachees aus, in seinem Thema „erfolgreich" zu sein.

Um diese Wirkung zu erreichen (Wirkungserwartung), verfolgt der Coachingprozess in seinem Ablauf die Grundanliegen „Wahrnehmungserweiterung auslösen", „Entscheidungsfähigkeit sichern" und „Handlungsalternativen ermöglichen".

Der Kontext, in den der Coachingprozess eingebettet ist, erreicht durch die Betonung der Werte „Freiheit", „Freiwilligkeit", „Selbststeuerung" und „Ressourcenverfügung", dass alles, was im Rahmen des Prozesses durch den Prozess selbst oder durch Sie als Coach veranlasst wird, das Bedürfnis Ihres Coachees berücksichtigt, „selbst zu entscheiden". Eine Manipulation des Coachees ist bewusst nicht gewollt.

# 5.1. COACHING – DIE PRAKTISCHE DURCHFÜHRUNG

Das folgende Kapitel beschreibt den Coachingprozess, orientiert an seinen Wirkungserwartungen, in seiner praktischen Anwendung durch Coachee und Coach. Da jeder Mensch unterschiedlich lernt, sind verschiedene Varianten der Anmoderation und der methodischen Realisierung Teil der Beschreibung.

## 5.1.1 DIE ANMODERATION DER PHASEN DES COACHINGPROZESSES

Wenn jemandem mit Ihnen ein Spiel spielen möchte, Sie selber kennen dieses Spiel jedoch nicht, können Sie seiner Erklärung in der Regel dann am besten folgen, wenn Ihnen zuerst erklärt wird, worum es in diesem Spiel geht (Wirkungserwartung).

Ganz ähnlich wird jede Phase und Teilphase des Coachingprozesses durch Sie als Coach „anmoderiert". Ihr Coachee soll später den Coachingprozess ganz ohne Ihre Unterstützung nutzen können, um sich in für ihn vergleichbaren Themen selbst coachen zu können (nachhaltige Selbstorganisation). Es geht darum, dass Ihr Coachee versteht, warum im Prozess etwas geschieht. Je besser er versteht, worum es geht und warum das so ist, desto leichter gelingt es ihm später, den Prozess auch selbst, ohne Hilfe des Coachs, anzuwenden.

Nebenbei erleichtert eine gute Anmoderation Ihre Arbeit, da Ihr Coachee von Anfang an „mit im Boot" ist.

## 5.1.2 GRUNDSÄTZLICHE VARIANTEN DER ANMODERATION DER PHASEN DES COACHINGPROZESSES

Systemisch und deduktiv zu denken ist im Grundverständnis von Coaching fest verankert. Angewandt auf die Handhabung des Coachingprozesses durch den Coach bedeutet es, dass die Erklärungen des Coachs (Anmoderationen) innerhalb des Prozesses auch den Prozess, seine Phasen und Teilphasen in ihren „Zusammenhängen" erklären. Außerdem werden die Wirkungserwartungen der Phasen und Teilphasen aus dem Prozess abgeleitet. Die Phase 3 ist z. B. deutlich besser zu verstehen, wenn der Zusammenhang zwischen Phase 1 und Phase 4 erkannt wurde.

In den Kommunikationskontext, aus dem heraus jede Erklärung des Coachs geschieht, gehen auch die Werte des Coachees in Bezug auf seine Erklärungsvorlieben ein. Es ist Ausdruck der sozio-kommunikativen Kompetenz des Coachs, diese Werte bestmöglich zu berücksichtigen. Ein Coach ist im wahrsten Sinne des Wortes „wert-schätzend". Dem Coachingprozess selbst ist es wichtig, dass eine „nachhaltige Selbstorganisation ausgelöst" wird.

Genau genommen geht auch dieser Wert in den Kommunikationskontext von Coaching mit ein. Ob Ihr Coachee das, was der Prozess in den einzelnen Phasen erwartet, selbst so gut verstanden hat, dass er das „Gelernte" später aus sich selbst heraus reproduzieren und auf selbst gewählte, andere Themen anwenden kann (Nachhaltigkeit), kann während des Coachings nicht vorhergesagt werden. Lernen ist konstruktivistisch. Es ist nicht möglich zu prophezeien, was jemand konkret gelernt haben wird. Ein konstruktivistisch ausgebildeter Coach ist sich dieses Phänomens bewusst. In der Praxis begegnet er diesem Phänomen dadurch, dass er das Verständnis des Coachees in Bezug auf den Prozess kontinuierlich überprüft.

**VARIANTE 1 „DEDUKTIV PHASENORIENTIERT"**
In Teilphase 1.2 des Coachingprozesses haben Sie Ihrem Coachee bereits den Prozess „als Ganzes" in seinen Zusammenhängen erklärt.

Gegebenenfalls können Sie Ihren Coachee zunächst bitten, das, was er verstanden hat, zu wiederholen.

Anschließend erklären Sie Ihrem Coachee die Wirkungsabsicht der anstehenden

Phase und leiten daraus, für den Coachee nachvollziehbar, die Wirkungsabsichten der jeweiligen Teilphasen logisch ab.

**VARIANTE 2 „DEDUKTIV PROZESSORIENTIERT"**
In Teilphase 1.2 des Coachingprozesses haben Sie Ihrem Coachee den Prozess so beschrieben, dass er ihn als Grundlage für das Coaching akzeptiert (Kontrakt).

Zu Beginn jeder Phase erklären Sie Ihrem Coachee die Bedeutung der Phase für den Coachingprozess als Ganzes und den Zusammenhang der anstehenden Phase zur vorhergehenden und folgenden Phase.

Anschließend erklären Sie Ihrem Coachee die Wirkungsabsicht der anstehenden Phase und leiten daraus, für den Coachee nachvollziehbar, die Wirkungsabsichten der jeweiligen Teilphasen logisch ab.

## 5.1.3 VOR DEM COACHING –
## DIE MENTALE UND ORGANISATORISCHE VORBEREITUNG

Vielleicht haben Sie Lust auf einen kleinen Test?

Was empfinden Sie jeweils bei den Wörtern „Entlassung", „Prüfung", „Atomenergie", „Genforschung", „Schuld", „Bio", „Nachhaltigkeit"?

Löst ein bestimmtes Wort oder lösen mehrere Worte bei Ihnen eine Emotion aus?

Wenn Sie diese Frage mit „ja" beantworten, kann es sein, dass Sie dieses Wort konstruktivistisch verstehen. Das heißt, Sie interpretieren es aus Ihrer emotionalen Erfahrung mit dem Wort heraus.

Dasselbe passiert auch einem Coach.

Die mentale Vorbereitung eines Coachs beginnt mit dem Bekanntwerden des Coachingthemas. Hier gilt es, sich selbst zu überprüfen, ob die Möglichkeit besteht, dass die eigenen Emotionen in Bezug auf das anstehende Thema ein Bedürfnis auslösen, den Coachee in seiner Lösungsentwicklung zu beeinflussen. Ist ein solches Bedürfnis vorhanden, so besteht die mentale Vorbereitung darin, sich selbst emotional so zu organisieren, dass die „Werte von Coaching" zu keiner Zeit gefährdet sind. Für den Fall, dass Sie Ihre persönliche Kompetenz in Bezug auf das Thema nicht sicherstellen können und sich in dieser Angelegenheit vielleicht auch nicht selbst coachen können, sollten Sie das Coaching ablehnen und eine Supervision nutzen.

Ein professioneller Coach coacht sich selbst zur mentalen Vorbereitung auf das Thema und geht zusätzlich mental nochmals den gesamten Coachingprozess durch.

Die organisatorische Vorbereitung orientiert sich einerseits an den Bedürfnissen des Coachingprozesses – so erfordert allein die Visualisierung des Themas, des Ziels, der Zielerreichungsmerkmale, der Ressourcen, der Handlungsalternativen und des Handlungsplans eine bestimmte Raumgröße und Ausstattung. Andererseits beeinflusst auch der Coaching-Raum als solcher, einschließlich Getränken und Nahrungsmitteln, unser Wohlbefinden.

Zu jedem Coaching gehören die Arbeitsmaterialien des Coachs. Dazu zählen ein Moderatorenkoffer sowie Visualisierungen sämtlicher Modelle, Theorien oder Axiome, die dem Coach im Rahmen seines Coachingverständnisses und seiner Ausbildung zur Verfügung stehen. Idealerweise sind die Visualisierungen grafisch gut aufbereitet und „laminiert".

Der Coachee wird im Rahmen seiner nachhaltigen Selbstorganisation später die Feedbacksystematiken, die er in seinem Coaching verwendet hat sowie eine Grafik des Coachingprozesses benötigen. In welcher Form der Coach ihm diese Materialien bereitstellt, bleibt dem Coach überlassen.

**Empfehlung zu Raum und Ausstattung für ein Einzelcoaching:**
30 qm, 1 große zusammenhängende Tischfläche (Bsp. drei zusammengestellte Arbeitstische), 2 Pinnwände, 1 Flipchart.

**TIPP:** Bitten Sie Ihren Coachee, eine Digitalkamera mitzubringen. So kann er seine Erkenntnisse aus dem Coaching selbst dokumentieren.

**Hinweis:** *Die im folgenden Praxisteil verwendeten Beispiele entstammen einem im Frühjahr durchgeführten Coaching einer 39 Jahre alten weiblichen Managerin. Ihre Zustimmung zur Veröffentlichung liegt vor. Die Namen von Personen wurden verändert. Um* *die Übersichtlichkeit für den Leser zu gewährleisten, wurden einige Abbildungen, z.B. die Visualisierung der Zusammenhänge, in Rücksprache mit dem Coachee etwas gekürzt dargestellt und entsprechen daher nicht dem Original.*

## 5.2. DIE PHASE 1 „KONTAKT UND KONTRAKT"

**WIRKUNGSERWARTUNG DER PHASE 1:**

Vereinbarung auf den Coaching-Ansatz

Wenn Sie einen Dienstleister benötigen, nehmen Sie in der Regel zunächst Kontakt zu ihm auf. Ob persönlich, telefonisch oder auf anderem Wege. Sie stillen Ihr Informationsbedürfnis, um in zweierlei Hinsicht eine Entscheidung zu treffen:

» Passen wir menschlich zusammen?
» Passen meine Erwartungen zum Vorgehen des Dienstleisters?

Sind diese beiden Fragen positiv beantwortet und stimmt dann noch der Preis, werden Sie in der Regel eine formale Vereinbarung mit Ihrem Dienstleister abschließen – es sei denn, Ihr Dienstleister möchte sich Ihres Anliegens nicht annehmen.

Ganz ähnlich funktioniert die Phase „Kontakt und Kontrakt" des Coachingprozesses:

Hier kommen Coach und Kunde zusammen, um jeder für sich die Entscheidung zu treffen, ob ein Coaching stattfinden wird. Neben dem menschlichen Aspekt gehen in die Entscheidungsbildung vor allem das geplante Vorgehen des Coachs und seine Wertorientierung (Coachingverständnis) sowie die Verantwortlichkeiten von Coachee und Coach ein.

In der Regel findet die Phase 1 des Coachingprozesses vor dem eigentlichen Coaching statt.

Da Coaching eine Dienstleistung ist, werden die formalen Bedingungen des „Kontrakts" in der Regel zum Bestandteil der Phase 1. Dazu zählen z. B. Zeit, Ort, Kosten und AGBs.

Die Reihenfolge der Teilphasen in Phase 1 kann geändert werden, ohne die Wirkungserwartung der Phase zu gefährden. Hat der Coachee das dringende Bedürfnis, zuerst sein Thema zu schildern, stellt das für den Coachingprozess kein Problem dar.

**BENÖTIGTES MATERIAL IN PHASE 1:**

- » Grafik „Coachingprozess" mit Anliegen und Werten (Siehe 2.4.3)
- » Grafik „Wirkungserwartung des Coachingprozesses" (optional, siehe 2.5.2)

## 5.2.1. DIE TEILPHASE 1.1

## „VORSTELLUNG UND ERWARTUNG DER BETEILIGTEN"

**WIRKUNGSERWARTUNG DER TEILPHASE 1.1:**

Entscheidung des Kunden, ob seine Erwartung durch das Coachingangebot (und den Coach) erfüllt werden können.

**UNTERSTÜTZTES GRUNDANLIEGEN:**

- » Entscheidungsfähigkeit sichern

Als Coach haben Sie hier völlige Freiheit im Vorgehen. Es ist Ihre Wahl, wie Sie die Wirkungserwartung des Prozesses in dieser Teilphase konkret berücksichtigen.

Da Sie als ausgebildeter Coach über Handlungskompetenz verfügen, werden Sie gekonnt einen Kommunikationskontext vereinbaren, sich Ihrer Emotionen bewusst sein und das Gespräch sinnvoll strukturieren. Selbstverständlich haben Sie sich im Vorfeld über Branche und Unternehmen Ihres Kunden informiert.

**TIPP:** Coaching als Begriff ist nicht geschützt. Jeder darf etwas anderes darunter verstehen. In der Praxis variiert das Verständnis von Coaching nicht nur aufseiten der Coachs, sondern auch aufseiten ihrer Kunden. Fragen Sie Ihren Kunden, was er persönlich unter Coaching versteht. Das erleichtert oft den Einstieg in das Gespräch und bietet Ihnen Gelegenheit, konkret auf Ihren Kunden einzugehen.

Dieser „erste Schritt" in das Coaching hat eine Filterfunktion:

Ihr Coachee entscheidet hier (emotional), ob er den Kontakt an dieser Stelle beendet oder Ihnen die Chance gibt, Ihr Coachingverständnis vorzustellen.

## 5.2.2. DIE TEILPHASE 1.2 „COACHINGABLAUF, KOMMUNIKATIONSKONTEXT UND SELBSTORGANISATION VEREINBAREN"

**WIRKUNGSERWARTUNG DER TEILPHASE 1.2:**

Entscheidung des Kunden für den Coaching-Ansatz und die damit verbundenen Verantwortlichkeiten von Coach und Coachee

**UNTERSTÜTZTES GRUNDANLIEGEN:**

» Entscheidungsfähigkeit sichern

Wenn Sie für Ihr Auto eine Werkstatt benötigen, egal, ob Sie es verschönern, reparieren oder warten lassen wollen, dann ist es Ihnen vielleicht egal, wie die Werkstatt vorgeht. Sie haben jederzeit die Möglichkeit, erneut eine Werkstatt zu beauftragen. Ihr Auto kann sich nicht selbst verändern und hat in diesem Sinne auch keine Werte in Bezug darauf, wie mit ihm umgegangen wird.

Wenn Sie nicht Ihr Auto, sondern sich selbst verändern wollen, liegt Ihnen als veränderungsfähiger Mensch vielleicht etwas daran, zu verstehen, wie ein Coaching abläuft und ob Sie in ähnlichen Themen vom Dienstleister „Coach" unabhängig sein werden.

So können Sie Ihre Entscheidung für ein Coaching sowohl emotional als auch rational begründen. Empfinden Sie den Ablauf, Verantwortlichkeiten und die Werte von Coaching als wenig plausibel, werden Sie selbst keinen „Kontrakt" eingehen wollen.

Als Coach haben Sie auch in dieser Teilphase die völlige Freiheit bezüglich der Vorgehensweise. Es ist Ihre Wahl, wie Sie die Wirkungserwartung dieser Teilphase konkret berücksichtigen und in welcher Reihenfolge Sie das tun. Am Ende der Teilphase ist zwischen Dienstleister und Kunden Folgendes als Grundlage für das Coaching verbindlich vereinbart:

- **Coaching-Ablauf** (Coachingprozess)
  Der Coachingprozess ist die verbindliche Grundlage für den Ablauf des Coachings. Der Coach verantwortet diesen Ablauf. Innerhalb des Coachingprozesses ist der Coachee selbst für die Entwicklung von Lösungen und sein Ergebnis nach dem Coaching verantwortlich.

- **Kommunikationskontext**
  Die vier Werte von Coaching bilden den grundsätzlichen Kommunikationskontext. Der Coach ist verpflichtet, sich an diesen Werten zu orientieren und auf jede beabsichtigte Form der Manipulation seines Coachees konsequent zu verzichten.

- **Selbstorganisation**
  Damit eine Nachhaltigkeit der Selbstorganisation entstehen kann, ist es wichtig, dass der Coach die Verantwortung dafür trägt, dass sein Coachee die Wirkungserwartungen des Prozesses und seiner Teilphasen versteht und methodisch reproduzieren kann. Es liegt dagegen in der Verantwortung des Coachee, nachzufragen, wenn er etwas nicht verstanden hat.

Die Aufteilung von Verantwortung und die Orientierung an Werten bei der Bildung eines Kommunikationskontexts sind vergleichbar mit dem Beziehungsaufbau anderer Dienstleister, z. B. Arzt – Patient, Anwalt – Mandant. Als Patient oder Mandant ist Ihnen bewusst, dass Arzt oder Anwalt den Ablauf Ihrer Dienstleistung verantworten. So liegt es auf der Hand, dass beide z. B. Fragen stellen, sie selbst beim Gesundwerden eine Mitverantwortung tragen oder der Anwalt keine Ergebnisse garantiert. Beide sind Experten auf ihrem Gebiet.

Als Coach sind Sie ebenfalls ein Experte (auf dem Gebiet der „selbstorganisierten Entwicklung von Handlungskompetenz"). Sie verkörpern Werte und Handwerk gleichermaßen.

Da das Verständnis von Coaching am Markt sehr unterschiedlich ist, entsteht ein Kommunikationskontext nicht von allein, wie bei einem Arzt oder Anwalt. Hier ist der Kontext dem Kunden bekannt. Als Coach ist es noch notwendig, dem Coachee den Kommunikationskontext zu erklären.

Dieser „zweite Schritt" in das Coaching hat ebenfalls eine Filterfunktion:

Ihr Coachee entscheidet hier emotional und rational, ob er auf der Basis o.a. Grundlagen einen Kontrakt eingehen will oder ob er den Kontakt an dieser Stelle beendet.

Um die Wirkungserwartung der Teilphase 1.2 methodisch zu unterstützen, haben sich in der Praxis folgende Varianten bewährt:

### VARIANTE 1
1. Sie erklären Ihrem Coachee anhand einer Grafik die Wirkungserwartung des Prozesses im Zusammenhang mit jeder der 5 Phasen. Hieraus leiten Sie die Verantwortlichkeiten des Coachs für den Prozess und die Ihres Coachees für Lösungsentwicklung und Ergebnis ab.
2. Sie erklären Ihrem Coachee die Bedeutung der Werte für ihn selbst als Coachee und für Ihr Verhalten als Prozessverantwortlicher und fragen ihn, ob das zu seinen Bedürfnissen passt.
3. Sie vereinbaren die geschäftlichen Rahmenbedingungen.
4. Sie bitten Ihren Coachee, die Vereinbarung auf den Coachingprozess, den Kommunikationskontextes und die Selbstorganisation mündlich zu bestätigen.

### VARIANTE 2
1. Sie erklären Ihrem Coachee die Bedeutung der Werte für ihn selbst als Coachee und für Ihr Verhalten als Prozessverantwortlicher und fragen ihn, ob das zu seinen Bedürfnissen passt.
2. Sie erklären Ihrem Coachee anhand einer Grafik die Funktionsweise des Prozesses als logischen Aufbau zur Entwicklung seiner nachhaltigen Selbstorganisation.
3. Sie vereinbaren die geschäftlichen Rahmenbedingungen.
4. Sie bitten Ihren Coachee, die Vereinbarung auf den Coachingprozess, die Verantwortlichkeiten und den Kommunikationskontext mündlich zu bestätigen.

### VARIANTE 3
1. Sie erklären Ihrem Coachee die Bedürfnisse und Inhalte dieses Aspekts der Phase „Kontakt und Kontrakt" und fragen ihn, welches Vorgehen an dieser Stelle seinen Bedürfnissen entspricht.
2. Sie bitten Ihren Coachee, die Vereinbarung auf den Coachingprozess, den Kommunikationskontext und die Selbstorganisation mündlich zu bestätigen.

## KRITISCHE FEHLER DES COACHS IN DER TEILPHASE 1.2

**1. – induktives Vorgehen**
Ist es Ihnen lieber, die Bedürfnisse Ihres Dienstleisters zu verstehen oder die Bedürfnisse der Dienstleistung?

Wird Coaching aus der persönlichen Sicht des Coachs erklärt (induktiv), kann es passieren, dass ein Kunde diese Sicht nicht nachvollziehen kann. Ihm fehlen schlichtweg vergleichbare, reflektierte Erfahrungen. Wird Coaching aus Sicht des Coachingprozesses erklärt (deduktiv), so erfolgt eine Erklärung aus der Struktur des Prozesses heraus. Diese ist für den Kunden leichter nachvollziehbar.

**2. – Sprache**
Vermutlich hat Ihr Coachee ein Wort wie z. B. „Kommunikationskontext" nie zuvor gehört.

Beim ersten Kontakt mit einem neuen Wort versucht unser Gehirn, einen Bezug herzustellen. Dieser Bezug muss nicht fachlich richtig sein. Er wurde erst einmal nur hergestellt. Wird gar kein Bezug hergestellt, schwirrt der Begriff noch einige Zeit im Kopf herum und versucht, an Bekanntes anzudocken. Dann ist er wieder weg.

Als Coach ist es Ihre Aufgabe, Ihrem Kunden Coaching so zu erklären, dass er es versteht und in seiner „Sprachwelt" andocken kann. Wörter, die in der Regel nur im Coaching vorkommen, müssen „übersetzt" werden. Bei allen anderen Wörtern haben Sie als Coach hier die Möglichkeit nachzufragen, ob ein gemeinsames Verständnis vorliegt.

**3. – Konstruktivismus des Coachs**
Es besteht die Gefahr, dass Sie Ihren Coachee konstruktivistisch deuten, wenn Sie eine Vereinbarung annehmen, ohne dass Ihr Coachee eben das ausdrücklich formuliert hat. Aus diesem Grund sollten Sie Ihren Coachee grundsätzlich mit einer geschlossenen Frage bitten, die Vereinbarungen zu bestätigen. Löst die Vereinbarung beim ihm ein Wohlbefinden aus, wird er das mit Freude tun.

> **TIPP:** Ergänzen Sie den Kommunikationskontext um den Wert „Diskretion". Als Coach ist Ihnen bewusst, dass eine Bewertung des Beobachteten niemals objektiv sein kann, sondern konstruktivistischen Gesetzmäßigkeiten folgt. Fühlen Sie sich den Werten von Coaching auch nach dem Coaching verbunden, ist Diskretion selbstverständlich. Die Betonung des Wertes „Diskretion" erfüllt in der Regel ein wichtiges Bedürfnis des Coachees. Ist der Coachee selbst nicht Auftraggeber, kann ein Bedürfnis an Information nur durch den Coachee selbst befriedigt werden. Er entscheidet selbst, was er erzählt und was auch nicht.

## 5.2.3. DIE TEILPHASE 1.3

## „THEMA UND VERÄNDERUNGSWUNSCH SKIZZIEREN"

**WIRKUNGSERWARTUNG DER TEILPHASE 1.3:**

Entscheidung des Coachs, ob er als Vertragspartner in das Coaching einwilligt.

Gleichzeitig dienen die an dieser Stelle zum Thema verfügbaren Informationen als Grundlage für die mentale Vorbereitung des Coachs auf das Coaching.

**UNTERSTÜTZTES GRUNDANLIEGEN:**

» Entscheidungsfähigkeit sichern

Zu diesem Zeitpunkt ist Ihr Coachee vielleicht schon ein Fan Ihres Coaching-Ansatzes geworden und fühlt sich bereit loszulegen. Damit wirklich ein Kontrakt entsteht, fehlt jetzt noch Ihre Zustimmung als Coach, den Auftrag anzunehmen.

Als Coach bitten Sie in dieser Teilphase Ihren Coachee, sein Coachingthema mit wenigen Worten zu „umreißen" bzw. zu skizzieren. Das kann mündlich oder auch per E-Mail geschehen.

Diese Informationen sind in mehrfacher Hinsicht nützlich für Sie:

Nicht jedes Thema ist auch „coachable". Sucht stellt z.B. eine Abhängigkeit von etwas dar. Der Wert „Selbststeuerung" kann hier u. U. nicht in vollem Umfang gewährleistet werden. Ähnlich ist es mit Themen, in denen andere sich verändern sollen, Ihr Coachee sich selbst aber nicht verändern will. In der Regel hilft Ihnen hier die geschlossene Frage „wollen Sie sich verändern?" weiter.

Doch auch als Coach kann es Ihnen passieren, dass das Thema zwar „coachable" ist, Sie selbst jedoch davon Abstand nehmen. In der Regel ist das der Fall, wenn Sie für sich selbst die persönliche Kompetenz in Bezug auf dieses Thema nicht sicherstellen können. Sie wissen von sich selbst, dass Sie eher Ihren eigenen Bedürfnissen in Bezug auf das Thema erliegen, als die Bedürfnisse des Prozesses zu erfüllen.

Neben Ihrer Selbstprüfung, ob Sie im anstehenden Thema über Handlungskompetenz verfügen und der Entscheidung, ob Sie in den Kontrakt einwilligen, haben Sie bereits an dieser Stelle die Gelegenheit, Hypothesen zu bilden. Mithilfe Ihrer Hypothesen identifiziert Ihr Coachee in Phase 3.3. des Coachingprozesses Ressourcen, die er in Phase 4 zur Entwicklung von Verhaltensalternativen nutzen kann.

## 5.3. DIE PHASE 2 – „SYSTEMISCHE THEMEN- UND ZIELKLÄRUNG"

### WIRKUNGSERWARTUNGEN DER PHASE 2:

„Wille zur konkreten Selbstveränderung und bewusste Akzeptanz von selbsterkannten Folgen."

Der Coachee hat sich sowohl emotional als auch kognitiv entschieden, sein selbst gesetztes Ziel erreichen zu wollen. Die systemischen Folgen des eingetretenen Ziels wurden von ihm bewusst akzeptiert.

Vermutlich überlegen Sie bei einer größeren Investition, was Sie in diesem Zusammenhang alles bedenken müssen und was Sie persönlich durch diese Investition erreicht haben werden.

Ihre Erfahrung hat Sie gelehrt, dass die Folgen eines unbedachten Handelns für Sie bisweilen auch unangenehm sein können. So kann es sein, dass Sie Ihre Investition zwar getätigt haben, sich das aber unangenehm auf Ihre finanzielle Situation oder auch auf die Beziehung zu Ihrer Frau und vieles andere auswirkt.

Veränderung ähnelt einer Investition. Je besser Sie alles, was mit Ihrer Veränderung zusammenhängt, bedenken und je attraktiver der nach der Veränderung erreichte Zustand ist und die damit verbunden Folgen es sind, desto wahrscheinlicher ist es, dass Sie persönlich Ihre Veränderung mit Lust angehen. Wenn Sie selbst so denken, denken Sie systemisch.

> **DEFINITION VERÄNDERUNG**
> Veränderung ist der Wunsch zu überleben und/oder das Streben nach dem Besseren (bzw. nach einem pschycho-biologischen Wohlbefinden).

Als Coach unterstützen Sie mithilfe des Coachingprozesses Menschen darin, sich selbst zu verändern.

Ihr Coachee nimmt Ihre Dienstleistung in Anspruch, da er für sich festgestellt hat, dass er mit der Art und Weise, wie er an ein für ihn wichtiges Thema herangeht, nicht erfolgreich ist. Genau genommen hat er aus sich selbst heraus in Bezug auf sein Coachingthema noch keine Handlungskompetenz entwickelt.

In der Phase 1 – „Kontakt und Kontrakt" haben Sie sich mit Ihrem Coachee auf den Ablauf geeinigt sowie den Kommunikationskontext und die Verantwortlichkeiten für Prozess und Selbstorganisation vereinbart. Als letzten Schritt hat Ihr Coachee sein Thema skizziert.

In der Phase 2 geht es nun darum, dass Ihr Coachee seine Wahrnehmung in Bezug auf sein Thema erweitert, d.h. all das reflektiert, was er im Zusammenhang mit seinem Thema selbst zu erkennen vermag. Aus dieser Reflexion des thematischen Kontexts heraus entwickelt er das Ziel seiner gewollten Veränderung, d.h. das, was er durch seine Veränderung erreicht haben wird. Da sich seine Zielerreichung systemisch auf den thematischen Kontext auswirken wird, reflektiert er mögliche Folgen für seinen Veränderungs-Kontext. Aus der Auseinandersetzung (Reflexion) mit den Folgen heraus entscheidet der Coachee, ob er bewusst diese Folgen akzeptiert oder sein Ziel verändert, so dass für ihn akzeptable Folgen entstehen.

In der Phase 3 des Prozesses werden anschließend die Ressourcen identifiziert, die zur Zielerreichung zur Verfügung stehen.

### DEFINITION ZIEL
Ein Ziel repräsentiert die bewußt angestrebte Befriedigung der eigenen Bedürfnisse zu einem bestimmten Zeitpunkt.

### HYPOTHESENBILDUNG DES COACHS

Schon in Phase 1 können Sie Hypothesen bilden, während Ihr Coachee sein Thema und seinen Veränderungswunsch skizziert (I.3.).

In Phase 2 findet nun die eigentliche Hypothesenbildung statt. Ihre Hypothesen benötigen Sie, um Ihrem Coachee in Phase 3 der Ressourcenidentifikation auf der deduktiven Ebene des Coachingprozesses Theorien/ Modelle oder Axiome anzubieten, die ihm helfen, Ressourcen zur Zielerreichung zu identifizieren. (Siehe auch 2.5.3)

### BENÖTIGTES MATERIAL IN PHASE 2

- » Grafik „Coachingprozess" mit Anliegen und Werten (Siehe 2.4.3)
- » Grafik „Wirkungserwartung des Coachingprozesses" (optional, siehe 2.5.2)
- » Grafik „St.Galler Management-Modell" (Siehe 3.1.1)
- » Grafik „10F-elder-Modell" (Siehe 3.1.2)
- » Grafik „TZI" (Siehe 3.1.3)
- » Grafik „Zielkomponenten" (3.2.1)

## 5.3.1 DIE TEILPHASE 2.1

## „THEMATISCHEN IST-KONTEXT SYSTEMISCH VISUALISIEREN"

### WIRKUNGSERWARTUNG DER TEILPHASE 2.1:

Entscheidung des Coachees, wie sein Thema lautet und was mit seinem Thema zusammenhängt. Die Wahrnehmung in Bezug auf die durch den Coachee selbst erkennbaren thematischen Zusammenhänge und deren Bedeutung für sein Thema wird erweitert.

**UNTERSTÜTZTE GRUNDANLIEGEN:**

» Wahrnehmungserweiterung auslösen
» Entscheidungsfähigkeit sichern

Im Coaching geht es darum, dass Ihr Coachee durch eine alternative Selbstorganisation zukünftig Handlungskompetenz in Bezug auf sein Coachingthema entwickelt.

Zu Beginn der Teilphase 2.1 legt Ihr Coachee selbst sein Thema fest.

Wichtig ist an dieser Stelle, dass Ihr Coachee sein Thema in nur einem Wort (maximal 2 Worten) formuliert, um noch keine Lösungsidee zu entwickeln. Die „Lösung" entsteht erst später in Phase 4 des Coachingprozesses. Ein zu schnelles Denken in Lösungen hindert Ihren Coachee daran, thematische Zusammenhänge zu entdecken.

**TIPP:** Lassen Sie Ihren Coachee selbst bewerten, ob sein schriftlich fixiertes Thema eine Lösung enthält. In der Anmoderation erklären Sie Ihrem Coachee, warum das für den Coachingprozess wichtig ist.

Das „eigentliche" Coaching beginnt mit der schriftlichen Fixierung des Themas durch den Coachee.

Es besteht im weiteren Verlauf des Prozesses die Möglichkeit, dass Ihr Coachee erkennt, dass das genannte Thema nicht sein Thema ist. In diesem Fall wird der Prozess mit dem geänderten Thema neu gestartet, beginnend mit Teilphase 2.1.

Das Thema wird in einem Wort, frei von einer Lösungsidee, schriftlich fixiert.

*Abb. 5.3.1-1 Die schriftliche Fixierung des Themas*

**TIPP:** Optimieren Sie die Arbeitsumgebung. Lassen Sie Ihren Coachee sein Thema zusätzlich auf einem Flipchart visualisieren. Ihr Coachee hat sein Thema so noch besser im Blick. Als Coach haben Sie den Vorteil, dass Sie später, wenn verschiedene Flipcharts im Raum präsent sind, dieses Flipchart in Verbindung mit anderen Flipcharts reflektieren lassen können.

Nach der schriftlichen Fixierung des Themas geht es nun darum, dass Ihr Coachee durch eine visuelle Aufstellung seine Wahrnehmung in Bezug auf alle für ihn erkennbaren Zusammenhänge seines Themas erweitert (den Kontext seines Themas visualisiert).

Die visuelle Aufstellung erfolgt in 3 Schritten:

1. induktiv erkannte Zusammenhänge visualisieren
2. deduktiv (abgeleitete) Zusammenhänge visualisieren
3. Komplexität reduzieren, strukturieren und emotional bewerten

## INDUKTIV ERKANNTE ZUSAMMENHÄNGE VISUALISIEREN

Im ersten Schritt bitten Sie Ihren Coachee, alles zu visualisieren, was aus seiner Sicht mit seinem Thema zusammenhängt.

Dazu stehen ihm verschiedenfarbige Stifte und unterschiedliche, runde Moderationskarten zur Verfügung. Ihr Coachee entscheidet selbst, welche Karten er wie verwendet und was er darauf konkret notiert bzw. welche Bedeutung er den Karten in Bezug auf sein Thema gibt.

**TIPP:** Fragen Sie als Coach nach, welche Bedeutung und welchen Zusammenhang Ihr Coachee mit Größe und Farbe der gewählten Moderationskarte verbindet, um eigenen Deutungen vorzubeugen.

Wir verwenden unsere Sprache abstrakt. Worte erhalten aus dem Kontext heraus ihre Bedeutung.

In der Teilphase 2.1. soll der Coachee reflektieren, was konkret mit seinem Thema zusammenhängt. Aus diesem Grund fragt der Coach seinen Coachee zu jedem Wort, das er visualisiert, was er konkret darunter versteht.

Das kann z. B. durch folgende Fragen geschehen:

- » Was ist das (im Zusammenhang mit Ihrem Thema) **konkret** für Sie?
- » Was verstehen Sie (im Zusammenhang mit Ihrem Thema) **konkret** unter diesem Wort?
- » Was ist das (im Zusammenhang mit Ihrem Thema) **genau** für Sie?

Die Antworten auf diese Fragen repräsentieren den konkreten Zusammenhang und werden ebenfalls visualisiert. Die Reflexion der so gefundenen Zusammenhänge wird anschließend mit der Frage nach der Bedeutung der Antwort auf o.a. Frage für das Coachingthema ausgelöst.

**Bsp.:**

- » Welche Bedeutung hat **das** (die Antwort) für Ihr Thema?

Mithilfe der Frage nach der Bedeutung entdeckt der Coachee oft weitere Zusammenhänge. Auch diese Zusammenhänge werden visualisiert, da sie zum Thema gehören.

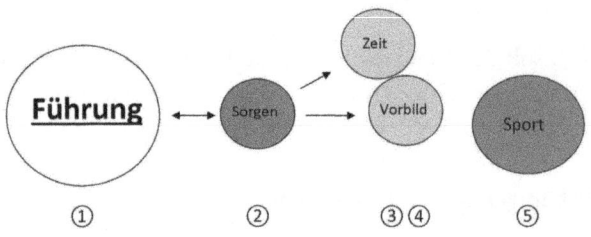

① **Coaching Thema**

② **Induktiv visualisierter, abstrakter Zusammenhang.**
Ergebnis der Frage „Wer oder was hat mit Ihrem Thema FÜHRUNG zu tun?"

③ **Konkretisierung und Visualisierung des Zusammenhangs aus ②**
Ergebnis der Frage „Was verstehen Sie (in Zusammenhang mit Ihrem Thema) konkret unter diesem Wort?"

④ **Reflektion der konkreten Zusammenhänge**
Typische Frage: „„Welche Bedeutung hat *Zeit / Vorbild* für Ihr Thema FÜHRUNG ?"

⑤ **Visualisierung erkannter weiterer Zusammenhänge aus ④**
Ergebnis der Frage „Was (aus Ihrer Antwort) ist Ihrer Meinung nach (in Bezug auf Ihr Thema FÜHRUNG) noch zu visualisieren?"
(Alternativ kann der Coach tatsächlich gehörte Wörter seines Coachee zur Visualisierung anbieten. Bsp.: „Ich habe gehört, dass Sie mehrmals „Sport" gesagt haben. Wollen Sie das visualisieren?"

*Abb. 5.3.1-2 Vom abstrakten Zusammenhang zu konkreten Zusammenhängen*

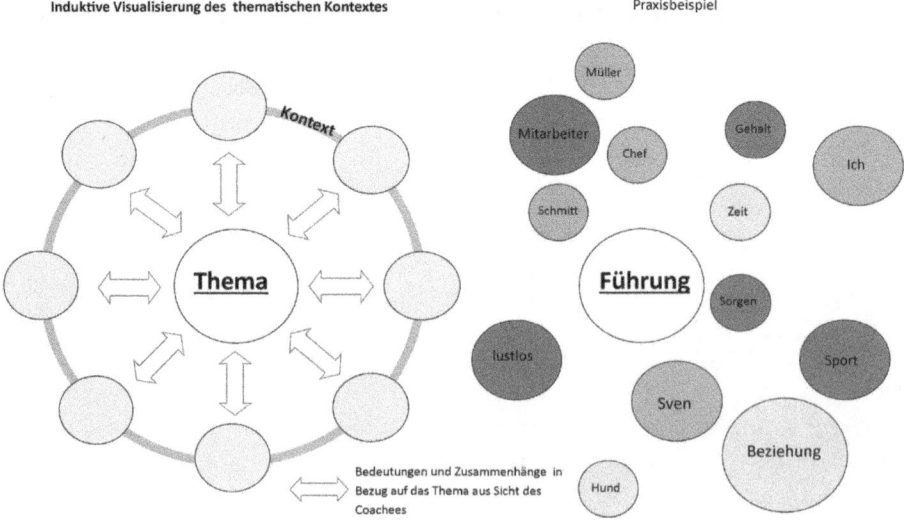

*Abb. 5.3.1-3 Der induktive Teil der „visuellen Aufstellung"*

Als Mensch können wir nur das erkennen, wozu wir auch in der Lage sind. Unsere Erfahrung, unsere Emotionen und unsere Biologie begrenzen unsere Wahrnehmung.

## DEDUKTIV (ABGELEITETE) ZUSAMMENHÄNGE VISUALISIEREN

Im zweiten Schritt dieser Phase erfolgt jetzt die eigentliche Wahrnehmungserweiterung.

Nachdem Ihr Coachee im ersten Schritt „induktiv" thematische Zusammenhänge erschlossen hat, bieten Sie ihm jetzt die Möglichkeit, „deduktiv" weitere Zusammenhänge zu entdecken und so die Grenzen der „induktiven" Wahrnehmung im Rahmen seiner Möglichkeiten zu überwinden.

Dazu stehen Ihnen verschiedene Modelle zur Verfügung, die jedes für sich abstrakt Zusammenhänge abbilden und gemeinsam den Großteil aller Coachingthemen abdecken (siehe 3.1). Ihr Coachee entscheidet, welches Modell zur Wahrnehmungserweiterung er in Bezug auf sein Thema für geeignet hält.

> **DEFINITION MODELL**
> Ein Modell ist die komplexitätsreduzierende, abstrakte Darstellung von Wirklichkeit.

> **TIPP:** Laminieren Sie jedes einzelne Strukturmerkmal eines Modells z. B. auf einer DIN A7 Karte. Durch die verbesserte Haptik wird die gedankliche Auseinandersetzung Ihres Coachees mit dem Merkmal deutlich unterstützt.

Nach der Entscheidung für ein Modell zur Wahrnehmungserweiterung bieten Sie Ihrem Coachee jedes einzelne Strukturmerkmal zur Reflexion an. Ein solches Angebot des Coachs beinhaltet immer alle Merkmale, da nur Ihr Coachee bewerten kann, ob er einen Zusammenhang erkennt.

Im ersten Schritt nutzen Sie die geschlossene Frage, um zu erfahren, ob Ihr Coachee in Bezug auf ein Merkmal einen Zusammenhang identifiziert. Die folgende offene Frage dient der Konkretisierung des erkannten Zusammenhangs. Auch diese Zusammenhänge werden in Bezug auf die Bedeutung, die sie für das Coachingthema haben, reflektiert. Abgeschlossen wird diese Sequenz mit der Bitte an den Coachee, den erkannten Zusammenhang zu visualisieren.

### Bsp. Wahrnehmungserweiterung orientiert am 10-Felder-Modell

*1. Coach: Hat Ihr Thema „Führung" mit Emotionen zu tun?*
*<Nein: nächstes Merkmal des Modells anbieten>*
*Coachee: Ja*

*2. Coach: Was haben Emotionen konkret mit Ihrem Thema zu tun?*
*…*

*3. Coach: Bitte seien Sie so nett und visualisieren das.*

*4. Coach: Welche Bedeutung hat Ihre Antwort aus 2. für Ihr Thema?*

Auf diese Weise entsteht bei Ihrem Coachee eine Wahrnehmungserweiterung in Bezug auf die Zusammenhänge seines Coachingthemas. Diese Zusammenhänge bilden den Kontext des Themas.

**TIPP:** Je konsequenter Sie die o.a. Fragen einhalten, desto schneller wird Ihr Coachee in diesem Schritt selbstständig, d.h. er kann sich diese Fragen selbst stellen. Sie starten „mechanisch", können dann aber durch die Mechanik auf die Mechanik verzichten.

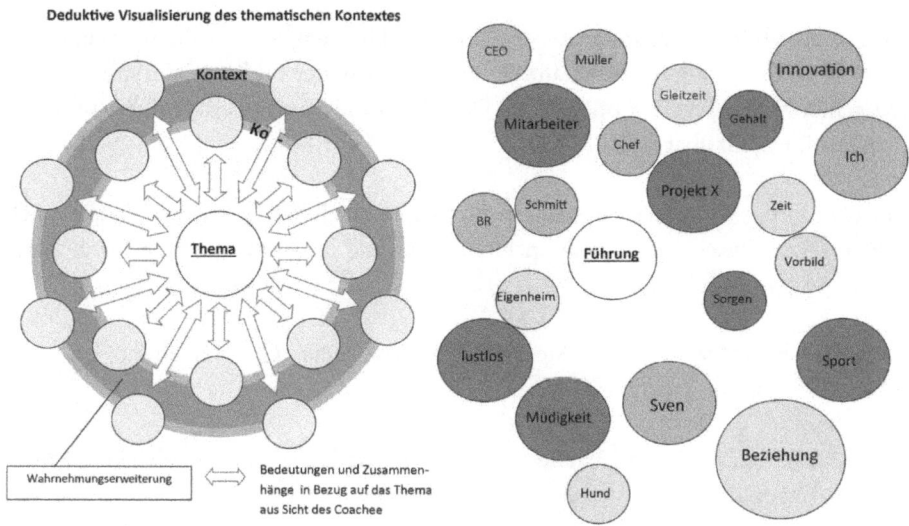

*Abb. 5.3.1-4 Der deduktive Teil der „visuellen Aufstellung"*

## KOMPLEXITÄT REDUZIEREN, STRUKTURIEREN UND EMOTIONAL BEWERTEN

Ihr Coachee hat zu diesem Zeitpunkt die gesamte für ihn erkennbare Komplexität seines Themas visualisiert. Er selbst hat den Kontext seines Coachingthemas bzw. den Ist-Zustand erfasst.

Da jedes von ihm visualisierte Element mit seinem Thema zusammenhängt (systemisch), müsste Ihr Coachee später auch Handlungen entwickeln, die jedes einzelne Element berücksichtigen. Nicht selten visualisieren Coachees 80 Wörter oder mehr. Unter praktischen und neurowissenschaftlichen Gesichtspunkten sind visuelle Aufstellungen ab einer bestimmten Komplexität nicht mehr handhabbar. Es fällt schwer, mehr als 5 Informationen gleichzeitig zu vergleichen und zu bewerten.

Im dritten Schritt geht es daher darum, die Komplexität zu reduzieren. Auch diesen Schritt erklären Sie Ihrem Coachee so, dass er versteht, was der Prozess mit diesem Schritt erreichen will. Anschließend bitten Sie ihn, alle Elemente seiner visuellen

Aufstellung so zu gruppieren, wie sie seinem Empfinden nach zusammengehören.

Ihr Coachee bildet jetzt sogenannte „Cluster", d.h. Mengen von Elementen, die er selbst in einer Beziehung zueinander sieht. Die Cluster bilden innerhalb des thematischen Kontextes Teilkontexte ab. Das Coachingthema gliedert sich so für den Coachee überschaubar auf.

Um Handlungskompetenz in seinem Thema zu erreichen, wird Ihr Coachee sich in Phase 4 an diesen Clustern orientieren, um seine Ressourcen zur Zielerreichung selbst zu organisieren.

Nach der Clusterbildung bitten Sie Ihren Coachee, seinen Clustern einen Namen zu geben, damit sie ansprechbar sind.

Jedes Cluster hat für Ihren Coachee eine ganz individuelle, emotionale (konstruktivistische) Bedeutung in Zusammenhang mit seinem Coachingthema. Je besser er sich mit den emotionalen Bedeutungen jedes Clusters für sein Thema auseinandersetzt, desto leichter fällt es ihm, den Zustand zu formulieren, den er selbst durch seine Veränderung erreicht haben wird – sein Ziel.

Als Coach bitten Sie Ihren Coachee abschließend, jedes Cluster im Hinblick auf seine emotionale Bedeutung zu skalieren und dabei jeden Wert nur einmal zu vergeben. Auf diese Weise stellt der Prozess sicher, dass Ihr Coachee sich aktiv mit den emotionalen Unterschieden der Cluster auseinandersetzt und in Bezug auf sein Ziel entscheidungsfähig ist.

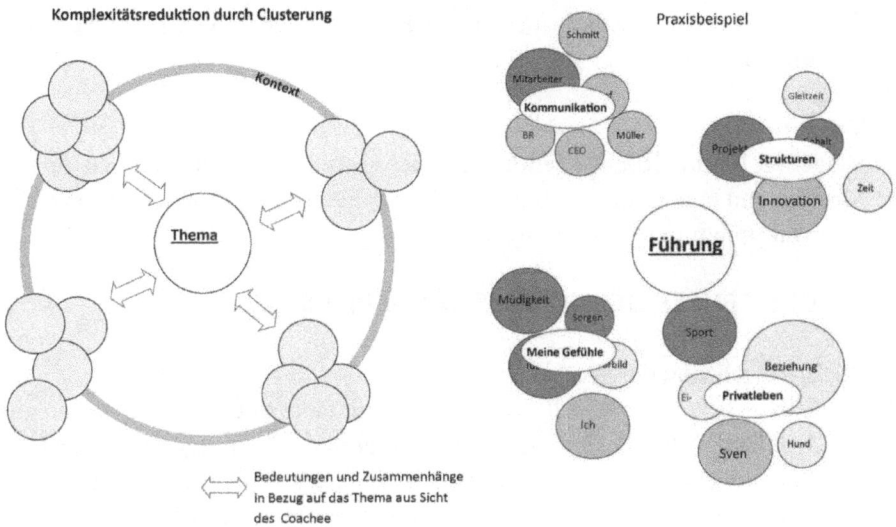

*Abb. 5.3.1-5 Clustern der „visuellen Aufstellung"*

## METHODISCHE VARIANTEN ZUR WAHRNEHMUNGSERWEITERUNG

Grundsätzlich sollten Sie Ihrem Coachee erklärt haben, wie der Coachingprozess eine Wahrnehmungserweiterung erreichen will. Ihr Coachee kann seinen Coachingprozess so besser reproduzieren und den nachfolgenden Varianten besser folgen.

**Variante 1**
Sie fragen Ihren Coachee, ob er sein Coachingthema eher im Bereich „Business", im Bereich „Beschäftigung mit mir selbst" oder im Bereich „Konflikt" sieht. Anhand seiner Bewertung bieten Sie ihm eines der o.a. Modelle an.

**Variante 2**
Sie zeigen Ihrem Coachee alle der o.a. Modelle als Grafik und erklären ihm abstrakt, was das Modell aussagt. Ihr Coachee entscheidet sich für ein Modell.

In der Regel trifft er die Entscheidung im Hinblick auf die „Andockbarkeit" der Strukturmerkmale des Modells an seine thematische Wirklichkeit.

Vorsicht ist hier bei Grafiken der Modelle geboten, da sich die Entscheidung Ihres

Coachees konstruktivistisch auch an seinen Emotionen in Bezug auf eine Grafik orientieren kann.

**Variante 3**
Sie geben Ihrem Coachee gebündelt jedes einzelne Strukturmerkmal der o.a. Modelle und bitten ihn, das „Bündel" auszuwählen, das seiner Meinung nach für eine Wahrnehmungserweiterung nützlich ist.

## KRITISCHE FEHLER DES COACHS IN TEILPHASE 2.1

**1. - Nicht-Beachtung der Werte**
Wenn Sie im Schritt 2 der visuellen Aufstellung mit einer offenen Frage starten und fragen, *„Was hat Ihr Thema Führung mit Emotionen zu tun?"*, zwingen Sie Ihren Coachee möglicherweise, über einen Zusammenhang nachzudenken, den er selber nicht erkennt oder als nicht relevant bewertet. Als Coach verletzen Sie so die Werte Freiheit und Freiwilligkeit und nehmen mögliche Widerstände Ihres Coachees in Kauf.

**2. – Das Thema enthält eine Lösungsidee**
Hat Ihr Coachee eine mögliche Lösung mit der Benennung des Themas formuliert, so wird er alle Zusammenhänge der visuellen Aufstellung auf diese Lösung beziehen. Sprichwörtlich geht damit ein „Tunnelblick" einher. Ihr Coachee erkennt den Kontext seines Themas nicht, dem er durch das Coaching erfolgreich begegnen will, sondern nur die Ausschnitte, die seine Lösung betreffen. Die Motivation, danach noch ein Ziel zu formulieren, entsteht nicht.

Bsp.: Thema: „Prozessmanagement". Hier besteht die Gefahr, dass ein „Management" der Prozesse oder des Prozesses eine Lösung ist.

Als Prozessverantwortlicher ist es die Aufgabe des Coachs, auf die „Lösungsfreiheit" des Themas zu achten, da sonst die Wirkungserwartung der Teilphase nur ungenügend unterstützt wird. Idealerweise bitte er seinen Coachee, selbst zu überprüfen, ob in seinem Thema eine Lösung enthalten ist.

**3. – Die visuelle Aufstellung enthält Lösungen**
Lösungsformulierungen des Coachees in der visuellen Aufstellung erzeugen ebenfalls einen „Tunnelblick".

In schnellen Lösungen zu denken, ohne sich vorher mit den thematischen Zusammenhängen (systemisch) auseinanderzusetzen, wird oft kulturell gefördert und gefordert. Es kann sein, dass ein Coachee aus diesem Grund trotz bestmöglicher Anmoderation der Wirkungserwartungen und methodischen Schritte Lösungen visualisiert.

Als Prozessverantwortlicher ist es die Aufgabe des Coachs, auf die „Lösungsfreiheit" der visuellen Aufstellung zu achten, da sonst die Wirkungserwartung der Teilphase nur ungenügend unterstützt wird. Idealerweise bitte er seinen Coachee, selbst zu überprüfen, ob in der systemischen Visualisierung Lösungen enthalten sind.

## 5. 3. 2 DIE TEILPHASE 2.2
## „ZIEL FESTLEGEN UND FOLGEN REFLEKTIEREN"

**WIRKUNGSERWARTUNG DER TEILPHASE 2.1:**

Entscheidung des Coachees für das Ziel seiner Veränderung und für die Wahrnehmungserweiterung in Bezug auf die systemischen Folgen der eingetretenen Veränderung. Aus der bewussten Akzeptanz der Folgen in Verbindung mit der emotionalen Attraktivität des Ziels entsteht der Wille zur konkreten Selbstveränderung.

**UNTERSTÜTZTE GRUNDANLIEGEN:**

» Entscheidungsfähigkeit sichern
» Wahrnehmungserweiterung auslösen

Wenn Sie abends zu Hause Gäste erwarten, gehen Sie vielleicht im Kopf kurz durch, mit wem Sie es zu tun haben. Darauf aufbauend überlegen Sie, was Sie selbst an diesem Abend erreicht haben werden. Ist dieser Zustand für Sie persönlich emotional hoch attraktiv, empfinden Sie Lust, den Abend in Angriff zu nehmen. Übersetzt in die Sprache des Coachingprozesses heißt das, dass Sie Ihr Thema benennen, z.B. „Gäste", anschließend im Kopf kurz eine visuelle Aufstellung durchführen und daraus auf Ihr Ziel für den Abend schließen, d.h. auf das, was Sie ganz persönlich an diesem Abend erreicht haben werden.

Ihr Coachee hat zu diesem Zeitpunkt durch die visuelle Aufstellung seine Wahrnehmung in Bezug auf all das erweitert, was aus seiner Sicht mit seinem Coachingthema zusammenhängt. Zeitgleich ist durch die systemische Reflexion, d.h. durch die emotionale Auseinandersetzung mit dem IST-Zustand des Coachingthemas, beim Coachee die Motivation entstanden, einen SOLL-Zustand für sein Thema zu formulieren (siehe auch 2.3 „Rubikon Modell").

Der SOLL-Zustand ist der Zustand, den Ihr Coachee in Bezug auf sein Coachingthema durch seine eigene Veränderung für sich ganz persönlich erreicht haben will. Diesen Zustand empfindet er selbst emotional als so attraktiv, dass er gewillt ist, Handlungen und Pläne zu entwickeln, die zu diesem Zustand führen. Ein anderes Wort für den Soll-Zustand ist ZIEL.

**DEFINITION ZIEL**
Ein Ziel repräsentiert die bewusst angestrebte Befriedigung der eigenen Bedürfnisse zu einem bestimmten Zeitpunkt.

**TIPP:** In der Praxis wird das Wort „Ziel" durch Ihren Coachee oft an unangenehme Erfahrungen im betrieblichen Alltag geknüpft. So kann es sein, dass allein die Verwendung des Wortes „Ziel" Ihren Coachee emotional blockiert. Er ist mit seinen Gefühlen in Bezug auf dieses Wort in Kontakt. Vermeiden können Sie diesen Effekt, indem Sie das Wort „Ziel" so lange nicht verwenden, bis der Coachee selbst sein „Ziel" formuliert hat.

Als Coach bitten Sie Ihren Coachee nun, sein „Ziel" zu formulieren und zu visualisieren.

### VARIANTEN, DIE ZIELFORMULIERUNG AUSZULÖSEN

**Variante 1 „Rekapitulation"**
Sie bitten Ihren Coachee, den Coachingprozess ab Beginn der Phase 2 mental noch einmal zu durchlaufen. Nachdem er seine Erkenntnisse aus dem dritten Schritt der visuellen Aufstellung formuliert hat, fragen Sie ihn, was er durch seine Veränderung in Bezug auf sein Thema für sich erreicht haben wird und bitten ihn, das aufzuschreiben.

**Variante 2 „Entspannung"**
Sie bitten Ihren Coachee, sich entspannt auf einen Stuhl zu setzen, seine Augen zu

schließen und sich sein Thema und alles, was damit verbunden ist, vor seinem geistigen Auge vorzustellen. Sobald er dieses Bild vor Augen hat, bitten Sie ihn zu überlegen, was er durch seine Veränderung in Bezug auf sein Thema für sich ganz persönlich erreicht haben wird. Sobald er eine Formulierung gefunden hat, bitte Sie ihn, die Augen zu öffnen und die Formulierung aufzuschreiben.

**Variante 3 „Emotional"**
Mit einem persönlichen Ziel, d.h. dem Zustand, in dem die eigenen Bedürfnisse befriedigt sind, geht immer eine Emotion einher. Coachees, die von Hause aus gewohnt sind, in der kognitiven Kategorie SMART zu denken (siehe auch Kapitel 3.2), greifen oft auf diese Ressource zurück. So entstehen „Ziele", die keinen Kontakt zur Emotion des Coachees haben. Als Coach können Sie diesem Effekt begegnen, indem Sie Ihren Coachee fragen, was er emotional für sich erreicht haben wird und ihn bitten, das aufzuschreiben.

## DEFINITIONEN

**SMART**
**S**pezifisch formuliert
**m**essbar und überprüfbar
**a**kzeptiert
**r**ealisierbar
**t**erminiert

**Variante 4 „Rubikon"**
Sie erklären Ihrem Coachee den Coachingprozess und die anstehende Zielformulierung aus dem Rubikon-Modell Heinz Heckhausens heraus so, dass er die Bedürfnisse des Prozesses an dieser Stelle selbst fachlich nachvollziehen kann. Anschließend bitten Sie ihn, sein Ziel aufzuschreiben.

**Variante 5 „Entwicklung"**
Sie fragen Ihren Coachee direkt, was das Ziel seiner Veränderung ist und bitten ihn anschließend, sein „Ziel" aufzuschreiben. Formuliert Ihr Coachee hier eine Strichaufzählung von Maßnahmen, fragen Sie Ihren Coachee, was er denn persönlich erreicht haben wird, wenn er all diese Maßnahmen durchgeführt hat und bitten ihn, das erneut aufzuschreiben.

## DIE ZIELFORMULIERUNG

Das Ziel im Coachingprozess ist ein neuralgischer Punkt. Hier treffen Emotionalität und Formalität aufeinander. Nur wenn beides erfüllt ist, überquert Ihr Coachee sprichwörtlich den Rubikon und empfindet Lust, einen Handlungsplan zu entwerfen und auch durchzuführen.

Der in Phase 4 des Coachingprozesses vom Coachee zu entwickelnde Handlungsplan führt zum beschriebenen systemischen Zustand – dem Ziel. Enthielte das Ziel bereits eine Lösung oder Lösungsidee, entstünde einerseits sprichwörtlich ein „Tunnelblick". Auf der anderen Seite würde sich Ihr Coachee unbewusst fragen, warum er noch Ressourcen identifizieren soll (Phase 3). Der „Rubikon-Effekt" mit dem Volition zur Ziel-Erreichung entsteht, tritt aber nicht ein.

Anhand der „Komponenten einer Zielformulierung" kann Ihr Coachee sein formuliertes Ziel selbst überprüfen und ggf. verändern.

Zusätzlich prüft er,

» ob sein Ziel ein Zustand ist oder eine Lösung (Handlung) enthält,
» ob sein Ziel in „Futur II" als in der Zukunft eingetretener Zustand formuliert ist („Ich werde...erreicht haben")

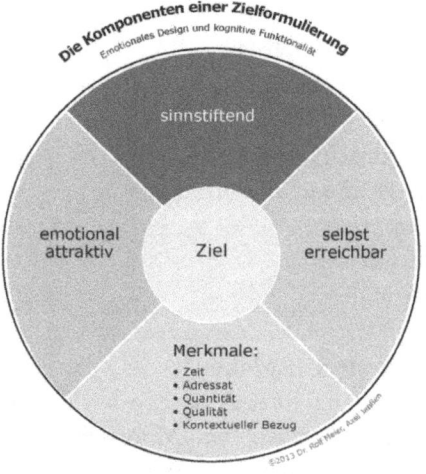

Zielformulierungen sollten positiv und als dauerhaft eingetretener Zustand in der Zukunft formuliert sein (Futur 2)

*Abb. 5.3.2 Die Komponenten einer systemischen Zielformulierung*

## VARIANTEN ZUR ÜBERPRÜFUNG DER GÜTE DES ZIELS

Zur Überprüfung des Ziels ist es empfehlenswert, 2 Fragearten zu nutzen:

a. die geschlossene Frage. Mit ihr werden die „Merkmale", „Futur II" und die „Lösungsfreiheit" des Ziels überprüft.

b. Die skalierende Frage. Mit ihr wird die emotionale Bewertung der Komponenten „anspruchsvoll", „sinnstiftend" und „selbst erreichbar" geprüft.

**TIPP:** Ein Ziel, das Ihr Coachee nicht zu 100% als selbst erreichbar, sinnstiftend und emotional attraktiv bewertet, löst keine Motivation zur Veränderung aus. Obgleich der Prozess funktioniert und ein Handlungsplan entsteht, wird dieser meist nicht oder nur unvollständig umgesetzt, da schlichtweg keine Volition entstanden ist. Unbewusst lässt sich Ihr Coachee so eine kleine „Hintertür" offen, seinen Plan eben doch nicht konsequent umzusetzen. Mithilfe der skalierende(n) Frage(n), „wie bewerten Sie auf einer Skala von 1-10, wobei 1=niedrig und 10=hoch ist, die emotionale Attraktivität/Sinnstiftung/Selbst-Erreichbarkeit Ihres Ziels?", wird jede Komponente geprüft. Erst wenn alle Komponenten mit 10 bewertet sind, geht es weiter im Prozess.

Mithilfe der skalierenden Frage können Sie auch auf den Bewertungen Ihres Coachee aufbauen und z.B. fragen: „Wie müssten Sie denn Ihr Ziel formulieren, damit aus der „8" eine „10" wird?

Bisweilen vergeben Coachees aus prinzipiellen Erwägungen keine „10". Das können Sie als Coach erfragen.

**Variante „Coach lässt prüfen"**
Der Coach orientiert sich an den Komponenten der Zielformulierung sowie an „Futur II" und „Lösungsfreiheit" und fragt die Komponenten vollständig ab. Ist eine Komponente nicht erfüllt, bittet er seinen Coachee, das Ziel entsprechend neu zu formulieren.

**Variante „Coachee überprüft selbst"**
Der Coach erklärt seinem Coachee, worauf es bei der Überprüfung seines Ziels ankommt. Als Unterstützung übergibt er seinem Coachee die Grafik „Zielkomponenten". Der Coachee überprüft sein Ziel selbst und leitet aus seiner Bewertung ggf. Änderungen ab.

## BEISPIELE FÜR ZIELFORMULIERUNGEN ZUM O.A. THEMA „FÜHRUNG"

„Ich werde zukünftig meinem Privatleben mehr Raum geben."
Futur II: nein

Lösungsfreiheit: nein („Raum geben" ist eine Lösung)
emotional attraktiv, sinnstiftend, selbsterreichbar: ja
Merkmale: Zeit fehlt.

**„Ab dem 1.7. werde ich in meinem Privatleben Zufriedenheit erreicht haben."**
Futur II: ja
Lösungsfreiheit: ja
emotional attraktiv, sinnstiftend, selbsterreichbar: ja
Merkmale: vorhanden (Zeit: „1.7.", Adressat: „ich", Quantität: „ein" Privatleben, Qualität: „Zufriedenheit", kontextueller Bezug: „Privatleben"

**KRITISCHE FAKTOREN BEI DER ZIELFORMULIERUNG**

**Die Zielformulierung enthält eine Lösung oder Handlung**
Es sind Handlungen, die zum „Zustand" Ziel führen. Enthält das Ziel eine Handlung bzw. eine Strategie oder Maßnahme, drückt Ihr Coachee damit seine Idee aus, wie er ein Ziel erreichen möchte, nicht aber den Zustand.

So kann auch hier der sprichwörtliche „Tunnelblick" entstehen.

Ihr Coachee will in Bezug auf sein Coachingthema Handlungskompetenz erreichen (SOLL-Zustand). Dazu entwickelt er erst in Phase 4 aus seinen Ressourcen Handlungen, die sich an den Zielerreichungsmerkmalen orientieren.

**TIPP:** Enthält das Ziel eine Handlung oder Lösung, fragen Sie Ihren Coachee einfach, was er mit der formulierten Handlung für sich selbst erreicht haben wird. In der Regel erhalten Sie so das Ziel.

## 5.3.3. REFLEXION DER SYSTEMISCHEN FOLGEN DES EINGETRETENEN ZIELS

Im Coaching bezieht sich die Veränderung des Coachees immer auf ein Thema.

Das Thema hängt mit den Merkmalen zusammen, die Ihr Coachee selbst zu erkennen vermag. Diese Merkmale werden für Ihren Coachee in der visuellen Aufstellung „sichtbar".

Die Zielformulierung im Coaching ist der sprachliche Ausdruck Ihres Coachees für den Zustand seines Themas einschließlich der damit zusammenhängenden Merkmale (thematischer Kontext). Dieser Zustand ist dann eingetreten, wenn er sich selbst verändert hat. Es ist der selbst gewollte, emotional attraktive Soll-Zustand, der nach der Veränderung eintritt bzw. eintreten soll.

Jede Veränderung ist systemisch, da mit der eigenen Veränderung immer eine Veränderung der thematischen Zusammenhänge einhergeht. Ihr Coachee verändert nicht nur sich selbst – durch seine Veränderung ändert sich auch seine Beziehung zu den Merkmalen seines Themas.

Die eigene Veränderung ist durch den Coachee anhand der Veränderung seiner Beziehung zu den Merkmalen erkennbar. Ebenso erkennen die Merkmale, dass der Coachee sich verändert hat. Die Merkmale (der Kontext) sind für den Coachee eine Feedback- bzw. Rückmeldesystematik für seine Veränderung innerhalb seines Themas.

Das Clustern der Merkmale in der visuellen Aufstellung reduziert die Komplexität der Feedbacksystematik so, dass sie für den Coachee kognitiv bearbeitbar wird.

Mit dem Zeitpunkt, an dem Ihr Coachee sein Ziel erreicht hat, werden die „Cluster" (in zusammenhängenden Bedeutungen gebündelten Merkmale) die systemische Auswirkung des Ziels spüren (merken, erkennen, beobachten). Sie erleben die Folgen des Ziels für sie selbst, da der Coachee in Bezug auf jedes Cluster anders handelt als vor der Veränderung. Die „clusterbezogenen" Handlungen des Coachees nach der Zielerreichung haben Folgen bzw. eine Bedeutung für das Cluster.

Der Coachingprozess möchte an dieser Stelle, dass der Coachee bewusst über diese Folgen reflektiert und entscheidet, ob er mit diesen Folgen leben kann oder sein Ziel verändern muss.

Um auch an dieser Stelle eine Wahrnehmungserweiterung zu ermöglichen, nutzt die systemische Reflexion der Folgen den Perspektivwechsel. Der Coachee wird angeregt, aus der Perspektive eines Clusters auf sich selbst zu blicken und die Folgen seines Ziels für das Cluster zu reflektieren.

Die Reflexion der Folgen ist u.a. aus der Leistungsmotivation heraus begründet. Motivation zur Veränderung entsteht dann, wenn die Folgen des Ziels insgesamt als emotional attraktiv bewertet werden. Gleichzeitig handelt es sich hierbei um einen menschlich und betriebswirtschaftlich ganz normalen Vorgang. Bevor es an die Realisierung geht, ist es notwendig, sich mit den systemischen Folgen auseinanderzusetzen. Sie werden sich in jedem Fall auf den Plan auswirken. In Zeiten, in denen schnelle Erfolge erwartet werden, entstehen Flughäfen, Bahnhöfe, Philharmonien u.v.m., ohne dass die Folgen der Projekte systemisch sorgfältig vorweggenommen werden. Dies geschieht mit der Konsequenz, dass in irgendeiner Form Zeit, Kosten und Qualität des Vorhabens gefährdet sind. Der Coachingprozess will solche Effekte bewusst vermeiden.

## PRAXIS

In der Anmoderation haben Sie Ihrem Coachee die mit diesem Schritt verbundene Wirkungserwartung des Coachingprozesses erklärt. Sie haben ihm auch dargelegt, auf welche Art und Weise eine Auseinandersetzung mit den Folgen seiner Zielerreichung geschieht (Perspektivwechsel). Anschließend bitten Sie ihn, das Cluster auszuwählen, mit dem er beginnen möchte.

Nachdem Ihr Coachee sich für ein Cluster entschieden hat, lösen Sie mit 2 offenen Fragen den Perspektivwechsel und die Auseinandersetzung mit den Folgen aus:

1. An welcher Handlung erkennt das Cluster (Name aus der visuellen Aufstellung), dass Sie Ihr Ziel erreicht haben?
2. Welche Bedeutung bzw. Folgen hat diese Handlung für das ZEM (Name aus der visuellen Aufstellung)?

Es kann für Ihren Coachee ungewöhnlich sein, sich in eine andere Person oder gar in ein „Cluster" hineinzuversetzen. Hier sind Sie als Coach gefragt, bei Ihrem Coachee den anstehenden Perspektivwechsel so einfach wie möglich auszulösen.

## VARIANTEN DES PERSPEKTIVWECHSELS

### Variante „Zielerreichung plus zirkuläre Frage"
Sie versetzen Ihren Coachee gedanklich in die Zukunft, so dass er sich vorstellen kann, sein Ziel bereits erreicht zu haben: „Mal angenommen, Sie haben Ihr Ziel erreicht. Der von Ihnen beschriebene Zustand ist eingetreten …". Dann lösen Sie mit einer

zirkulären Frage, „an welcher Handlung kann das Cluster (Name) erkennen, dass Sie Ihr Ziel erreicht haben?", den Perspektivwechsel aus.

**Variante „Körpereinsatz"**
Sie bitten Ihren Coachee, sich in das Cluster hineinzuversetzen bzw. die Perspektive des Clusters einzunehmen. Unterstützen können Sie das zusätzlich durch die Bitte, auch physisch den Blickwinkel des Clusters einzunehmen, z.B. dadurch, sich selbst auf das visualisierte Cluster zu stellen (Visualisierung am Boden) oder auch physisch an die Stelle des Tisches zu gehen, die dem Cluster am nächsten ist. Anschließend fragen Sie ihn, an welcher Handlung er als Cluster erkennen kann, dass er (vom Coachee als dritte Person reden) sein Ziel erreicht hat.

**Variante „vom Einfachen zum Besonderen"**
Sie erfragen von Ihrem Coachee, wie er in einer anderen Situation selbst einen Perspektivwechsel gemacht hat und lassen ihn diese Erkenntnis auf den anstehenden Perspektivwechsel übertragen.

Je besser Sie Ihrem Coachee die Wirkungsabsicht erklärt haben und je konsequenter Sie eine vom Coachee akzeptierte Variante einhalten, desto eher wird Ihr Coachee selbstständig. Sie lösen sich so schnell von der „Mechanik" und entgehen der Gefahr, dass Ihr Vorgehen etwas „hölzern" anmutet.

> **TIPP:** Dokumentiert Ihr Coachee sein Coaching mit einer Kamera, sollten Sie Ihren Coachee zur besseren Übersichtlichkeit bitten, die Antworten auf die o.a. Fragen in unterschiedlichen Farben aufzuschreiben.

**Bsp. aus dem o.a. Thema „Führung"**

Ziel: **„Ab dem 1.7. werde ich in meinem Privatleben Zufriedenheit erreicht haben."**

**Cluster „Privatleben"**
1. Handlung ab Ziel
   „An welcher Handlung erkennt das Cluster „Privatleben", dass Sie Ihr Ziel erreicht haben?"
   *Coachee (Vorname) geht zu gemeinsamen Veranstaltungen.*

2. Bedeutung (Folgen) der Handlung für das Cluster
„Welche Bedeutung hat diese Handlung für das ZEM „Privatleben"?"
*Das „Privatleben" findet das sehr gut.*

**Cluster „Kommunikation"** (Visualisierung auf Flipchart)
**Handlung ab Ziel:** Coachee (Vorname) hält angekündigte Freizeitaktivitäten ein.
**Bedeutung:** Die „Kommunikation" schätzt das.

**Cluster „Struktur"** (Visualisierung auf Flipchart)
**Handlung ab Ziel:** Coachee (Vorname) vereinbart eine saubere Projektplanung.
**Bedeutung:** Die „Struktur" ist verwirrt, bleibt neutral.

**Cluster „Meine Gefühle"** (Visualisierung auf Flipchart)
**Handlung ab Ziel:** Coachee (Vorname) steht nach dem ersten Weckerklingeln auf.
**Bedeutung:** „Meine Gefühle" finden das richtig gut.

> **TIPP:** In der Praxis schreibt Ihr Coachee in der Regel nicht von sich in der dritten Person. O.a. Beispiel ist einer der seltenen Fälle, in denen das so passiert ist. Schreibt Ihr Coachee stattdessen „ich", ist das aus Sicht des Coachingprozesses absolut in Ordnung, solange Sie als Prozessverantwortlicher überprüft haben, ob ein Perspektivwechsel stattgefunden hat.

Die Phase 2 endet damit, dass Sie Ihren Coachee fragen, ob er sein Ziel so beibehalten oder es ändern möchte.

Bewertet Ihr Coachee selbst die Folgen als wenig zuträglich für sein formuliertes Ziel, so kann es sein, dass sich im Laufe des Perspektivwechsels auch die emotionale Attraktivität seines Ziels geändert hat. Ihr Coachee hat die Möglichkeit, sein Ziel zu verändern. Jede Veränderung des Ziels beinhaltet eine erneute Auseinandersetzung mit den Folgen.

Bewertet Ihr Coachee die Folgen als für sich selbst akzeptabel, wird er sein Ziel unverändert lassen.

**KRITISCHE FAKTOREN BEI DER REFLEXION DER FOLGEN DES ZIELS**

Ähnlich wie bei Thema oder Ziel kann auch bei der Reflexion der Folgen des Ziels mithilfe der Zielerreichungsmerkmale ein Tunnelblick ausgelöst werden. Das passiert dann, wenn Ihr Coachee nicht darüber nachdenkt, was ab dem Moment der Zielerreichung für andere erkennbar ist, sondern darüber, wie er dieses Ziel erreicht.

**Phase 2 – zusammengefasst**
In der Phase „Thema und Zielklärung" entscheidet sich Ihr Coachee für sein Coachingthema und erkennt, mit welchen Merkmalen sein Thema zusammenhängt. Die deduktive Ebene des Coachingprozesses ermöglicht an dieser Stelle eine Wahrnehmungserweiterung.

Aus dem visualisierten IST-Zustand seines Themas leitet Ihr Coachee das Ziel seiner Veränderung ab, den SOLL-Zustand.

Die möglichen Auswirkungen seiner Zielerreichung bewertet Ihr Coachee aus Sicht der am Thema beteiligten Merkmale. Aus dieser Reflexion heraus entscheidet er, ob er sein Ziel so beibehalten oder es ändern möchte.

## 5.4 DIE PHASE 3 – ZIELORIENTIERTE RESSOURCENIDENTIFIKATION UND REFLEXION

**WIRKUNGSERWARTUNG DER PHASE 3**

Die zur Zielerreichung zur Verfügung stehenden Ressourcen sind identifiziert. Die bisherige thematische Selbstorganisation wird reflektiert.

**UNTERSTÜTZTE GRUNDANLIEGEN:**

- » Entscheidungsfähigkeit sichern
- » Wahrnehmungserweiterung (in Bezug auf die zur Verfügung stehenden Ressourcen) auslösen

Der Begriff „Ressource" entstammt dem französischen Wort „la ressource" und bedeutet „Mittel" oder „Quelle".

Für jede Handlung, die zu einem Ziel führen soll, benötigen wir Ressourcen, auf die wir zur Realisierung dieser Handlung zurückgreifen können.

Ihr Coachee entwickelt in Bezug auf sein Coachingthema Handlungskompetenz, indem er in Phase 4 des Coachingprozesses seine in Phase 3 identifizierten Ressourcen selbst so (neu/alternativ) organisiert, dass Handlungen entstehen, mit denen er sein in Phase 2 formuliertes Ziel selbst erreicht.

Der Coachingprozess verfolgt in dieser Phase das Anliegen, dass Ihr Coachee Ressourcen zur Erreichung seines Ziels identifiziert und sammelt. Manche davon waren vielleicht „verschüttet", weil Ihr Coachee sich ihrer nicht mehr bewusst war. Manche seiner Ressourcen hat Ihr Coachee vielleicht noch nie bewusst identifiziert, da er sich noch nie damit beschäftigt hat. Je besser Ihr Coachee kognitiv und emotional Kontakt zu seinen Ressourcen aufgenommen hat, desto höher ist ihre Verfügbarkeit für eine zukünftig erfolgreiche Selbstorganisation.

In Phase4 „Entwicklung und Auswahl von Verhaltensalternativen" wählt er aus seinen Ressourcen diejenigen aus, die er für ein alternatives (neues) Verhalten in Bezug auf ein Cluster benötigt. Die damit verbundenen Handlungen verbinden sich zu einem Plan, mit dem Ihr Coachee sein Ziel erreicht.

Da Ihr Coachee diesen Plan selbst entwickelt und der Plan auf den Ressourcen basiert, die ihm selbst zur Verfügung stehen, wird er mit hoher Wahrscheinlichkeit sein Ziel erfolgreich erreichen.

Doch welche Ressourcen sind es, aus denen ein erfolgreiches Handeln erfolgt?

Wird „erfolgreiches Handeln" als Handlungskompetenz verstanden, benötigt Ihr Coachee – orientiert am Kompetenzmodell – Ressourcen aus den folgenden Bereichen:

> » Persönliche Kompetenz": in Bezug auf sein Ziel hat er seine eigenen Motive, Werte und Begabungen (Intelligenzen) und seine „somatische Marker" identifiziert; Ressourcen aus dem Bereich der persönlichen Kompetenz werden innerhalb des Coachingprozesses in Teilphase 3.1. und hypothesengeleitet in Teilphase 3.3 identifiziert.

> „Sozio-kommunikative Kompetenz": in Bezug auf sein Ziel hat er zusätzlich die Werte aller identifiziert, die an seinem Thema beteiligt sind bzw. mit denen er Kommunikationskontexte unterhält;
Ressourcen aus dem Bereich der sozio-kommunikativen Kompetenz werden innerhalb des Coachingprozesses in Teilphase 3.2 und hypothesengeleitet in Teilphase 3.3 identifiziert.
> „Fachlich-methodische Kompetenz": in Bezug auf sein Ziel hat er seine dafür vorhandenen fachlichen Kenntnisse und Fertigkeiten (dazu zählen auch Methoden) identifiziert;
Ressourcen aus dem Bereich der fachlich-methodischen Kompetenz werden innerhalb des Coachingprozesses in Teilphase 3.4. und hypothesengeleitet in Teilphase 3.3 identifiziert.
> „Feldkompetenz": in Bezug auf sein Ziel hat er seine zur Zielerreichung verfügbaren branchenspezifischen, themenspezifischen und kulturellen Erfahrungen identifiziert;
Ressourcen aus dem Bereich der Feldkompetenz werden innerhalb des Coachingprozesses in Teilphase 3.4. und hypothesengeleitet in Teilphase 3.3 identifiziert.

**DEFINITION „SOMATISCHE MARKER"**
Der Begriff wurde vom portugiesischen Neurowissenschaftler António R. Damásio entwickelt und drückt aus, dass der Körper (griechisch: „Soma" ) mit den Emotionen (Geist) interagiert und die Bewertung dieser Interaktion individuell körperlich (Marker) signalisiert.

## KRITISCHER FAKTOR IN DER ANMODERATION

Mit dem Begriff „Ressourcen" entsteht bei Ihrem Coachee automatisch eine Assoziation. Er „dockt" ihn konstruktivistisch dort an, wo er selbst über Erfahrungen mit dem Begriff verfügt. Eine Vorstellung von Ressourcen analog zum Kompetenzmodell existiert in der Regel nicht.

Würde Ihr Coachee mit einer anderen Vorstellung von Ressourcen als derjenigen des Coachingprozesses an die Phase3 herangehen, wäre er in seinem Lernen irritiert. Als Coach können Sie Ihren Coachee fragen, was er persönlich" in Zusammenhang mit Coaching unter dem Begriff „Ressourcen versteht. So erfahren Sie, wie er ihn

„angedockt" hat und können gegebenenfalls den Begriff aus Sicht des Coachingprozesses faktisch richtig erklären.

**TIPP:** Erklären Sie Ihrem Coachee auch, warum Motive und Werte Ressourcen sind.

## 5.4.1 TEILPHASE 3.1.
## „MOTIVE, WERTE UND INTELLIGENZEN
## ZUR ZIELERREICHUNG ERMITTELN

### WIRKUNGSERWARTUNG DER TEILPHASE 3.1

Die zur Zielerreichung benötigten und zur Verfügung stehenden Motive, Werte und Begabungen sind identifiziert.

### UNTERSTÜTZTE GRUNDANLIEGEN:

» Entscheidungsfähigkeit sichern
» Wahrnehmungserweiterung auslösen

Jede Entscheidung, die wir treffen, hat mit Emotionen zu tun. Ob Sie Gäste zum Essen einladen oder sich im Thema Führung verändern wollen – Sie greifen auf Ihre emotionale Bewertung der Situation zurück. Erst danach wird eine Entscheidung für ein Verhalten auch rational begründet.

Emotionen sind entweder angenehm oder aber unangenehm. Ist eine Entscheidung für ein Verhalten emotional unangenehm und daher wenig attraktiv, kann keine Motivation entstehen.

Zwischen „angenehm" und „unangenehm" gibt es (körper-)sprachlich viele Nuancen, die uns helfen, anderen unsere emotionale Befindlichkeit mitzuteilen. Um zu erklären, wie es zu einem bestimmten Gefühl kommt, können wir erklären, was uns passiert ist und warum das vielleicht so ist. Wir erschaffen uns unsere eigene „Konstruktion", aus der heraus wir unsere Emotionen unterscheiden und verstehen können.

Eine andere Möglichkeit bietet uns die Psychologie, indem sie Konstruktionen bereithält, die uns helfen, unsere Emotionen zu verstehen. Anders als in der Therapie – bei der ein Therapeut psychologische Konstruktionen nutzt, um die Emotionen und Entscheidungsbildung seines Patienten zu verstehen – nutzt der Coachee im Coaching diese Konstruktionen selbst, um seine Emotionen im Zusammenhang mit seinem Coachingthema zu identifizieren und Wechselwirkungen zu erkennen.

Im Coaching kann daher abstrahiert von einer Wechselwirkung von Motiven und Werten innerhalb eines Kontextes gesprochen werden (siehe Kapitel 3).

Wenn Sie etwas unternehmen wollen, werden Sie vermutlich überlegen, ob das, was Sie später tun könnten, für Sie in irgendeiner Form emotional wertvoll oder von Wert ist. Ihre Überlegung, was Sie tun könnten, orientiert sich an den Werten, die Sie persönlich mit dem Kontext „Unternehmung" verbinden. Damit Sie sich sprichwörtlich in Bewegung setzen (lat. movere = bewegen), sollte der künftige Kontext Ihre Motive ansprechen. Ist er für Ihre Motive attraktiv bzw. wertvoll, entsteht Motivation. Jede Handlung in Bezug auf einen Kontext greift auf die Ressource „Motive" (im Sine einer „Kraftquelle") zurück. Soll eine neue Handlung entstehen, z. B. in Phase 4.1 des Coachingprozesses, ist es von Vorteil zu wissen, welche Motive ich als Mensch generell habe und welche von diesen Motiven für die Zielerreichung förderlich bzw. hinderlich sind. So kann es z. B. sein, dass ein Motiv „Dominanz" in bestimmten Situationen (Kontexten), in den „Gewinnen" von Wert ist, eine förderliche Ressource darstellt. In anderen Situationen hingegen, in denen vielleicht „Kompromisse" von Wert sind, ist ein solches Motiv eher hinderlich. Gleiches gilt für Werte: Z.B. kann ein Wert „Pünktlichkeit" in bestimmten Situation förderlich sein, wenn sich Ihr Verhalten daran orientiert. In Situationen, in denen sich andere an Werten wie „Flexibilität" orientieren, ist er dagegen eher hinderlich.

Es ist unsere Wahl, welche Motive und Werte wir in die Entscheidungsbildung einbeziehen. Leider funktioniert die bewusste Wahl in einer momentanen Situation nicht. Im Coaching entsteht jedoch ein Handlungsplan für zukünftig erfolgreiches Verhalten. Auf welche Motive ich als „Kraftquelle" zurückgreife und an welchen Werten ich mich orientiere, um neue Handlungen entstehen zu lassen, kann daher bewusst geplant und geübt werden.

Eine Voraussetzung dafür ist, dass der Coachee seine Motive und Werte in Bezug auf sein Coachingthema kennt.

## PRAXIS – EIGENE MOTIVE ALS RESSOURCE ZUR ZIELERREICHUNG IDENTIFIZIEREN

In der Regel hat sich Ihr Coachee bisher noch nicht mit seinen Motiven beschäftigt. Diese Beschäftigung ist für ihn etwas Neues, das er noch nicht mit vorhandenem Wissen verknüpfen kann.

Um Ihren Coachee an Motive heranzuführen, hat sich ein pädagogisches Prinzip bewährt, das „vom Allgemeinen zum Besonderen" lautet. Für Ihr Coaching bedeutet das, dass Ihr Coachee seine Motive zunächst kontextlos (allgemein), d.h. ohne Bezug zu seinem Coachingthema identifiziert, und zwar diejenigen, die er ganz allgemein „spürt". Erst nachdem das geschehen ist, identifiziert Ihr Coachee, welche Motive in Zusammenhang mit seinem Ziel von Bedeutung sind („Ziel" entspricht „dem Besonderen").

An dieser Stelle haben sich „Motivkarten" bewährt. Motivkarten bilden die Definitionen der dem Coaching zugrunde liegenden fachlichen Basis ab. In u.a. Grafik entstammen die Motive und Definitionen der in Kapitel 3 vorgestellten Motivations-PotenzialAnalyse, MPA.

## TYPISCHES VORGEHEN IN DER PRAXIS

Nachdem der Coachee verstanden hat, warum innerhalb des Coachingprozesses Motive als Ressource identifiziert werden, bietet der Coach seinem Coachee das vollständige Set an Motivkarten an. Da er sich am Wert FREIHEIT orientiert, trifft er als Coach keine Auswahl, sondern überlässt das seinem Coachee. Damit der Coachee selbst auswählen kann, ist es an dieser Stelle wichtig, dass er jedes Motiv in Kontakt zu seiner emotionalen Identität bringt. Motive sind Emotion. Es geht nicht darum, dass der Kopf die Definitionen versteht, sondern darum, dass der Coachee sie als Emotion versteht bzw. spürt.

Der Coach kann den Kontakt zu den einzelnen Motiven durch folgende beispielhafte Fragen unterstützen:

» Spüren Sie dieses Motiv?
» Wie oder wo spüren Sie das?
» In welcher Situation spüren Sie dieses Motiv, in welcher auch nicht?
» Haben Sie vielleicht ein Beispiel dafür, wie in einer bestimmten Situation dieses Motiv Ihre Motivation beeinflusst hat?

Hat Ihr Coachee Kontakt zu seinen Motiven aufgenommen und die Motive aus dem Kartenset ausgewählt, die er „spürt", kann er zusätzlich gebeten werden, diese Motive im Hinblick auf ihre gefühlte Intensität zu ordnen. Diese Reflexion verbessert den Kontakt.

Erst jetzt werden die Motive mit der Zielerreichung in Beziehung gesetzt. Ihr Coachee wird dazu gebeten, aus den ihn beschreibenden Motiven diejenigen auszuwählen, die für die Zielerreichung förderlich sind, wenn er sie als Ressource nutzt. Anschließend wird er dazu aufgefordert, diejenigen auszuwählen, die für die Zielerreichung hinderlich sind, wenn er sie als Ressource nutzt.

**DEFINITION MOTIV**
Ein Motiv ist ein unspezifischer Beweggrund für ein Verhalten.

**DEFINITION WERT**
Ein Wert dient der individuellen Orientierung für (emotional) attraktives Verhalten.

Ressourcenidentifikation „Motive", Praxisbeispiel Thema: „Führung",

Ziel: **„Ab dem 1.7. werde ich in meinem Privatleben Zufriedenheit erreicht haben."**

*Abb. 5.4.1-1 Förderliche und hinderliche Motive*

**TIPP:** Auch im Coaching sind kleine Kontrollen sinnvoll. Jede Phase und Teilphase im Coachingprozess ist in ihrer Wirkungserwartung beschrieben. Ob diese Wirkungserwartung auch eingetreten ist, ist vom Coach im Rahmen der Prozessverantwortung zu „kontrollieren". Orientiert an den Taxonomiestufen hat der Coachee faktisches Wissen – z.B. über Motive – erworben, es in der Identifikation der Motive angewandt und anschließend reflektiert, welche Motive für die Zielerreichung förderlich oder hinderlich sind. Welche Erkenntnisse er daraus gezogen hat, ist an dieser Stelle meist nicht bekannt. Als Coach können Sie überprüfen, ob Ihr Coachee verstanden hat, warum im Coaching Motive identifiziert werden, indem Sie ihm z.B. folgende Fragen stellen:

» Aus welchem Grund werden Motive im Coaching als Ressource identifiziert?
» Welche Bedeutung hat es generell, seine eigenen Motive zu kennen, egal welches Ziel man erreichen will?

## PRAXIS – EIGENE WERTE ALS RESSOURCE ZUR ZIELERREICHUNG IDENTIFIZIEREN

Ganz ähnlich wie Motive werden auch die eigenen Werte des Coachees identifiziert. Auch hier gilt das Prinzip „vom Allgemeinen zum Besonderen". Es gibt jedoch einen kleinen Unterschied: Motive beruhen auf definierten psychologischen Erkenntnissen. Abhängig davon, auf welche Modellkonstruktionen zurückgegriffen wird, existiert eine klar umrissene Menge an Motiven. Die Anzahl möglicher Worte für Werte ist unbegrenzt. Der Mensch formuliert das, woran er seine Entscheidungen orientiert bzw. das, was ihm in einem Kontext wichtig ist, nach seinem Vermögen und wählt dazu Worte, die ihm passend erscheinen. Das Wort für einen Wert ist grundsätzlich konstruktivistisch zu verstehen.

Ihr Coachee kann seine Werte also frei formulieren.

Die Kontaktaufnahme zu den eigenen Werten kann in der Praxis durch folgende, beispielhafte Fragen unterstützt werden:

- » Was ist Ihnen ganz generell wichtig/von Wert/wertvoll?
- » In welchen Situationen spüren Sie das?
- » Wie beeinflusst dieser Wert Ihr Verhalten/Ihre Entscheidung?

Ressourcenidentifikation „Werte", Praxisbeispiel Thema: „Führung",

Ziel: „**Ab dem 1.7. werde ich in meinem Privatleben Zufriedenheit erreicht haben.**"

*Abb. 5.4.1-2 Förderliche und hinderliche Werte*

## ZUSÄTZLICHE VARIANTE „FUNKTIONSBEZOGENE WERTE"

Als Coach wissen Sie, dass Ihr Coachee innerhalb seines Unternehmens eine konkrete Funktion wahrnimmt. Er verantwortet ein Thema. Im unternehmerischen Sinne geht es weniger darum, was dem Individuum wichtig ist, sondern darum, was aus Sicht der Funktion wichtig ist. Bei einer Präsentation argumentiert ein Unternehmensangehöriger beispielsweise aus der Funktion heraus, die er im Unternehmen hat. Ein Leiter des Controlling spricht und argumentiert als Leiter des Controlling, so wie der Geschäftsführer als Geschäftsführer argumentiert. Diese Tatsache kann ein wertvolles Reflexionsangebot sein, indem Sie Ihren Coachee mündlich begründet bitten, einmal das aufzulisten, was aus Sicht der Funktion, die er innehat, wichtig ist. Auch hier können Sie wieder auf 5 Werte reduzieren.

**TIPP:** Nicht jeder Mensch hat bereits über Werte nachgedacht und findet gleich die passenden Worte. An dieser Stelle hat sich das Hilfsmittel „Werteliste" (Kapitel 3) bewährt. Ihr Coachee kann in der Auseinandersetzung mit den einzelnen Wortangeboten überlegen, ob er ein Wort als Wert aufgreift. Auf diese Weise wird er „sprachfähig".

**TIPP:** Um die Auseinandersetzung mit Motiven und Werten zu fördern, können Sie – orientiert am MVWK-Modell – Ihren Coachee bitten, zu reflektieren, mit welchem Motiv oder welchen Motiven ein Wert zusammenhängt.

Erkennt er Zusammenhänge, wird neues Wissen neuronal vernetzt und die Verfügbarkeit dieser Ressourcen verbessert.

Gleichzeitig ist diese Variante empfehlenswert, um für den Coachee sozial erwünschtes Verhalten erkennbar zu gestalten. Erkennt er keinen Zusammenhang, besteht die Möglichkeit, dass Ihr Coachee entweder die Motive oder die Werte sozial erwünscht formuliert hat. Als Coach erklären Sie Ihrem Coachee in einem solchen Fall, dass Motive und Werte innerhalb eines Kontextes faktisch einen konstruktivistischen Zusammenhang bilden und bitten ihn, selbst herauszufinden, warum das aktuell nicht der Fall ist.

## PRAXIS – EIGENE INTELLIGENZEN ALS RESSOURCE ZUR ZIELERREICHUNG IDENTIFIZIEREN

Manchen Menschen fallen bestimmte Dinge leichter als anderen. So kann es sein, dass man selbst z.B. motorische Abläufe in einer für sich neuen Sportart deutlich länger einüben muss als jemand, der zeitgleich mit uns diese Sportart begonnen hat. Für dieses Phänomen gibt es drei geeignete Erklärungen:

1. Durch wiederholtes Üben von Bewegungsabläufen in anderen Zusammenhängen haben sich im Gehirn neuronale Strukturen herausgebildet, die jetzt vom Übenden auch für die neue Sportart als grundsätzliche Ressource genutzt werden.

2. Von Geburt an sind grundsätzliche neuronale Strukturen im körperlich-kinästhetischen Bereich (Begabung bzw. Intelligenz) bereits vorhanden. Diese werden vom Übenden für die neue Sportart genutzt.
3. Durch Begabung und motorische Übung wurden neuronale Strukturen optimiert und stehen als Ressource für neuen Sportarten zur Verfügung.

Oft ist es uns selbst gar nicht bewusst, dass wir bestimmte Begabungen bzw. förderliche Intelligenzen haben. Es ist für uns ganz „normal", darüber zu verfügen. Wird die Begabung Ihrem Coachee durch Ihr Reflexionsangebot als Coach präsent, kann er sie bewusst als Ressource nutzen.

Doch auch Begabungen können hinderlich sein: Wenn Sie über eine oder mehrere Begabungen als Ressource verfügen, werden Sie sich im Laufe Ihres Lebens oftmals so verhalten haben, dass Sie diese Ressourcen bewusst genutzt haben. Die Art und Weise, wie Sie Entscheidungen bilden, bevorzugt vielleicht solche Entscheidungen, bei denen Sie Ihre Begabungen einsetzen können. So kann es z.B. sein, dass Sie gerne auf eine „logisch-mathematische Intelligenz" zurückgreifen, sich das aber hinderlich im Umgang mit Menschen erweist, die nicht über diese Begabung verfügen.

In der Praxis hat sich die von Howard Gardner entwickelte Klassifikation von Begabungen in 8 Intelligenzen bewährt. Auch hier gilt der Grundsatz „vom Allgemeinen zum Besonderen". Jede der 8 Intelligenzen wird auf Einzelkarten angeboten.

**HOWARD EARL GARDNER**
geboren am 11. Juli 1943 in Scranton (Pennsylvania), USA) entwickelte die Theorie der multiplen Intelligenzen.

Ressourcenidentifikation „Intelligenzen/Begabungen", Praxisbeispiel Thema: „Führung",

Ziel: **„Ab dem 1.7. werde ich in meinem Privatleben Zufriedenheit erreicht haben."**

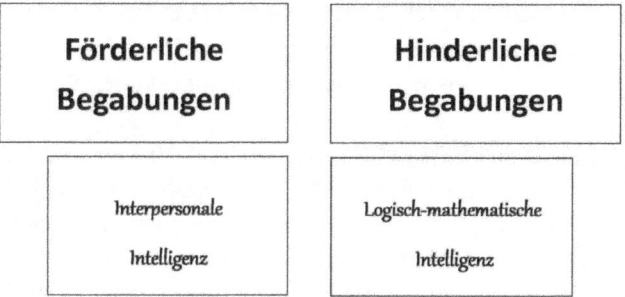

*Abb. 5.4.1-3 Förderliche und hinderliche Begabungen*

**TIPP:** Eine Begabung ist vergleichbar mit einem Geschenk der Natur. Nur wurde nicht jeder beschenkt. In der Anmoderation von „Begabungen" ist es hilfreich, wenn Sie als Coach die Tatsache betonen, dass eine Begabung vorliegen kann, aber nicht vorliegen muss.

Das synonyme Verwenden der Begriffe Begabung und Intelligenz ist fachlich nicht ganz korrekt. In der Praxis hat es sich jedoch bewährt, von Begabungen zu reden, da der Coachee auf diese Weise Intelligenz eher als Ressource zur Zielerreichung begreift.

## 5.4.2 TEILPHASE 3.2

## „WERTE DES KOMMUNIKATIONSKONTEXTS ERMITTELN"

### WIRKUNGSERWARTUNG DER TEILPHASE 3.2

Die Wahrnehmung des Coachees in Bezug auf die Werte des Kommunikationskontextes wird erweitert.

## UNTERSTÜTZTE GRUNDANLIEGEN:

- » Entscheidungsfähigkeit sichern
- » Wahrnehmungserweiterung auslösen

Ein auf Paul Watzlawik (Kommunikationswissenschaftler 1921–2007) zurückgehendes Axiom lautet: „Man kann nicht *nicht* kommunizieren." Sobald ein Mensch einen anderen wahrnimmt, kommuniziert er mit ihm, sowohl verbal als auch nonverbal. Es entsteht ein sozialer Kontext bzw. ein „Kommunikationskontext".

Das Verständnis Watzlawiks ist sogar noch erweiterbar: Als Mensch nehmen wir nicht nur andere Menschen wahr, sondern auch eine Vielzahl von Objekten, die jeweils eine individuelle Bedeutung für uns haben. Meist reden wir nicht mit einem Objekt, doch löst dieses Objekt in dem Moment, in dem wir es bewerten, eine Emotion in uns aus. Wenn Sie z. B. beim Betrachten eines Kunstgegenstandes die Miene verziehen, kommunizieren Sie nonverbal. Der Kunstgegenstand kann in diesem Fall nur schwerlich auf Sie reagieren.

Sobald Objekte eine (meist von Menschen gewünschte) bestimmte Funktion erfüllen sollen, wird ein Kommunikationskontext aufgebaut.

In jedem Unternehmen gibt es Prozesse. Ein Prozess ist in seiner Abfolge festgelegt, um ein konkretes Ziel zu erreichen. Das ist seine Funktion. Damit der Prozess funktioniert, muss er eingehalten werden. Könnten wir einen Prozess befragen, wäre ihm wichtig (Wert), dass er eingehalten wird. Wenn wir eben diesen Wert nicht berücksichtigen und uns einem unternehmerischen Prozess gegenüber so verhalten, wie es uns gefällt, wird dieser Prozess nicht funktionieren. Insofern bauen wir im Alltag auch zu (leblosen) Objekten Kommunikationskontexte auf.

Zur Handlungskompetenz gehört die sozio-kommunikative Kompetenz. Ohne zu wissen, was anderen, die im Zusammenhang mit meinem Thema stehen, wichtig ist, was ihre Werte in Bezug auf das Thema sind, können wir keinen Kommunikationskontext aufbauen. Ob wir uns dann tatsächlich für eine Orientierung an diesen Werten entscheiden, bleibt uns überlassen. Um das bewusst entscheiden zu können, führt kein Weg daran vorbei, sich mit den Werten der relevanten Kommunikationskontexte auseinanderzusetzen. Sie sind eine Ressource, die bekannt sein muss, um darauf im Rahmen der Selbstorganisation zurückgreifen zu können.

## PRAXIS

In der Praxis hat Ihr Coachee all das, was für ihn erkennbar mit seinem Thema zusammenhängt, in Teilphase 2.1 visualisiert. Anschließend hat er die Komplexität selbst so weit reduziert, dass Cluster entstanden sind. Mit jedem Cluster unterhält er einen Kommunikationskontext, dessen Werte nun in der Teilphase 3.2. ermittelt werden. Unabhängig von der späteren Variante moderieren Sie das folgende Angebot so an, dass Ihr Coachee nachvollziehen kann, warum diese Teilphase wichtig ist. Als grafische Unterstützung der Anmoderation ist hier das Kompetenzmodell oder das MVWK-Modell sehr gut geeignet.

Grundsätzlich gibt es zwei Möglichkeiten, die davon abhängen, welche davon Ihr Coachee bevorzugt:

1. Sie lassen Ihren Coachee die Werte der Cluster ermitteln und auf einzelnen Moderationskarten als Ressource visualisieren.

   Typische Fragen des Coachs:
   „Mit welchem Cluster möchten Sie beginnen?"
   „Was ist Cluster „x" in Bezug auf Ihr Thema wichtig?"
2. Sie bitten Ihren Coachee – bezugnehmend auf seine visuelle Aufstellung – zu jeder der am Thema beteiligten Personen deren Werte zu identifizieren, die in Zusammenhang mit seinem Coachingthema stehen. Diese Variante fällt vielen Coachees, die sich nur schwer in ein „Cluster" hineinversetzen können, in der Regel deutlich leichter.

   Typische Fragen des Coachs:
   „Mit welcher Person möchten Sie beginnen?"
   „Was ist Person „x" in Bezug auf Ihr Thema wichtig?"

Sollte z. B. die Anzahl der Werte eines Clusters oder der Personen bei mehr als fünf liegen, können Sie – dem Pareto-Prinzip und neurowissenschaftlichen Erkenntnissen folgend – die Anzahl jeweils auf fünf Werte reduzieren lassen.

**TIPP:** Es kommt häufig vor, das ein Coachee sich bisher keine Gedanken darüber gemacht hat, was anderen im Zusammenhang mit seinem Thema wichtig ist oder sein könnte. Steht eine benötigte Ressource nicht zur Verfügung, sollten Sie Ihren Coachee bitten, diesen Sachverhalt als „noch benötigte Ressource" ebenfalls zu visualisieren. Bei der Entwicklung des Handlungsplans in Teilphase 4.1 kann er diese Erkenntnis erneut aufgreifen. Sie haben auch die Möglichkeit, seine Erkenntnis in Teilphase 4.3 „potenzielle Probleme" zu thematisieren.

### EMPFOHLENE VARIANTEN

**Variante „Wahrnehmungspositionswechsel"**
Ein Wahrnehmungspositionswechsel ist als Intervention am Markt bekannt. Die grundsätzliche Idee kann auch zur Identifikation von Werten genutzt werden. Jedoch orientiert sich die Absicht dieses Vorgehens nicht an der Entwicklung einer Lösung, sondern an der Wirkungserwartung der Teilphase des Prozesses. Praktisch heißt das, dass Sie die „Position" des anderen, d.h. den Perspektivwechsel nutzen, um einen besseren Ressourcenzugriff zu ermöglichen, um so aus „Sicht des Clusters" dessen Werte zu ermitteln.

**Variante „Pareto"**
Sie bitten Ihren Coachee, die Personen aus seiner visuellen Aufstellung zu wählen, die aus seiner Sicht für sein Thema am bedeutendsten sind. Nur für diese Personen werden Werte als Ressource identifiziert.

Diese Variante kann besonders bei einer sehr großen Anzahl von Personen helfen, Zeit zu sparen. Der Coachee trifft selbst die Entscheidung, welche Personen im Zusammenhang mit seinem Thema besonders wichtig sind.

**TIPP:** Natürlich können Sie als Coach eine bekannte Variante auswählen. Sie orientieren sich an der Wirkungserwartung der Teilphase und an den Werten des Kontextes Coaching. Je besser Sie jedoch als Coach unterschiedliche Varianten beherrschen und vielleicht sogar schon eigene entwickelt haben, desto besser können Sie den Kommunikationskontext zu Ihrem Coachee aufbauen.

**Praxisbeispiel**
Thema „Führung"

| Werte KOMMUNIKATION | Werte STRUKTUREN | Werte PRIVATLEBEN | Werte GEFÜHLE |
|---|---|---|---|
| Team | Ergebnisse | Mitbestimmung | Zusammensein |
| Vertrauen | Beständigkeit | Sport | Loyalität |
| Verbindlichkeit | Innovation | Beständigkeit | Vertrauen |
| Mitwirkung | Effizienz | Vertrauen | Beständigkeit |
| Respekt |  | Ergebnisse |  |

*Abb. 5.4.1 Werte des Kommunikationskontextes*

## 5.4.3 TEILPHASE 3.3
## „HYPOTHESENGELEITET RESSOURCEN ERMITTELN"

### WIRKUNGSERWARTUNG DER TEILPHASE 3.3

Der Coachee entscheidet einerseits, ob er eine Hypothese seines Coachs annimmt, die ihm helfen soll, weitere Ressourcen zur Zielerreichung wahrzunehmen. Andererseits entscheidet er selbst, welche Ressourcen aus dem hypothesengeleiteten Angebot des Coachs er zur Zielerreichung auswählt.

### UNTERSTÜTZTE GRUNDANLIEGEN:

» Entscheidungsfähigkeit sichern
» Wahrnehmungserweiterung auslösen

Motive und Werte sind an jedem Thema beteiligt. Betriebswirtschaftlich gesprochen sind sie die „Fix-Ressourcen". Neben diesen Fix-Ressourcen" gibt es „variable Ressourcen". Sie sind nicht grundsätzlich an einem Thema beteiligt, sondern „themen-spezifisch" und können alle Kompetenzbereiche betreffen.

Die aus der Transaktionsanalyse bekannten „inneren Antreiber" (sei gefällig, sei stark, sei perfekt, streng Dich an, beeil Dich) korrespondieren z. B. mit den Bereichen der persönlichen und sozio-kommunikativen Kompetenz. Nur darf zu keiner Zeit davon ausgegangen werden, dass sie für den Coachee auch wirklich eine Relevanz haben. Abhängig von seiner Person oder seinem Thema können sie auch völlig irrelevant sein.

Themen-spezifische bzw. variable Ressourcen ergänzen die Fix-Ressourcen und ermöglichen dem Coachee eine weitere Wahrnehmungserweiterung in Bezug auf all das, was ihm zur Zielerreichung zur Verfügung steht.

Anders als ein Berater geben Sie als Coach nicht Ihre Erfahrungen weiter, da Sie dadurch Ihren Coachee beeinflussen (Wert „Freiheit") würden. Sie wissen auch, dass Erfahrung nicht übertragbar ist. Ihr Coachee kann nur auf Ressourcen zurückgreifen, über die er tatsächlich verfügt oder die er sich selbst aneignen kann.

Natürlich können Sie an dieser Stelle argumentieren, dass sich Ihr Coachee ja aussuchen kann, ob er Ihre Erfahrung annimmt oder nicht – psychologisch passiert bei Ihrem Coachee jedoch etwas anderes: In dem Moment, in dem er Ihre Formulierung hört, haben Sie ein „Priming" ausgelöst.

**DEFINITION PRIMING**
Semantisches Priming bedeutet, dass die Verarbeitung eines Wortes die Verarbeitung eines zweiten nachfolgenden Wortes beeinflusst, falls zwischen beiden Wörtern eine Beziehung konstruiert werden kann. Priming ist der initiale Deutungskontext, der die weitere Deutung eines Themas beeinflusst.

Ihr Coachee wird in seiner Lösungsentwicklung beeinflusst, da sein Gehirn Ihre Formulierung aufgreift und weitere Gedanken daraus ableitet. Er ist in Bezug auf seine Entscheidungen und die Entwicklung von Verhaltensalternativen befangen.

Als Coach bilden Sie in dieser Teilphase ausschließlich Hypothesen, die auf wissenschaftlichen Modellen oder Theorien gründen. Auf diese Weise wird innerhalb des Prozesses gewährleistet, dass Sie keine auf Ihrer Lebenserfahrung basierenden Hypothesen bilden, die einerseits den Coachee beeinflussen, andererseits Widerstände auslösen könnten. Der Coachee selbst entscheidet, ob er Ihre Hypothese teilt und das aus Ihrer Hypothesenbildung folgende Angebot eine Relevanz für ihn hat.

## PRAXIS

Bis zum Ende der Phase 2 haben Sie durch Zuhören Hypothesen gebildet. Gehörte Wörter bzw. mündliche oder visualisierte Äußerungen haben Sie Ihnen bekannten themenspezifischen Modellen oder Theorien (Feedbacksystematiken) zugeordnet. Im Kopf geschieht die Zuordnung z. B. durch folgenden Satz: „Möglicherweise haben die 14 Führungsaufgaben (siehe Abb. 5.4.3-1) mit dem Coachingthema zu tun und könnten meinem Coachee helfen, themen-spezifische Ressourcen zu identifizieren". In der Kurzform: „Möglicherweise 14 FA". Je öfter Sie eine Zuordnung der konkreten, wörtlichen Äußerungen Ihres Coachee zu einem bestimmten Modell oder einer Theorie vornehmen können, desto höher ist die Wahrscheinlichkeit, dass Ihr Coachee Ihr Angebot in Teilphase 3.3 annimmt.

Ein Angebot des Coachs in Teilphase 3.3 ist ein Angebot auf der abstrakten Ebene des Coachingprozesses. Sie stellen dem Coachee eine Feedbacksystematik zur Verfügung, aus der er selbst ableitet, welche Ressourcen zur Zielerreichung benötigt werden könnten.

Um dem Coachee einen unbefangenen Umgang mit der Feedbacksystematik und eine intensivere Reflexion zu ermöglichen, sollte die Feedbacksystematik auf einzelnen Karten angeboten werden. Innerhalb eines „privaten" Coachingthemas kann z. B. häufig die Hypothese „Möglicherweise 14 Führungsaufgaben" gebildet werden. Würden Sie Ihrem Coachee sämtliche Aufgaben als Liste mit der Überschrift „14 Führungsaufgaben" anbieten, kann es passieren, dass er diese Überschrift nicht mit seinem Thema verbinden kann und Ihre Hypothese daher ablehnt.

In der Praxis hat sich folgender Ablauf bewährt:

1. **Entscheidung des Coachees, ob er Ihre Hypothese teilt**
   Einleitung des Coachs: „Ich habe die Hypothese gebildet, dass diese Karten mit Ihrem Thema zu tun haben könnten."

   Angebot des Coachs: Z. B. Die Führungsaufgaben auf 14 einzelnen Karten. Ihr Coachee bringt die Karten mit seinem Thema in Verbindung und bestätigt Ihre Hypothese. Lehnt er sie (begründet) ab, geht es weiter zum nächsten Angebot.
2. **Reflexion der Zusammenhänge**
   Typische Frage des Coachs: „Was konkret haben diese Karten mit Ihrem Thema zu tun?"
   Hat Ihr Coachee zuvor entschieden, ob das gesamte Angebot etwas mit seinem

Thema zu tun hat, überlegt er nun genau, welche der Führungsaufgaben in welcher Form mit seinem Thema zu tun haben könnten. Er „dockt" emotional und kognitiv an die Feedbacksystematik an. Dieses Andocken ist eine Voraussetzung für den nächsten Schritt und unterstützt auch die spätere Teilphase 3.5, in der der Coachee über sein bisheriges Analyse- und Lösungsmuster reflektiert.

3. **Identifikation von Ressourcen zur Zielerreichung**
   Typische Frage des Coachs: „Könnten diese Karten Ihnen helfen, Ressourcen zu finden, die Sie zur Zielerreichung verwenden können?"
   Ihr Coachee nutzt jetzt entweder einzelne Karten selbst als Ressource (siehe Abb. 5.4.3-2) oder leitet aus einzelnen Karten eigene Formulierungen ab.
   Da der Coachee selbst wählen darf, wird er an dieser Stelle keine Ressourcen visualisieren, die er nicht verwenden möchte oder kann.

**Praxisbeispiel**
Thema „Führung"
Feedbacksystematik
„14 Führungsaufgaben"
(Initiativpflichten einer Führungskraft, entwickelt von Dr. Rolf Meier)

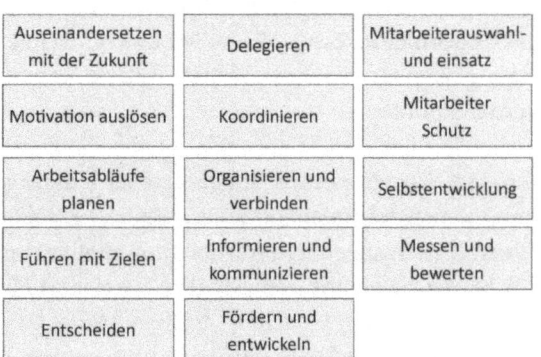

*Abb. 5.4.3-1 „Die 14 Führungsaufgaben als Feedbacksystematik"*

**Praxisbeispiel**
Thema „Führung"

*Abb. 5.4.3-2 „Führungsaufgaben als Ressource zur Zielerreichung"*

Hypothesen bilden zu können, erfordert vom Coach vorhandenes faktisches Wissen über Modelle und Theorien, die in Teilphase 3.3 verwendet werden können.
In einem konsequent systemisch-konstruktivistischem Coaching können z. B. folgende Modelle ebenfalls verwendet werden:

» Innere Antreiber (5 Karten der Antreiber plus Karten „Antreiber", „Blockierer", Erlauber")
» Kommunikationsmodell der Transaktionsanalyse
» Johari-Fenster nach Ingham und Luft
» Konfliktlösungsmuster nach Schwarz
» Teamphasen nach Tuckman
» Grundeinsichten der Führung nach Dr. Rolf Meier
» U.v.m.

## 5.4.4 TEILPHASE 3.4

## „RESSOURCEN AUS EIGENEN UND FREMDEN QUELLEN"

**WIRKUNGSERWARTUNG DER TEILPHASE 3.4**

Der Coachee entscheidet unabhängig von den Teilphasen 3.1–3.3, welche Ressourcen er darüber hinaus zur Zielerreichung nutzen könnte.

**UNTERSTÜTZTES GRUNDANLIEGEN:**

» Entscheidungsfähigkeit sichern

Eine der wichtigsten Ressourcen ist die eigene Erfahrung. Im Laufe unseres Lebens haben wir Erkenntnisse gewonnen. Diese Erkenntnisse können auch im Coachingthema eine nützliche Ressource (eigene Quelle) zur Zielerreichung sein. So kann es sein, dass Ihr Coachee sein aktuelles Thema in der Vergangenheit schon einmal erfolgreich bearbeitet hat oder in einem für ihn ähnlichem Thema erfolgreich war oder ist. Die Ressourcen, die er dort verwendet hat, können ihm auch bei der aktuellen Zielerreichung helfen.

Beispiel für ein ähnliches Thema: Es kann es sein, das Ihr Coachee als Mutter sehr erfolgreich ist und dieses Thema als vergleichbar zu seinem Thema „Führung" sieht.

Als „Mutter" hat sie ihre Kinder geführt. Dabei haben „klare Grenzen", „Offenheit" und „Zuwendung" geholfen, erfolgreich zu sein. Diese Ressourcen könnten auch bei der aktuellen Zielerreichung helfen.

**PRAXIS – RESSOURCEN AUS EIGENEN QUELLEN**

Sie fragen Ihren Coachee, ob er

a. in der Vergangenheit vielleicht schon einmal ein Thema, das seinem aktuellen Thema entspricht, erfolgreich bearbeitet hat,
b. ein ähnliches Thema in einem anderen Kontext schon einmal erfolgreich gelöst hat.

Signalisiert Ihr Coachee Ihnen dies mit „ja", schließen Sie mit der Frage an, welche Ressourcen ihm in diesem Fall geholfen haben und ob diese Ressourcen auch eine Ressource für sein gegenwärtiges Ziel sein können. Die gefundenen Ressourcen werden ebenfalls visualisiert.

Selten stehen wir als Mensch gänzlich allein vor einer Herausforderung. Wir können andere um Hilfe bitten, ihr Fachwissen erfragen oder uns aus Quellen bedienen, die nützliches Wissen enthalten, ob nun online oder ganz klassisch aus Büchern. Zur Zielerreichung können uns auch diese Ressourcen aus „fremden Quellen" dienen.

**PRAXIS – RESSOURCEN AUS FREMDEN QUELLEN**

Sie fragen Ihren Coachee, ob er

a. Menschen kennt, die ihn in irgendeiner Form unterstützen könnten und eine Ressource für seine Zielerreichung darstellen.
b. weitere Quellen kennt, z. B. Bücher oder Onlinequellen, die ihm helfen könnten, sein Ziel zu erreichen.

Die gefundenen Ressourcen werden ebenfalls visualisiert.

**TIPP:** Je besser Sie sich auf Ihren Coachee vorbereiten und vielleicht Gelegenheit hatten, die Webseite seiner Firma zu studieren oder auch seinen Lebenslauf, dest besser können Sie Ihren Coachee in dieser Phase durch kontextbezogenes Faktenwissen (nicht durch Sie bewertetes Wissen) unterstützen. Es ist eine Tatsache, dass Menschen Erfahrungen benötigen. Oft hat Ihr Coachee schon verschiedene Weiterbildungen besucht wie z.B. „Führungsseminare" oder „Kommunikationstrainings", deren reflektierte Inhalte er als themenspezifische Ressource nutzen kann.

**Praxisbeispiel**
Thema „Führung"
(Coachee hat als vergleichbaren Kontext „Kindererziehung" gewählt und Parallelen zur Mitarbeiterführung erkannt.)

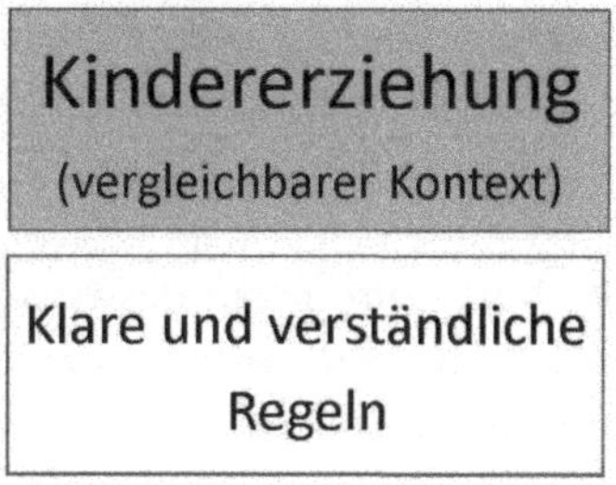

**Kindererziehung**
(vergleichbarer Kontext)

Klare und verständliche Regeln

*Abb. 5.4.4-1 „Ressourcen aus eigenen Quellen"*

## PRAXIS IM MANAGEMENT COACHING

Neben den o.a. „Mindestanforderungen" der Teilphase 3.4 gibt es weitere Quellen, die der Coachee in dieser Teilphase erschließen kann:

**Feld Kompetenz**
Haben Sie z.B. als Gastgeber Menschen aus unterschiedlichen Kulturen zu Besuch, werden Sie sich vermutlich bestmöglich an den Ihnen bekannten kulturellen Werten orientieren und einem Moslem z. B. keinen Alkohol anbieten. Es ist Ihr reflektiertes Wissen über Kultur, das Ihnen hier hilft, erfolgreich zu sein.

Im Geschäftsleben sprechen wir von „Branchenkultur", „Unternehmenskultur", „Führungskultur" oder auch von „Leitbildern". Gemeint sind damit Werte, die in einem bestimmten Kontext über einen längeren Zeitraum stabil bleiben und an denen sich die Menschen in diesem Kontext orientieren (sollen bzw. können). Ohne reflektiertes Wissen kann es schwierig werden, in diesen Kontexten erfolgreich zu sein.

Doch nicht nur kulturelle Erfahrung, auch besuchte Weiterbildungen oder die allgemeinen, reflektierten Erfahrungen innerhalb der relevanten Branche oder der eigenen Funktion können eine Ressource sein.

Typische Frage des Coachs: „Verfügen Sie über Wissen über die Kultur Ihrer Branche, das als Ressource zur Zielerreichung dienen kann?"

**Kontextbezogenes Faktenwissen des Coachs**
Faktenwissen zeichnet den professionellen Coach aus, vor allem bei „Businessthemen". Fakten sind z. B. Gesetze. Wenn Sie wissen, dass Ihr Coachee z. B. Geschäftsführer einer GmbH ist, ist es Ihnen unbenommen zu fragen, ob Ihr Coachee den Gesellschaftervertrag kennt und ob er ihn als Ressource nutzen kann. Dazu müssen Sie ihn selbst nicht einmal gelesen haben. Sie legitimieren Ihr Handeln aus einer Tatsache heraus.

Ihre Vorbereitung auf das Coaching hat vielleicht ergeben, dass das Unternehmen ein Leitbild veröffentlicht hat. Es ist Ihnen unbenommen, dieses Faktenwissen zur Ressourcenidentifikation anzubieten, immer vorausgesetzt, dass es hat einen tatsächlichen Bezug zum Coachingthema hat.

Typische Frage des Coachs: „Ich weiß von Ihrer Internetseite, dass Ihr Unternehmen ein Leitbild formuliert hat. Kann Ihnen das helfen, weitere Ressourcen zur Zielerreichung zu identifizieren?"

**Praxisbeispiel**
Thema „Führung"

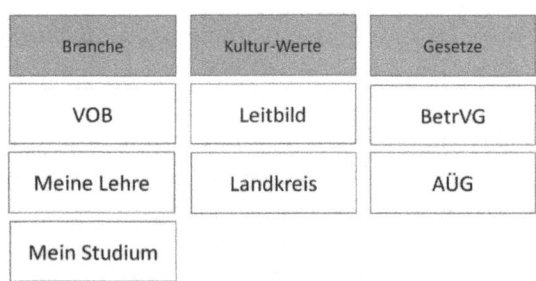

*Abb. 5.4.4-2 „Ressourcen aus eigenen und fremden Quellen"*

## 5.4.5 TEILPHASE 3.5

## „BISHERIGES ANALYSE- UND LÖSUNGSMUSTER DER SELBSTORGANISATION IM THEMATISCHEN KONTEXT"

**WIRKUNGSERWARTUNG DER TEILPHASE 3.5**

Der Coachee erweitert seine Wahrnehmung in Bezug darauf, wie er bisher in seinem Thema seine Ressourcen organisiert hat. Diese reflektierte Erkenntnis ist die Grundlage, um darauf aufbauend alternative Entscheidungen in Bezug auf die zielorientierte Selbstorganisation zu treffen.

**UNTERSTÜTZTE GRUNDANLIEGEN:**

- » Entscheidungsfähigkeit sichern
- » Wahrnehmungserweiterung auslösen

Systemisch-konstruktivistisches Coaching geht von der Prämisse aus, dass der Coachee seine Ressourcen in seinem Thema bisher so organisiert hat, dass er damit noch keine Handlungskompetenz erreicht hat.

In der Literatur ist „Don Quichotte" ein bekannter Klassiker. Wieder und wieder rannte er als „fahrender Ritter" gegen Windmühlen an. Sein Analyse- und Lösungsverhalten war ihm weder bewusst, noch hat er es reflektiert. Er hat immer wieder darauf zurückgegriffen, mit immer gleichem Resultat. So kam er denn zum Beinamen „Der Ritter von der traurigen Gestalt".

In der Regel hat auch Ihr Coachee bereits probiert, sein Thema zu lösen. Er hat seine Situation nach bestem Wissen und Gewissen analysiert und die ihm zu diesem Zeitpunkt verfügbaren Ressourcen so organisiert, dass er – nach seinem eigenen Dafürhalten – erfolgreich ist. Durch Wiederholung sind im Gehirn vielleicht schon stabile Bahnen entstanden. Ähnlich wie für Don Quichotte besteht für Ihren Coachee die Gefahr, dass er sein bisheriges Analyse-und Lösungsmuster genauso wieder verwenden wird. Er greift auf diese Ressource zurück. In der Teilphase 3.5. des Prozesses ist es daher in einem ersten Schritt wichtig, dass der Coachee sein bisheriges Analyse-und Lösungsverhalten identifiziert und auch visualisiert. Die Visualisierung hilft ihm später in Teilphase 4.1. dabei, bewusst zu entscheiden, ob er auf diese Ressource erneut zurückgreifen will.

**PRAXIS**

In der Praxis kann Ihr Coachee sein bisheriges Analyse-und Lösungsmuster mithilfe verschiedener Varianten identifizieren:

**Variante „Prozess als Beispiel für ein Analyse-und Lösungsmuster"**
Im Grunde genommen ist auch der Coachingprozess ein (systemisches) Analyse-und Lösungsmuster.

In Phase 1 haben Sie Ihrem Coachee den Prozess bereits vorgestellt und schon ab diesem Zeitpunkt überprüft, ob Ihr Coachee die Wirkungsweise des Prozesses verstanden hat. Ihr Coachee weiß, was der Prozess leisten soll und wie der Prozess es erreichen will. Ihm steht also ein Referenzbeispiel für ein Analyse-und Lösungsmuster zur Verfügung. Mithilfe dieser „Referenz" kann Ihr Coachee Unterschiede zur eigenen Vorgehensweise erkennen.

Typische Fragen des Coachs: „Entspricht Ihrer Meinung nach der Prozess einem Analyse-und Lösungsmuster? Im Vergleich dazu: Wie sind Sie selbst bisher in Ihrem Thema vorgegangen?"

**Variante: „Definition"**
Bezugnehmend auf Ihre Anmoderation bitten Sie Ihren Coachee, den Begriff „Analyse - und Lösungsmuster" in seinen Worten zu definieren. Ist die Definition Ihres Coachee faktisch nicht mit dem Bedürfnis des Prozesses an dieser Stelle vereinbar, greifen Sie wertschätzend ein und vereinbaren mit ihm eine Definition.

In Bezug auf diese Definition bitten Sie Ihren Coachee, sein bisheriges Analyse- und Lösungsmuster zu visualisieren.

**Variante „Gespräch"**
Ein Analyse- und Lösungsmuster produziert Entscheidungen in Bezug auf ein Thema. In der Gesprächsvariante fragen Sie Ihren Coachee, wie er seine Entscheidungen bisher getroffen hat, d.h. was hat er wie analysiert, woran hat er sich bei seinen Entscheidungen orientiert. Dem Grundsatz „vom Allgemeinen zum Besonderen" folgend,

fragen Sie ihn dann, wie er in Bezug auf sein Coachingthema bisher vorgegangen ist und bitten ihn, das zu visualisieren.

> **TIPP:** Das eigene Analyse- und Lösungsmuster wird vom Coachee unterschiedlich abstrakt formuliert.
>
> Bisweilen wird es chronologisch abgebildet. In der Regel wird es jedoch mit einem einzigen Wort beschrieben. Für die Teilphase 3.5. macht das keinen Unterschied, da die Erkenntnis im Vordergrund steht.

Hätte Don Quichotte seinerzeit darüber reflektiert oder – wie es damals noch hieß – nachgedacht, wie sein bisheriges Analyse- und Lösungsmuster zustande gekommen ist, wäre ihm aufgefallen, dass er auf bestimmte Ressourcen zurückgegriffen und sie selbst so zu einem Handeln organisiert hatte, dass er bisher nicht erfolgreich war. Diese Erkenntnis wäre eine wichtige Ressource gewesen, um künftig erfolgreiche Alternativen zu entwickeln.

Die Erkenntnis der bisherigen Selbstorganisation im Thema ist daher der zweite Schritt in Teilphase 3.5.

**PRAXIS**

In der Praxis identifiziert Ihr Coachee sein bisheriges Analyse-und Lösungsmuster mithilfe zweier grundsätzlicher Vorgehensweisen, die sich an Kompetenz- und MV-WK-Modell orientieren:

1. **Kompetenzmodell**
   Das bisherige Analyse- und Lösungsmuster ist das Ergebnis einer Selbstorganisation von Ressourcen im Kontext des Themas. Motive und Werte sind in jedem Fall an der Entscheidungsbildung beteiligt. Durch die Frage in Teilphase 3.3, „Was konkret haben diese Karten mit Ihrem Thema zu tun?" (Reflexion der Zusammenhänge), hat sich der Coachee bereits damit auseinandergesetzt, welcher Zusammenhang bisher zu seinem Thema besteht.

   Analog zum Kompetenzmodell können Sie wie folgt vorgehen:

Typische Fragen des Coachs: „Auf welche Ressourcen haben Sie bisher zurückgegriffen, so dass dieses Analyse-und Lösungsmuster entstanden ist? Haben Sie eine Erkenntnis? Wie lautet sie?"

2. **MVWK-Modell**

   Das bisherige Lösungsmuster entspricht im MVWK-Modell dem Buchstaben „V" bzw. dem Verhalten. Die Entscheidungen für dieses Verhalten orientierten sich an Werten und waren für bestimmte Motive attraktiv.

   Analog zum MVWK-Modell können Sie wie folgt vorgehen:

   Typische Fragen des Coachs: „An welchen Werten hat sich Ihr bisheriges Lösungsverhalten orientiert – was war wichtig? Für welche Ihrer Motive war das attraktiv? Haben Sie eine Erkenntnis? Wie lautet sie?"

Als Variante können Sie die jeweiligen Modelle zur Erklärung des gewählten Vorgehens nutzen und sie vom Coachee anwenden lassen.

**Praxisbeispiel**
Thema „Führung"

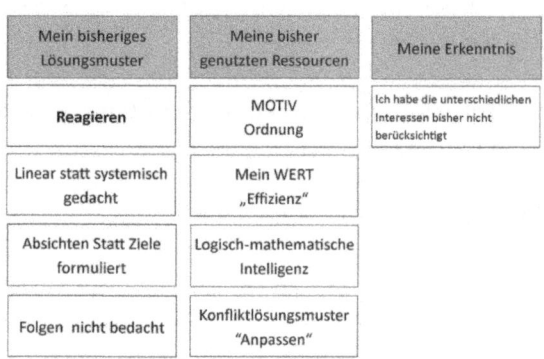

*Abb. 5.4.5 Bisheriges Analyse- und Lösungsmuster*

## 5.4.6 TEILPHASE 3.6

## „FEEDBACKSYSTEMATIK UND SOMATISCHE MARKER ETABLIEREN"

### WIRKUNGSERWARTUNG DER TEILPHASE 3.6

Der Coachee identifiziert die Art und Weise, wie sein Körper ihm signalisiert bzw. ein Feedback gibt, welche Qualität eine Entscheidung hat. Er erkennt, welche „somatischen Marker" er zur Bewertung seiner Entscheidungen für alternative Handlungen zur Verfügung hat.

Zusätzlich wählt er aus den hypothesengeleiteten Angeboten des Coachs die Modelle aus, die ihm bei der Entscheidung für alternative Handlungen in der folgenden Phase helfen können, seine Entscheidung zu legitimieren (Feedbacksystematik).

### UNTERSTÜTZTES GRUNDANLIEGEN:

» Entscheidungsfähigkeit sichern

Haben Sie schon einmal überlegt, woher Sie wissen, ob eine von Ihnen getroffene Entscheidung richtig ist?

Die meisten Angelegenheiten im Leben können wir aufgrund unserer Erfahrung (reflektierte Erkenntnisse) mit bestimmten Themen regeln. Wir wissen, was funktioniert und was nicht.

Problematisch wird es erst, wenn erfahrungsbasierte (induktive) Entscheidungen einmal nicht funktionieren. An dieser Stelle ist es hilfreich, über etwas zu verfügen, das einem eine Rückmeldung zur getroffenen oder geplanten Entscheidung gibt. Ein Unternehmen kann die Bilanz nutzen, um Entscheidungen zu reflektieren und legitimieren. Ein Projektmanager kann den Zusammenhang von Zeit/Kosten/Qualität verwenden. Die Verfügbarkeit von Modellen und Theorien zur Entscheidungsbildung und -überprüfung (Feedbacksystematiken) ist entscheidend für den Erfolg.

Oft ist es so, dass wir für die betriebswirtschaftlichen Anforderungen an Kompetenz gut gerüstet sind. Nur für die „weichen Anforderungen" steht uns wenig zur Verfügung.

Emotionen, Konflikte, Führung, Motivation, Kommunikation oder Vision sind im Coaching oft Bereiche, die vom Coachingthema berührt werden. Verfügt Ihr Coachee über Modelle oder Theorien (Feedbacksystematiken) der Bereiche, die sein Thema betreffen, kann er aus Ihnen in Teilphase 4.1

    a. Entscheidungen für alternative Handlungen ableiten oder
    b. getroffene oder geplante alternative Handlungen legitimieren,

um in seinem Veränderungsthema Handlungskompetenz zu erlangen.

## PRAXIS

Kompetenz- und MVWK-Modell sind an jedem Coachingthema beteiligt. Alles, was darüber hinausgeht, unterliegt der Hypothesenbildung. Ihre Hypothesen als Coach hat Ihr Coachee bereits in Teilphase 3.3 bestätigt. Die einzelnen Karten halfen ihm, Ressourcen zu identifizieren. In Teilphase 3.6 stellen Sie Ihrem Coachee nun die vollständigen Modelle/Theorien grafisch aufbereitet als Feedbacksystematik zur Verfügung. Dazu gehört auch, dass Sie Ihrem Coachee das Funktionsprinzip jedes Modells erklären. Ihr Coachee entscheidet, welche Feedbacksystematiken er zu seinen Ressourcen nimmt.

**Typisches Vorgehen**
Legitimation: Der Coach referenziert seine Hypothesenbildung, d.h. er legitimiert seine Auswahl des folgenden Angebots.

Erklärung des jeweiligen Modells, z.B.: „Johari sagt aus, dass die Arena des Handelns sich vergrößern kann, wenn man den „privaten Bereich" und/oder „blinden Fleck" verkleinert

Frage des Coachs: Möchten Sie „Johari" zu Ihren Ressourcen nehmen?

**Praxisbeispiel**
Thema „Führung"
Ausgewählt vom Coachee:
- » MVWK-Modell
- » Kompetenzmodell
- » Johari-Fenster
- » 14 Führungsaufgaben
- » Konfliktlösungsmuster

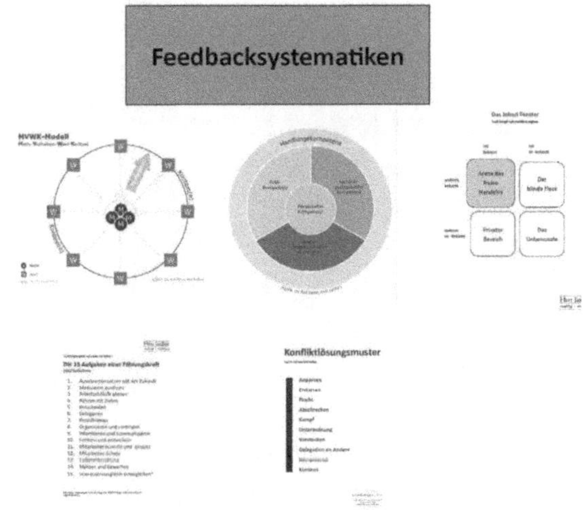

*Abb. 5.4.6-1 Feedbacksystematiken als Ressource zur Zielerreichung*

Nicht jeder Coachee spürt seinen Körper und nicht jedes Coachingthema bedarf zwangsläufig der Identifikation somatischer Marker. Nutzt Ihr Coachee den Coachingprozess für eher kognitive Themen, wie z.B. die Entwicklung einer Marketingkonzeption, sind somatische Marker als Ressource in der Regel nicht notwendig. Bei allen Themen, die auch das psycho-biologische Befinden betreffen, sind die somatischen Marker eine wertvolle Ressource, die Ihr Coachee als Feedbacksystematik einsetzen kann.

Als Coach können Sie Ihren Coachee nach der Anmoderation der somatischen Marker – vorausgesetzt, er hat verstanden, was somatische Marker sind und wozu sie als Ressource gut sind – einfach fragen, ob er sein Coachingthema körperlich spürt und wenn ja, wo und wie konkret. Als Unterstützungsangebot hat sich an dieser Stelle die Grafik der somatischen Marker (siehe Kapitel 3.4.4) bewährt.

**Praxisbeispiel**
Thema „Führung"

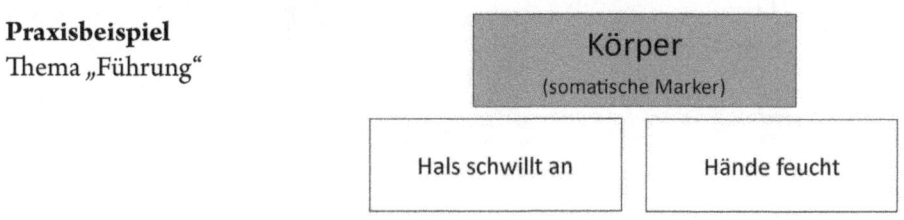

*Abb. 5.4.6-2 Somatische Marker als Ressource zur Zielerreichung*

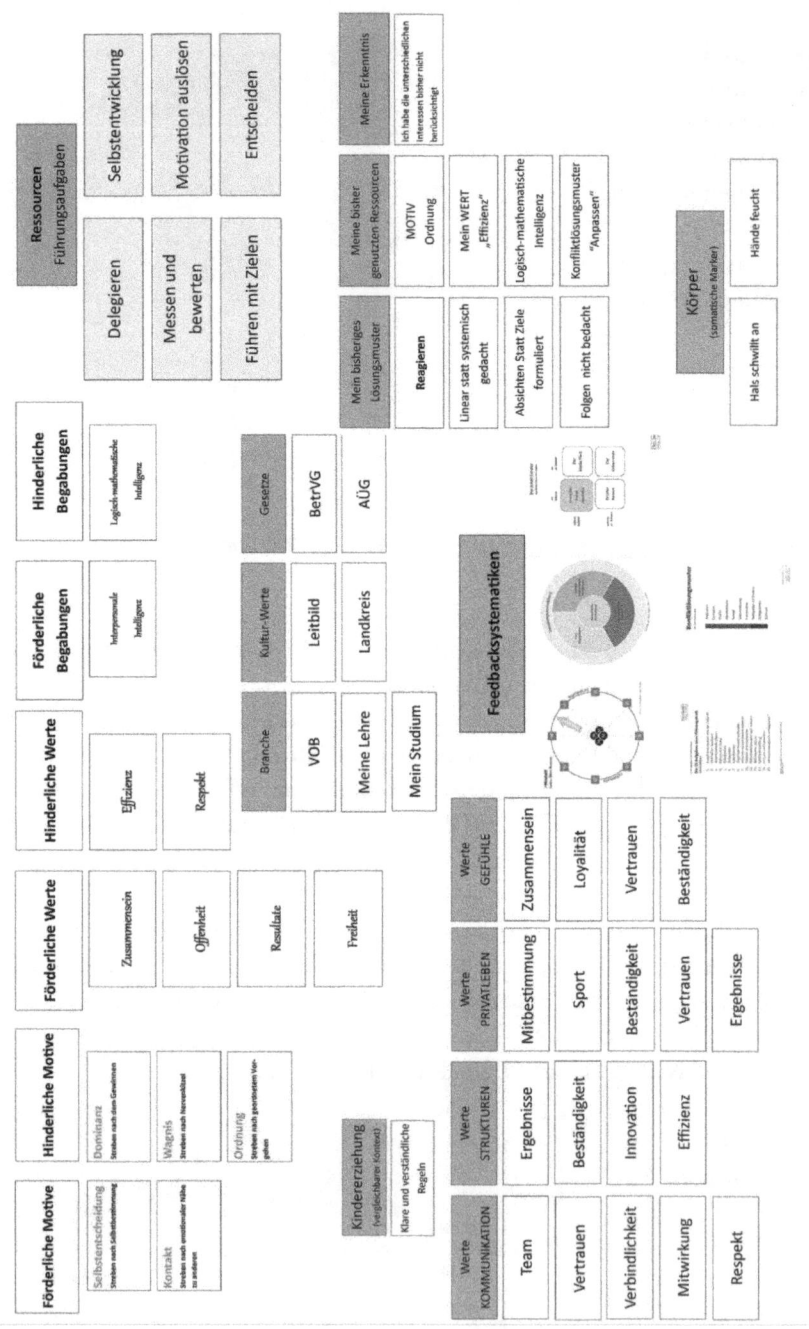

*Abb. 5.4.7: Überblick über alle für die Zielerreichung zur Verfügung stehenden Ressourcen*

**TIPP ZUR VERBESSERUNG DER RESSOURCENVERFÜGBARKEIT**

Die gedankliche Basis der Phase 3 „Ressourcenidentifikation" ist das Kompetenzmodell.

Orientiert an diesem Modell stehen die Ressourcen der einzelnen Bereiche miteinander in Beziehung.

Ressourcen sind umso besser verfügbar, je besser sie miteinander vernetzt bzw. verwoben sind. Erkennt Ihr Coachee Zusammenhänge zwischen seinen Ressourcen, steigert diese Erkenntnis sein Bewusstsein für die Ressourcen, die ihm für die Zielerreichung zur Verfügung stehen. Dadurch wird in Phase 4.1. die Entwicklung von Handlungsalternativen weiter erleichtert.

Als Coach bieten Sie Ihrem Coachee an, einmal darüber zu reflektieren, ob er Zusammenhänge in Bezug auf seine Ressourcen erkennt.

## 5.4.7 KRITISCHE FAKTOREN IN DER PHASE 3

Der Coachingprozess erreicht auch in Phase 3 zuverlässig seine Wirkung, wenn die Wirkungserwartungen der Teilphasen durch den Coach als Prozessverantwortlichen angemessen berücksichtigt wurden.

Kritisch kann die fehlende Berücksichtigung folgender Faktoren werden:

> **Ungenügender Kontakt zu Ressourcen aus dem „Bereich „Persönliche Kompetenz" (Phase 3.1)**
> Die Beschäftigung mit eigenen Emotionen ist oftmals gänzlich neu für Ihren Coachee. Kognitiv hat er verstanden, dass er Motive und Werte hat, emotional hat er vielleicht noch keinen Zusammenhang zwischen diesen Ressourcen und seinem Ziel erkannt. Diese Ressourcen stehen zur Selbstorganisation in Phase 4 somit nicht zur Verfügung. Damit geht die Gefahr einher, dass Ihr Coachee Verhaltensalternativen entwickelt, die zwar kognitiv neu, doch emotional nicht akzeptiert sind.
>
> **Mangelhafte Hypothesenbildung**
> Die Qualität des Coachs in der Phase 3 zeigt sich an den gebildeten Hypothesen.

Wurden Hypothesen nicht aus wissenschaftlichen Modellen gebildet, sondern aus der eigenen Erfahrung heraus oder durch eine konstruktivistische Interpretation des Modells durch den Coach gebildet, so kann der Coachee mithilfe des daraus folgenden Angebots nicht oder nur ungenügend Ressourcen identifizieren.

Eine konstruktivistische Hypothesenbildung stellt eine Beeinflussung des Coachees dar, da sie den Werten bzw. Bewertungen des Coachs entspricht. Aus diesem Grund kann ein solches Vorgehen Widerstände seitens des Coachees auslösen.

### Assoziation des Coachees

Identifiziert Ihr Coachee seine Ressourcen, kann es sein, dass er dabei stark in Kontakt mit emotionalen Erfahrungen kommt. Er ist „assoziiert". In diesem Moment startet er sprichwörtlich einen „Teufelskreis": Er will Ressourcen identifizieren, kann es aber nicht, da er mit seinen Ressourcen emotional so stark in Kontakt ist, dass ihm gerade das nicht gelingt.

**TIPP:** Falls Sie beobachten, dass sich das Verhalten Ihres Coachees verändert – geben Sie ihm das Beobachtete als Rückmeldung. Ihr Coachee liefert Ihnen die Antwort für Ihre Beobachtung. Fragen Sie Ihren Coachee, was er an dieser Stelle für sich benötigt, um im Sinne des Prozesses zu arbeiten.

Alternativ können Sie Ihren Coachee über eine kurze Pause dissoziieren oder andere Verfahren nutzen, die eine Dissoziation unterstützen.

### Coach lässt bereits „Lösungen" zu

Die Phase 3 sammelt Ressourcen, damit sie zur Selbstorganisation alternativen Verhaltens in Phase 4.1 zur Verfügung stehen. Es ist ganz natürlich, dass Ihr Coachee beim Entdecken seiner Ressourcen Zusammenhänge erkennt und beginnt, Lösungen zu entwickeln. Als Prozessverantwortlicher ist es Ihre Aufgabe, Ihren Coachee in aller gebotenen Wertschätzung zu bitten, Lösungen erst in der nächsten Phase zu bilden.

> **TIPP:** Wertschätzung heißt immer auch, seinen Coachee nicht abzuwerten. Hat er eine Idee entworfen oder etwas Wichtiges entdeckt, was er unbedingt festhalten will, so können Sie ihm anbieten, das auf eine Karte zu schreiben und später bei der Entwicklung des Handlungsplans darauf zurückzukommen.

**Analyse- und Lösungsmuster wurde ungenügend reflektiert**
Das Erkennen des eigenen, bisherigen Analyse- und Lösungsmusters ist die Grundlage, um Alternativen zu bilden. Ihr Coachee hat aufgrund der bisherigen Analyse seines Themas seine Ressourcen selbst so organisiert, dass er damit nicht erfolgreich war. Wird das bisherige Analyse- und Lösungsverhalten ungenügend reflektiert, weil dieser Punkt vom Coach nicht angemessen verantwortet wurde, erschwert das die „Neu"-Organisation der Ressourcen in Phase 4.

## 5.5 DIE PHASE 4 – HANDLUNGSKOMPETENZ IM SYSTEMISCHEN ZIELKONTEXT FESTLEGEN

### WIRKUNGSERWARTUNG DER PHASE 4

Aus der Selbstorganisation der zur Zielerreichung verfügbaren Ressourcen entsteht ein Handlungsplan, mit dem der Coachee im systemischen Kontext seines Ziels (Ziel = SOLL-Zustand des Coachingthemas) Handlungskompetenz erreicht.

### UNTERSTÜTZTE GRUNDANLIEGEN:

» Entscheidungsfähigkeit (in Bezug auf die alternative, künftige Selbstorganisation) sichern
» Handlungsalternativen ermöglichen

Zu diesem Zeitpunkt hat sich Ihr Coachee (Phase 2) systemisch mit seinem Thema auseinandergesetzt und erkannt, wer und was alles damit zusammenhängt. Sein Ziel, d.h. den für ihn attraktiven Zustand, den er nach seiner Veränderung erreicht haben wird, hat er selbst festgelegt und mögliche systemische Folgen reflektiert. Es ist Volition entstanden. Ihr Coachee hat sich entschieden, die Veränderung anzugehen und einen Plan zu entwickeln, der ihn zu seinem Ziel führt.

Um das Ziel zu erreichen, benötigt Ihr Coachee Ressourcen d.h. Mittel oder Quellen, einschließlich emotionaler Quellen (Motive, Werte), die er nutzen kann, um sein Ziel zu erreichen. Die zur Zielerreichung verfügbaren Ressourcen hat Ihr Coachee in Phase 3 identifiziert und reflektiert. Sie stehen ihm jetzt „bewusst" zur Verfügung. Da auch die Erkenntnis, weshalb der Erfolg bisher ausblieb, eine wichtige Ressource darstellt, wurde auch die bisherige Art und Weise der Selbstorganisation in Bezug auf das Coachingthema reflektiert.

In Phase 4 geht es nun darum, dass Ihr Coachee seine Ressourcen – orientiert an den (systemischen) Zusammenhängen seines Themas – selbst so neu (alternativ) organisiert, dass konkrete Handlungen zur Zielerreichung entstehen. Aus den einzelnen Handlungen entsteht in der Abfolge ein Plan, mit dem der Coachee sein Ziel selbst erreicht. Er erreicht im systemischen Zielkontext Handlungskompetenz.

## 5.5.1 DIE TEILPHASE 4.1.

## „ENTWICKLUNG UND ENTSCHEIDUNG

## DER HANDLUNGSALTERNATIVEN"

**WIRKUNGSERWARTUNG**

Der Coachee entscheidet, welche Ressourcen er auswählt und wie er sie zu alternativen Handlungen organisiert, so dass er den systemischen Anforderungen seines Realisierungskontextes erfolgreich begegnet und sein Veränderungsziel erreicht. Hierbei bedient er sich der Feedbacksystematiken aus 3.6.

**UNTERSTÜTZTE GRUNDANLIEGEN:**

- » Entscheidungsfähigkeit sichern
- » Handlungsalternativen ermöglichen

Jede Veränderung ist systemisch, d.h. sie wirkt sich auf all das aus, was mit der Veränderung zusammenhängt. Diese Zusammenhänge (den Ist-Kontext) hat Ihr Coachee in Teilphase 2.1 erfasst und die Komplexität durch „Clusterbildung" reduziert. In seiner Zielformulierung hat er den für ihn attraktiven Zustand beschrieben, den er nach seiner Veränderung erreicht haben wird. Dieser Zustand ist der Soll-Kontext seines Themas und hängt mit denselben Clustern zusammen wie im Ist-Kontext.

Um das Ziel zu erreichen, muss daher jedes Cluster bei der Zielerreichung beachtet werden, d.h. orientiert an jedem Cluster bzw. orientiert am Kontext werden Handlungsalternativen erschaffen, die als Handlungsplan formuliert zum Ziel führen.

Handlungen entstehen aus Ressourcen, die für die Zielerreichung zur Verfügung stehen.

> **Bsp.:** Stellen Sie sich bitte einmal vor, Sie hätten das Ziel „Ich werde heute Abend Bestätigung als Gastgeber erreicht haben". Die zu berücksichtigenden Cluster sind „Essen", „Gäste" und „Ambiente". Zu Ihren Ressourcen zählt z. B. auch all das, was Ihr Haushalt zur Zubereitung von „Essen" zur Verfügung hat. Das können Gewürze, Geschirr, Herd, Fleisch, Eier, Butter, Mehl u.v.m. sein.
>
> Zuvor haben Sie sich damit auseinandergesetzt, was nicht nur Ihnen bei der Zielerreichung wichtig ist, sondern auch, was dem Cluster „Essen" wichtig ist (Teilphase 3.1 und 3.2). Orientiert an Ihren Überlegungen wählen Sie die verfügbaren Ressourcen in Bezug auf das Cluster „Essen" aus. So entscheiden Sie sich z. B. für die Ressourcen „Herd, Eier, Butter, Mehl". Wenn Sie diese Ressourcen selbst zu einer Handlung organisieren, entsteht daraus vielleicht „Ich backe einen Auflauf".

Die Teilphase sieht vor, dass eine Handlungsalternative entsteht. Das kann leicht durch die Frage, „ist diese Handlung etwas Neues?", überprüft werden. Doch woher wissen Sie, ob diese Handlung auch richtig ist? Sie könnten Ihre somatischen Marker befragen oder eine Feedbacksystematik aus Teilphase 3.6 nutzen. Mithilfe des MVWK-Modells könnten Sie sich z.B. fragen, ob Sie die durch dieses Modell visualisierten Zusammenhänge berücksichtigt haben: „An welchen Werten orientiere ich mich, wenn ich diese Handlung ausführe? Für welche meiner Motive ist diese Handlung attraktiv?" Sie nutzen die Feedbacksystematiken zur Legitimation Ihrer Entscheidung für eine zukünftige Handlung.

Diese Arbeitsweise wird bei jedem Cluster angewandt. Die so entstandenen Handlungen werden dann in Teilphase 4.2 in einem Handlungsplan zusammengeführt.

## PRAXIS DER ENTWICKLUNG UND ENTSCHEIDUNG DER HANDLUNGSALTERNATIVEN

Ihrem Coachee steht der gesamte „Topf" an Ressourcen für die Zielerreichung zur Verfügung, den er in Phase 3 visualisiert hat. Da er über jede einzelne Ressource im Zusammenhang mit seinem Ziel bereits reflektiert hat, hat er innerlich eine Bewertung der Güte seiner Ressourcen zur Zielerreichung vorgenommen. Er ist sozusagen entscheidungsfähig, welche Ressourcen er konkret zur Zielerreichung wählen sollte.

Nachdem Ihr Coachee durch Ihre Anmoderation verstanden hat, welchen Zweck diese Teilphase verfolgt und wie sie funktioniert, trifft er die Entscheidung, mit welchem Cluster er beginnen möchte, um zunächst Ressourcen auszuwählen und dann daraus alternative Handlungen zu entwickeln. An dieser Stelle gibt es zwei grundsätzliche Vorgehensweisen, Ihrem Coachee die Auswahl von Ressourcen zu ermöglichen:

1. Sie referenzieren die Auseinandersetzung mit den systemischen Folgen des Ziels, d.h. die beschriebene „Handlung ab Ziel" (siehe Teilphase 2.2). Diese Handlung soll nach der Veränderung durch das betreffende Cluster beobachtbar sein.

   Typische Frage des Coachs: „Welche Ihrer Ressourcen könnte Ihnen dabei helfen, dass diese Handlung (ab Zielerreichung) entsteht?"

   Der Coachee wählt die Ressourcen aus.

   Typische Frage des Coachs: Wenn Sie auf diese Ressourcen zurückgreifen, welche Handlung oder welche Handlungen entstehen daraus?
2. Sie referenzieren den Kommunikationskontext und das Ziel.

   Mit jedem Cluster bildet Ihr Coachee einen Kommunikationskontext, d.h. ihm sind im Hinblick auf die Zielerreichung bestimmte Dinge wichtig (Werte aus Teilphase 3.1) und seinem Cluster sind im Hinblick auf die Zielerreichung bestimmten Dinge wichtig (Werte aus Teilphase 3.2). Will er sein Ziel erreichen, muss er sich dabei auch an den Werten des Clusters orientieren. Ob und in welchem Maße er das tut, obliegt seiner Entscheidung.

   Da er sich durch den Prozess der Bedeutung des Clusters für sein Ziel bewusst geworden ist, wird er die „richtige Entscheidung treffen.

Unterstützt werden kann das folgende Vorgehen, indem Sie Ihren Coachee bitten, nochmals Kontakt zu seinen Werten und denen des gerade relevanten Clusters aufzunehmen.

Typische Frage des Coachs: „Welche Ihrer Ressourcen könnte Ihnen, orientiert am Cluster xy, helfen, Ihr Ziel zu erreichen?"

Der Coachee wählt die Ressourcen aus.

Typische Frage des Coachs: Wenn Sie auf diese Ressourcen zurückgreifen, welche Handlung oder welche Handlungen entstehen daraus?
*Diese Vorgehensweise ist etwas abstrakter, bietet aber dadurch den Vorteil, mehr Kreativität zuzulassen.*

Jede entwickelte Handlung wird vom Coachee daraufhin überprüft, ob sie

a. etwas Neues, also eine Alternative ist und
b. durch eine Feedbacksystematik legitimiert werden kann.

Typische Frage des Coachs: „Ist diese Handlung etwas Neues?"

„Könnten Ihnen Ihre somatischen Marker helfen, Ihre Entscheidung für diese Handlung zu begründen?"

„Könnten Ihnen die Modelle, die Sie in Phase 3 kennengelernt haben, helfen, Ihre Entscheidung für diese Handlung zu begründen?"

**Praxisbeispiel** Thema „Führung"
Ziel: „Ab dem 1.7. werde ich in meinem Privatleben Zufriedenheit erreicht haben."
Orientiert an jedem einzelnen Cluster werden Handlungsalternativen entwickelt.
Vom Coachee formulierte Handlungsalternativen der anderen Cluster:

**Kommunikation**
Zukünftig orientiere ich mich am Wert „Verbindlichkeit" und hole mir dazu eine Rückmeldung bei Freunden ein.

**Strukturen**
Ich nutze bewusst die 14 Führungsaufgaben und tausche mich auch darüber mit meinen MA aus.

**Meine Gefühle**
Ich denke systemisch über meine Gefühle nach und suche Fakten statt „Annahmen".

---

Cluster „Privatleben"
Handlung ab Ziel
K. geht zu gemeinsamen Veranstaltungen.
Bedeutung
Das „Privatleben" findet das sehr gut.

Interpersonale Intelligenz
Mitbestimmung
Kontakt — Streben nach emotionaler Nähe zu anderen
Zusammensein
Offenheit

Feedbacksystematik: Johari
**Handlungsalternative**
Ich frage meine Freunde, was ihnen wichtig ist und erzähle ihnen, wie ich mich gerade fühle bevor ich mich verabrede.

---

*Abb. 5.5.1 Entwicklung und Entscheidung der Handlungsalternativen*

Orientiert an jedem Cluster entstehen durch die Selbstorganisation der zur Zielerreichung verfügbaren Ressourcen Handlungsalternativen.

## VARIANTEN

**„Freeplay"**
Bevor Sie mit der Entwicklung von Handlungsalternativen – orientiert an den Clustern – starten, können Sie die kreativen Impulse Ihres Coachees nutzen. In Phase 3 hat er jede Ressource in Verbindung zu seinem Ziel gebracht. Aus dieser Reflexion sind in seinem Kopf vielleicht bereits erste Ideen entstanden, welche Ressourcen er

wie zur Zielerreichung verwenden will. Diese Ideen können Sie nutzen, indem Sie Ihren Coachee einfach seine ersten Einfälle aufschreiben lassen. Selbstverständlich gehört auch zu dieser Variante, dass Ihr Coachee seine Handlung mithilfe einer Feedbacksystematik überprüft.

**Entwicklung von Handlungsalternativen mithilfe der Feedbacksystematiken**
In Teilphase 3.6 hat Ihr Coachee verschiedene Feedbacksystematiken zu seinen Ressourcen genommen, mit deren Hilfe er auch Entscheidungen ableiten kann, welche Ressourcen er zur Zielerreichung wählt und wie er sie in einer Handlung organisiert.

Wenn Sie einmal nicht als Coach auf die Cluster der visuellen Aufstellung blicken, d.h. für den Moment einmal interpretieren dürfen, fällt Ihnen sehr wahrscheinlich auf, dass jedes Cluster (Teil-)Themen repräsentiert, für die (hypothesengeleitet) Feedbacksystematiken aus Teilphase 3.6 zur Verfügung stehen.

Cluster „Privatleben"
z.B. (Kompetenzmodell) MVWK-Modell, JohariFenster, Konfliktlösungsmuster

Cluster „Kommunikation"
z.B. (Kompetenzmodell) MVWK-Modell, Johari-Fenster, Konfliktlösungsmuster

Cluster „Strukturen"
z.B. (Kompetenzmodell) 14 Führungsaufgaben, MVWK-Modell, Johari-Fenster, Konfliktlösungsmuster

Cluster „Meine Gefühle"
z.B. (Kompetenzmodell) MVWK-Modell, Johari-Fenster, Konfliktlösungsmuster

In der Praxis bitten Sie Ihren Coachee ganz ähnlich, nochmals mit dem betreffenden Cluster aus der visuellen Aufstellung Kontakt aufzunehmen (Was repräsentiert es?) und fragen ihn anschließend, welche der Modelle (Feedbacksystematiken) aus Teilphase 3.6 er in diesem Cluster wiederfindet.

Erkennt Ihr Coachee in dem Cluster verschiedene Modelle wieder, hat er eine Erkenntnis in Bezug auf einen thematischen Zusammenhang gewonnen. Diese Erkenntnis können Sie zusätzlich erfragen: „Wie hängt Modell xy mit Ihrem Cluster xy zusammen?"

Die für Ihren Coachee im Modell liegende Erkenntnis ist die Hilfe, mit der er Handlungen entwickelt.

Typische Fragen des Coachs: „Kann Ihnen das (z.B.) MVWK-Modell helfen, Alternativen zu entwickeln?" (Handlungsalternative = Buchstabe „V" im MVWK-Modell) Welche Handlung ergibt sich für Sie daraus?"

Alternativ kann die Erkenntnis aus dem MVWK-Modell auch konkreter reflektiert werden, indem Sie als Coach Fragen daraus ableiten.

Typische Fragen des Coachs: An welchen Werten wollen Sie sich orientieren? Für welche Ihrer Motive ist das attraktiv? Welche Handlung ergibt sich daraus?"

**Entwicklung von Handlungsalternativen mithilfe eines Wahrnehmungspositionswechsels**
Eine Handlungsalternative resultiert aus einer zielorientieren Interaktion des Coachees mit einem Cluster.

Er baut zu seinem Cluster einen Kommunikationskontext auf, indem er bei der Zielerreichung auch das berücksichtigt, was dem Cluster in Bezug auf die Zielerreichung wichtig ist.

Um die Auseinandersetzung mit dem Cluster zu fördern, können Sie Cluster und Person des Coachees mit Positionen, z. B. auf Stühlen, abbilden und auf diese Weise einen Wahrnehmungspositionswechsel durchführen. Im Anschluss daran lassen Sie Ihren Coachee eine Handlungsalternative entwickeln.

**Entwicklung von Handlungsalternativen mithilfe von Kreativitätsmethoden**
Alternative Handlungen aus Ressourcen zu entwickeln, ist ein kreativer Akt. Es soll aus verfügbaren Ressourcen „Neues erschaffen werden" (lat. creare = erschaffen). Am Markt bekannte Kreativitätsmethoden können die Wirkungserwartung der Teilphase 4.1. daher sehr gut unterstützen.

So kann z. B. ein „Brainstorming" nach der Auswahl von Ressourcen dazu führen, dass Ihr Coachee eine Vielzahl von Handlungsoptionen aufschreibt. Bitten Sie ihn im Anschluss daran, zu entscheiden, welche Option er wählt. Stellt seine Auswahl die Handlungsalternative dar? Auch die Alternative überprüft er mithilfe einer Feedbacksystematik. Alternativ können Sie auch die Feedbacksystematik zur Auswahl der Alternative einsetzen.

Ganz ähnlich können Sie die „Walt-Disney-Methode" einsetzen, indem Sie Ihren Coachee bitten, zuerst alles aufzuschreiben, was denkbar (Träumer) ist, es anschließend nur auf Machbarkeit (Macher) zu überprüfen und das Übriggebliebene anschließend auf potenzielle Probleme zu untersuchen. Hier können wiederum die Feedbacksystematiken helfen.

Die „thinking hats" von de Bono ermöglichen verschiedene Wahrnehmungsperspektiven. Analog zur Teilphase 4.1 können die Werte / Interessen jedes einzelnen Clusters durch einen „thinking hat" abgebildet werden. Aus diesen Blickwinkeln werden Ressourcen gewählt und Entscheidungen für Alternativen getroffen.

Wichtig bei der Wahl einer Kreativitätsmethode ist, dass sie mit dem Coachingverständnis kompatibel ist. Sie sollte zumindest keine Lösungen anbieten und sich an den Werten von Coaching und der Wirkungserwartung der jeweiligen Teilphase orientieren.

## KRITISCHE ERFOLGSFAKTOREN DER TEILPHASE 4.1

In der Phase 4 wirken sich sämtliche kritischen Faktoren der vorangegangenen Phasen aus. Sollte das der Fall sein und Sie bemerken das, können Sie als Coach zu den jeweiligen Teilphasen im Prozess zurückgehen und den kritischen Faktor besser berücksichtigen. Wichtig ist in diesem Zusammenhang, dass als Folge dieses Eingreifens auch alle folgenden Teilphasen wiederholt werden müssen. In der Regel bedeutet das keinen zu großen Aufwand, da große Teile der visualisierten Erkenntnisse vom Coachee erneut genutzt werden können.

**Fehlende Legitimation der Entscheidung für eine Handlungsalternative**
Durch die Zielformulierung entsteht Volition. Ihr Coachee ist bereit, auch Entscheidungen zu realisieren, die nicht im Einklang mit seinen Motiven und Werten stehen, da der Zustand „Ziel" für ihn so attraktiv ist, dass er dazu bereit ist, auch für ihn unangenehme Entscheidungen zu treffen.

Ist eine Entscheidung für eine Handlungsalternative im Einklang mit seinen Motiven und Werten, entsteht zusätzlich Motivation zur Umsetzung.

Unabhängig davon, welche Entscheidung Ihr Coachee trifft – in jedem Fall soll er seine Entscheidung bewusst treffen. Dabei hilft ihm eine Feedbacksystematik aus Teilphase 3.6.

Fehlt die Legitimation der Entscheidung oder ist die Handlung keine Alternative, kann es passieren, dass Ihr Coachee Handlungen formuliert, die er möglicherweise nie umsetzen wird, da diese Handlungen dem entsprechen, was er kognitiv als richtig empfindet, emotional aber ablehnt. Er ist in Gefahr, sein bisheriges Entscheidungsverhalten zu reproduzieren. Es entsteht keine Handlungskompetenz.

## 5.5.2 DIE TEILPHASE 4.2.
## „HANDLUNGSABFOLGE FESTLEGEN (HANDLUNGSPLAN)"

### WIRKUNGSERWARTUNG

Der Coachee entscheidet, wann er welche Handlung realisiert. Durch die Strukturierung der zeitlichen Abfolge alternativer Handlungen, orientiert am Ziel, entsteht der Handlungsplan zur zukünftigen Erreichung von Handlungskompetenz im Zielkontext.

### UNTERSTÜTZTES GRUNDANLIEGEN:

» Entscheidungsfähigkeit sichern

Um sein Ziel, das zu einem konkreten Zeitpunkt eingetreten sein soll, zu erreichen, muss Ihr Coachee seine in Teilphase 4.1 entwickelten Handlungen so organisieren und koordinieren, dass sie als Ganzes zum Ziel führen. Es geht darum, dass er selbst festlegt, wann er mit welcher Handlung starten will.

### PRAXIS

Nachdem Sie Ihrem Coachee die Wirkungsabsicht dieser Teilphase erklärt haben, bitten Sie ihn, seine formulierten Handlungsalternativen zu einem Handlungsplan zusammenzufassen.

**Praxisbeispiel Thema „Führung"**
Ziel: „Ab dem 1.7. werde ich in meinem Privatleben Zufriedenheit erreicht haben."
   I. Ab (sofort) morgen: Ich denke systemisch über meine Gefühle nach und suche Fakten statt „Annahmen".
   II. Dienstag: Ich frage meine Freunde, was ihnen wichtig ist und erzähle ihnen, wie ich mich gerade fühle, bevor ich mich verabrede.
   III. Treffen am Samstag: Zukünftig orientiere ich mich am Wert „Verbindlichkeit" und hole mir dazu eine Rückmeldung bei Freunden ein.
   IV. Jour fixe nächste Woche Montag: Ich nutze bewusst die 14 Führungsaufgaben und tausche mich auch darüber mit meinen Mitarbeitern aus.

**TIPP:** Hat Ihr Coachee in Phase 3 erkannt, dass er bestimmte Ressourcen noch benötigt und daraus schon erste „notwendige Handlungen" abgeleitet und notiert, können Sie ihn an dieser Stelle bitten, diese Handlungen in seinen Plan zu integrieren.

## 5.5.3 DIE TEILPHASE 4.3 „POTENZIELLE PROBLEME BEI DER REALISIERUNG DES HANDLUNGSPLANS ANALYSIEREN"

### WIRKUNGSERWARTUNG

Der Coachee setzt sich mental mit möglichen Problemen bei der Realisierung seines Handlungsplans auseinander und entscheidet, ob er den Plan so beibehalten möchte.

### UNTERSTÜTZTES GRUNDANLIEGEN:

» Entscheidungsfähigkeit sichern

Es lohnt sich, einen Plan einmal im Hinblick auf die zukünftige Umsetzung systemisch zu durchdenken. Kann etwas passieren, so dass der Plan nicht funktioniert? Was könnte dazwischen-kommen? Es kann sein, dass ein selbstgesetzter Termin nicht gehalten werden kann, da andere an der Terminfindung beteiligt sind. Oder das

"Tagesgeschäft" droht, eine zukünftige Handlung zu gefährden. Je besser potenzielle Probleme vor der Realisierung durchdacht werden, desto wahrscheinlicher ist die termingerechte Umsetzung des Plans.

Ihr Coachee ist Experte für seinen "Realisierungskontext". Wird er angeregt, über potenzielle Probleme nachzudenken, findet er sie (Wert "Ressourcenverfügung").

In der Regel ist der Plan bereits so formuliert, dass der Umsetzung nichts im Wege steht. Identifiziert Ihr Coachee ein potenzielles Problem, geht es entweder darum, wie er seinen aktuellen Plan verändern muss, damit er wieder funktioniert oder um einen "Plan B", der nur angewandt wird, falls ein bestimmtes Ereignis, das potenzielle Problem, eintreten sollte.

**PRAXIS**

Identifiziert Ihr Coachee potenzielle Probleme, bitten Sie ihn, sie zu visualisieren. (Der Handlungsplan wird in der folgenden Teilphase aktualisiert.)

## 5.5.4 DIE TEILPHASE 4.4
## "RESSOURCEN- UND PLANAKTUALISIERUNG"

**WIRKUNGSERWARTUNG**

Falls es zu Problemen bei der Umsetzung des Handlungsplans kommen könnte, die nach Ansicht des Coachees berücksichtigt werden müssen, entscheidet der Coachee, was er am Plan verändern muss und welche Ressourcen er dafür zusätzlich benötigt, um Alternativen zu entwickeln, die den möglichen Problemen erfolgreich begegnen.

**UNTERSTÜTZTE GRUNDANLIEGEN:**

- » Entscheidungsfähigkeit sichern
- » Handlungsalternativen ermöglichen

## PRAXIS

Hat Ihr Coachee in Teilphase 4.4 ein potenzielles Problem identifiziert, gibt es zwei Möglichkeiten: Entweder verfügt er über die Ressourcen, um seinen aktuellen Plan zu verändern oder einen „Plan B" zu formulieren. Das können Sie herausfinden, indem Sie ihn fragen, welche Ressourcen er nutzen könnte und wie er seinen Plan modifizieren muss, damit er potenzielle Probleme berücksichtigt und als Ganzes wieder funktioniert. Ihr Coachee aktualisiert anschließend seinen Plan.

Oder: Ihr Coachee stellt fest, dass ihm benötigte Ressourcen fehlen. In diesem Fall fragen Sie ihn, welche das sind und wie er sie sich verfügbar machen könnte. Diese Idee wird zum Teil des Handlungsplans.

**Praxisbeispiel Thema „Führung"**
Ihr Coachee hat folgendes potenzielles Problem identifiziert:

1. Es besteht die Möglichkeit, dass die für die „Jour fixe" festgelegte Zeit nicht ausreicht, da noch andere wichtige Themen anstehen.

    Typische Frage des Coachs: „Wie wollen Sie damit umgehen?" „Welche Ressourcen könnten Sie nutzen?"

    Coachee entscheidet sich für das „Johari-Fenster", wendet es an und ergänzt seinen Handlungsplan unter Punkt 4 wie folgt:

    IV.  Jour fixe nächste Woche Montag: Ich nutze bewusst die 14 Führungsaufgaben und tausche mich auch darüber mit meinen Mitarbeitern aus. Gegebenenfalls vereinbare ich mit ihnen einen weiteren Termin.

## 5.5.5 DIE TEILPHASE 4.5. „CONTROLLINGMERKMALE DES HANDLUNGSPLANS FESTLEGEN"

**WIRKUNGSERWARTUNG**

Der Coachee entscheidet sich für die Merkmale, anhand derer er erkennen kann, ob er seinen Handlungsplan so einhält, dass zum festgelegten Zeitpunkt das Ziel seiner Veränderung eingetreten ist.

**UNTERSTÜTZTES GRUNDANLIEGEN:**

» Entscheidungsfähigkeit sichern

Wenn Sie mit einem Schiff pünktlich in einen Hafen einlaufen wollen, werden Sie kontinuierlich kontrollieren, ob Sie auf Kurs sind. Stellen Sie Abweichungen fest, werden Sie die „Ressourcen" des Schiffes wieder so organisieren, dass Sie Ihr Ziel pünktlich erreichen können.

Ganz ähnlich ist es auch mit einem Handlungsplan für die persönliche Veränderung. Es kann zu jeder Zeit etwas passieren, das die Zielerreichung beeinflusst. Wichtig ist, dass das erkannt wird.

Ein nautischer Kurs wird auf einer Karte abgesteckt. In regelmäßigen Abständen wird die aktuelle Position daraufhin überprüft, ob sie mit dem Kurs auf der Karte übereinstimmt. Die aktuelle Position ist damit ein Controllingmerkmal.

Anhand welcher Merkmale Ihr Coachee feststellen wird, ob er noch „auf Kurs" ist, bleibt seiner Entscheidung überlassen. Ob es Personen sind, von denen er sich dazu eine Rückmeldung einholt, feste Kontroll-Termine, somatische Marker – es geht darum, dass der Coachee Merkmale festlegt, anhand derer er selbst feststellen kann, ob er „auf Kurs" ist. Diese Merkmale werden in Teilphase 5.1 benötigt.

**PRAXIS**

Typische Frage des Coachs: „Welche Merkmale können Sie nutzen, um Abweichungen von Ihrem Handlungsplan zu erkennen?"

## 5.5.6 DIE TEILPHASE 4.6 „NACHHALTIGE SELBSTORGANISATION SICHERN"

### WIRKUNGSERWARTUNG

Der Coachee reflektiert den Coachingprozess und entscheidet selbst, auf welche ähnlichen Themen er ihn zukünftig übertragen möchte.

Ist ihm dieser konstruktivistische Kontexttransfer des Coachingprozesses möglich, steht ihm der Coachingprozess als Ressource zur nachhaltigen Selbstorganisation zur Verfügung. Er hat den Prozess „gelernt".

### UNTERSTÜTZTES GRUNDANLIEGEN:

» Entscheidungsfähigkeit sichern

Eine Nachhaltigkeit in der Selbstorganisation entsteht, wenn der Coachee sich zukünftig in für ihn ähnlichen Themen selbst coachen kann. Er braucht seinen Coach dafür nicht. Er kann den Coachingprozess „aus sich selbst heraus" reproduzieren.

In den vorangegangenen Phasen und Teilphasen haben Sie Ihrem Coachee jede Wirkungserwartung faktisch richtig erklärt und sein faktisches Verständnis überprüft (Taxonomiestufe 1: Kontextbezogenes Faktenwissen. Dieses Wissen hat er in den jeweiligen Phasen und Teilphasen bezogen auf sein Thema angewandt. Als Coachee hat er die Wirkungserwartung durch sein Handeln realisiert. So hat er z. B. in Teilphase 2.1 ein Modell angewandt (Wirkungserwartung: Wahrnehmungserweiterung) und so weitere Zusammenhänge seines Themas entdeckt (Taxonomiestufe 2: kontextbezogenes Anwenden von Wissen). Die Reflexion in Teilphase 3.1 kam u.a. dadurch zustande, dass Ihr Coachee Erkenntnisse in Bezug auf das Vorgehen im Prozess hatte. (Taxonomiestufe 3: Reflexion systemischen Agierens).

Im Verlauf des Coachingprozesses hat Ihr Coachee den Coachingprozess gelernt. Haben Sie als Coach Ihre Verantwortung ernst genommen, kann Ihr Coachee den Prozess künftig selbst nutzen, falls er „vom Kurs abkommt". Ist Ihr Coachee fähig, den Prozess auch auf andere, selbst gewählte Themen zu übertragen (Taxonomiestufe 4: konstruktivistischer Kontexttransfer), hat er nachhaltig gelernt.

**PRAXIS**

Abhängig davon, ob Sie Ihren Coachee bereits in den Teilphasen zu einem konstruktivistischen Transfer ermutigt haben (Bsp.: „Haben Sie eine Idee, wozu Sie eine visuelle Aufstellung noch nutzen könnten?"), kann es sinnvoll sein, den Coachee an dieser Stelle den gesamten Prozess noch einmal „Revue passieren" zu lassen.

Ob ein konstruktivistischer Transfer stattgefunden hat, können Sie z.B. durch die einfache Frage, „Haben Sie eine Idee, bei welchen Themen Sie den Coachingprozess noch anwenden können?", herausfinden. Erbringt Ihr Coachee diesen Transfer, bedeutet das, dass die Voraussetzungen für seine nachhaltige Selbstorganisation geschaffen bzw. gesichert sind. Die Wirkungserwartung dieser Teilphase wurde erfüllt.

Das eigentliche Coaching ist an dieser Stelle beendet. Der Handlungsplan steht. Der Coachingprozess ist verstanden. In der Phase 5 geht es anschließend darum, wie Ihr Coachee die tatsächliche Nachhaltigkeit seiner Selbstorganisation und die Durchführung seines Handlungsplans kontrolliert. Diese Vorgänge finden nach dem „Coaching mit Coach" statt.

## 5.6 DIE PHASE 5 – „CONTROLLING"

**WIRKUNGSERWARTUNG**

Sicherung der Handlungskompetenz nach dem eigentlichen Coaching.

**UNTERSTÜTZTES GRUNDANLIEGEN:**

» Entscheidungsfähigkeit sichern

Das Wort „Controlling" ist im Coachingprozess bewusst in „Gänsefüßchen" gesetzt. Gemeint ist nicht Controlling als Teilgebiet der Betriebswirtschaftslehre, sondern die eigentliche Bedeutung des ursprünglich englischen Wortes (engl. Controlling = steuern/regeln).

Das „Controlling" als Teil des Coachingprozesses dient dazu, „auf Kurs zu bleiben" (siehe auch Teilphase 4.5) und bezieht sich sowohl auf den Handlungsplan als auch auf die Nachhaltigkeit der Selbstorganisation.

Die Handlungskompetenz in Bezug auf das aktuelle Thema und in Bezug auf ähnliche Themen soll für die Zukunft gesichert werden.

## 5.6.1 DIE TEILPHASE 5.1
## „CONTROLLING DES HANDLUNGSPLANS"

**WIRKUNGSERWARTUNG**

Der Coachee führt selbstständig ein Controlling der Umsetzung seines Handlungsplans durch.

Er entscheidet, wie er sich mithilfe des Coachingprozesses und ohne Hilfe des Coachs bei festgestellten Abweichungen vom Ziel selbst so organisieren wird, dass er sein Ziel erreicht.

**UNTERSTÜTZTES GRUNDANLIEGEN:**

» Entscheidungsfähigkeit sichern

In Teilphase 4.5 hat Ihr Coachee seine Controllingmerkmale für den Handlungsplan estgelegt. Nun geht es darum, dass er sein Controlling mit Leben füllt und festlegt, wie er es genau gestalten wird. Insbesondere geht es um die Frage: „Was mache ich, wenn ich Abweichungen vom Plan feststelle?"

Zur Beantwortung dieser Frage stehen Ihrem Coachee seine gesamten Erkenntnisse aus dem Coachingprozess und sein Wissen über den Coachingprozess zur Verfügung.

**Praxisbeispiel Führung**
Der Coachee hat in Teilphase 4.5 folgende Controllingmerkmale festgelegt:

» somatische Marker („sie sagen mir, ob ich wieder wie früher in dieselbe emotionale Situation komme. Wenn sie sich nicht melden, spüre ich, dass ich alles in meinem Sinne gut mache")
» Rückmeldung der Mitarbeiter („Tut sie das, was wir auf dem jour fixe vereinbart haben?")
» MVWK-Modell („Das ist für mich ein wunderbarer Kompass, um mein Verhalten zu reflektieren und Abweichungen zu erkennen. Das werde ich wohl kontinuierlich anwenden")

Typische Frage des Coachs: „Wie werden Sie – aufbauend auf Ihren Controllingmerkmalen – das Controlling Ihres Handlungsplans zukünftig gestalten?"

Coachee (Zitat): „Ich suche mir jeden Tag bewusst ruhige Zeiten und befrage meine somatischen Marker. Anschließend reflektiere ich mein Verhalten mit dem MVWK-Modell. Rückmeldung der Mitarbeiter hole ich mir im Anschluss an jeden jour fixe".

Typische Frage des Coachs: „Wie werden Sie vorgehen, wenn Sie Abweichungen von Ihrem Handlungsplan feststellen? – Welche Ressourcen könnten Ihnen da helfen?"
Coachee (Zitat): „Ich kann natürlich mit dem Coachingprozess vorgehen. Alle Materialien habe ich ja. Momentan denke ich, dass ich nur Kontakt zu meinen Ressourcen aufnehmen muss, um ein Problem zu beseitigen. Das „systemische Denken" und das Johari-Modell wird mir sicherlich oft weiterhelfen.

Zur Not kann ich auch den Termin beim Ziel ändern. Ich denke, ich bin hier gut versorgt."

## 5.6.2 DIE TEILPHASE 5.2 „CONTROLLING DER NACHHALTIGEN SELBSTORGANISATION"

**WIRKUNGSERWARTUNG**

Der Coachee führt selbstständig ein Controlling der Nachhaltigkeit seiner Selbstorganisation durch. Er entscheidet, bei welchen für ihn ähnlichen Themen er den Coachingprozess zukünftig anwenden (und üben) wird, um die Nachhaltigkeit seiner Selbstorganisation zu sichern.

**UNTERSTÜTZTES GRUNDANLIEGEN:**

» Entscheidungsfähigkeit sichern

Während seines Coachings hat Ihr Coachee auch den Coachingprozess gelernt. Sein Verständnis wurde in Teilphase 4.6 überprüft. Mithilfe des Coachingprozesses kann er sich auch in ähnlichen Themen selbst coachen und so eine Nachhaltigkeit seiner Handlungskompetenz erreichen.

Gelerntes wird schnell vergessen, wenn es nicht angewandt wird. Durch Übung und Anwendung entstehen feste synaptische Bahnen im Gehirn, die helfen, eine neue Fähigkeit oder Fertigkeit schnell abzurufen. Es geht darum, den Coachingprozess künftig wiederholt anzuwenden, damit eine stabile Erfahrung im Umgang mit dem Prozess entsteht.

**Praxisbeispiel „Führung"**
Sie erklären Ihrem Coachee, warum eine wiederholte Anwendung des Prozesses wichtig für eine nachhaltige Selbstorganisation ist.
Typische Frage des Coachs: Wie werden Sie für sich selbst sicherstellen, dass Sie in der Anwendung des Coachingprozesses in Übung bleiben?

Coachee (Zitat): „Ich habe da schon ein paar Themen im Bereich Familie im Sinn, bei denen ich mir vorstellen kann, den Prozess für mich zu nutzen. Das werde ich auch tun. Zunächst einmal werde wohl ich meine gesammelten Erkenntnisse notieren und vielleicht nochmal durchklingeln, falls ich was noch nicht verstanden habe. Sobald meine aktuelle Situation gelöst ist, geht´s dann auch an andere Themen."

**TIPP:** In der dem Coaching folgenden Nacht sortieren sich im Gehirn Ihres Coachees noch viele Gedanken. In seltenen Fällen kann es passieren, dass an dieser Stelle Erkenntnisse auftauchen, die Ihr Coachee nicht einordnen kann. Wenn Sie als Dienstleister Ihren Coachee am Morgen danach anrufen, können Sie mithilfe der Ressourcen aus dem Coachingprozess Unterstützung bei der „Sortierung" anbieten. In der Regel dauert das nur wenige Minuten.

Die Nachhaltigkeit der Selbstorganisation können Sie unterstützen, indem Sie Ihren Coachee mit einigem Abstand zum Coachingtermin nochmals anrufen und fragen, wie er mit dem Prozess zurechtkommt. Ggf. bieten Sie Unterstützung an, indem Sie sich auf seine Erkenntnisse aus dem Coaching beziehen.

DIE PRAXIS

KAPITEL 6
# NACHWORT
# IM BUCH VERWENDETE DEFINITIONEN

# NACHWORT

Was nun Coaching ganz allgemein ist, darauf kann dieses Buch keine Antwort geben. Es gibt viele unterschiedliche Verständnisse von Coaching. Anbieter von Coaching-Dienstleistungen versuchen, sich unterscheidbar zu machen, um die Wahrnehmung ihrer Dienstleistung zu verbessern. Kompetenz-Coach, Systemischer Coach, Kommunikations-Coach oder Exekutive Coach. Im vor „Coach" stehenden Wort wird z. B. das Spezialgebiet des Coachs (Kompetenz, Kommunikation), die Zielgruppe (Exekutive) oder die Arbeitsweise betont (systemisch) betont. Der Autor dieses Buchs bildet da keine Ausnahme. Ob es sich bei der angebotenen Dienstleistung letzten Endes um Beratung, Training, Supervision, Mentoring oder eine Mischung aus allem handelt, ist aus dem Titel meistens nicht ersichtlich. An dieser Stelle lohnt sich eine kurze Auseinandersetzung mit diesen Dienstleistungen:

## BERATUNG

Ein Berater verfügt über eine Expertise in seinem Themenbereich. Seine Expertise beruht einerseits auf faktisch richtigem Wissen, andererseits auf seiner individuellen Erfahrung. Beides nutzt er zur Deutung von thematischen Zusammenhängen und leitet daraus sein Unterstützungsangebot ab. Seine Sprache (Intervention) orientiert sich an seinen eigenen, auf Expertise beruhenden, richtigen Lösungen.

Der Ablauf einer Beratung folgt in der Regel der folgenden Struktur:

1. Aufnahme des Beratungswunschs
2. Analyse und Bewertung des Anliegens und der Zusammenhänge anhand der Expertise des Beraters
3. Entwicklung von Lösungen durch den Berater
4. Vorschläge zum Controlling durch den Berater

## TRAINING

Ein Trainer initiiert und organisiert Lernprozesse, die sich an der richtigen Erkenntnis und dem richtigen Anwenden von Wissen orientieren. Der Maßstab für „richtig" wird in der Regel vom Trainer oder seinen Auftraggebern festgelegt.

Seine Sprache (Intervention) orientiert der Trainer an einem respektvollen Umgang miteinander und der jeweiligen Absicht, die er mit einer Übung verfolgt.

Der Ablauf eines Trainings folgt in der Regel der folgenden Struktur:

1. Interesse für die durch Trainer oder Auftraggeber geplante Veränderung wecken
2. Dramaturgischer Ablauf von unterschiedlichen Übungen zur Erreichung des Trainingsziels
3. Kontrolle, ob das Trainingsziel erreicht wurde

**SUPERVISION**

Der Supervisor beobachtet den Supervisanden zu einem bestimmten Anlass anhand einer vorher gemeinsam vereinbarten Feedbacksystematik. Die Erkenntnisse daraus werden dem Supervisanden zur Reflexion angeboten. Im Unterschied zur Beratung, die dem Unterstützungssuchenden ihre Expertise für ein bekanntes Problem bereitstellt, will Supervision ein Problem entdecken.

Seine Sprache (Intervention) orientiert der Supervisor am Anlass der Supervision und an seiner mit den jeweiligen Rückmeldungen verbundenen Absicht.

Der Ablauf einer Supervision folgt oft der folgenden Struktur:

1. Klärung des Supervisionsanlasses, der Fragestellung des Supervisanden und der Vorgeschichte. Vereinbarung der Feedbacksystematik und Information über die Arbeitsweise des Supervisors
2. Gemeinsame Bearbeitung des Anlasses in mehreren Sitzungen anhand unterschiedlicher Methoden
3. Aufnahme und Bewertung der Befindlichkeit nach der Sitzung bzw. nach der Supervision

**MENTORING**

Der Mentor bietet seinem Protegé seine eigenen Lösungs- und Netzwerkerfahrungen in Bezug auf dessen aktuelle Situation an. Mentoring folgt keiner Struktur, sondern orientiert sich an individuellen Vereinbarungen zwischen Mentor und Protegé.

Jede einzelne dieser Dienstleistungen hat für sich ihre Berechtigung. Sie existiert, um auf eine bestimmte Art und Weise etwas zu erreichen.

Am Coachingmarkt ist nach wie vor ein Konsens zu beachten, das Coaching „Hilfe zur Selbsthilfe" ist.

Der Coachee setzt seine Erkenntnisse aus dem Coaching allein bzw. sich selbst helfend um. Dieser Anspruch ist mit allen o.a. Dienstleistungen erreichbar. Daher ist es auch möglich, diese Dienstleistungen mit dem „Label Coaching" zu versehen, wenn „Hilfe zur Selbsthilfe" in o.a. Sinne erreicht wird. Erst ab dem Moment, in dem gefragt wird, „Worin liegt denn die Hilfe zur Selbsthilfe? Wie wird sie erreicht? Ist sie auch nachhaltig?", treten Unterschiede zutage.

In diesem Buch wurde ein konsequent systemisch-konstruktivistisches Coachingverständnis beschrieben, das sich dadurch auszeichnet, dass der Coach auf eine bewusste Beeinflussung seines Coachees (bzw. des Teams oder der Gruppe) verzichtet. Er ist sich seines Konstruktivismus bewusst und verzichtet auf jede Art der Diagnose oder Analyse. Stattdessen lernt der Coachee, sich selbst zu analysieren. Im Gegensatz zu vielen anderen Coachingverständnissen benötigt der Coach keine Feldkompetenz. Er muss keine Experte für BWL oder Kommunikation sein. Er ist der Experte für den Coachingprozess. Ihn beherrscht er variantenreich. Dazu stehen ihm Modelle aus den Bereichen BWL oder Kommunikation zu Verfügung, die der Coachee zur Reflexion anwendet.

Der Coachingprozess basiert auf wissenschaftlichen Erkenntnissen und ist in der Wirkungserwartung seiner Phasen und Teilphase beschrieben. Statt aus seiner Diagnose oder Analyse heraus, begründet der Coach seine Handlungen (Interventionen) aus dem Prozess und der Werteorientierung heraus.

Auf diese Weise ist eine einzigartige Form der Qualitätssicherung gegeben:

» Der Coach kann sich – orientiert an den Werten von Coaching und den Wirkungserwartungen des Coachingprozesses – selbst supervidieren. Vor dem Coaching, in Pausen während des Coachings oder nach dem Coaching.
» Der Coach kann einfach supervidiert werden, da Supervisor und Coach über denselben o.a. Maßstab verfügen.
» Durch das beschriebene Coachingverständnis – einschließlich des feststehenden, dokumentierten Coachingprozesses und der Wertorientierung – ist eine fachliche Untersuchung und Optimierung möglich.
» Das Coachingverständnis kann dahingehend geprüft werden, ob es mit der Unternehmenskultur sowie den Zielen und Strategien der Personalentwicklung verträglich ist.
» Ausbildungen für Coachs bieten eine klare Orientierung. Mithilfe des o.a. Maßstabs kann auch die Qualität der Lehre überprüft werden.

In Unternehmen entstehen zunehmend Synergien bei Coachees, die nach diesem Coachingverständnis gecoacht wurden. Selbstverständlich gewahrt der Coach die Diskretion. Es ist passiert, dass Coachees, die alle aus derselben Hierarchieebene eines Unternehmens stammten, anfingen, sich über Ihr Coaching zu unterhalten. Da sie dieselben Kenntnisse über den Coachingprozess und verschiedene Modelle hatten, fingen Sie an, gemeinsam zu überlegen, in welche Projekte sie ihre Erkenntnisse übertragen werden.

Ein Aspekt, der bisher im Buch nur erahnt werden konnte, ist die Tatsache, dass ein konsequent systemisch-konstruktivistisches Coaching in der Regel nur einen Tag (8h) dauert. Ein Coaching von Gruppen oder Teams dauert zwei bis drei Tage. Im Vergleich zu Coachings, die sich über einen langen Zeitraum hinziehen, liegt der Vorteil darin, dass der Aufwand deutlich geringer ist und der Coachee weitaus schneller eine nachhaltige „Lösung" findet.

Dieses Buch wurde geschrieben, um durch die vollständige Beschreibung eines konsequent systemisch-konstruktivistischen Coachingverständnisses eine Beitrag zur Eigenständigkeit und Qualitätsentwicklung von Coaching zu leisten.

Gegenwärtig wurden bereits mehr als 200 Coachs ausgebildet, die nach diesem Verständnis coachen oder es in ihre Tätigkeit als Führungskraft integriert haben.

# IM BUCH VERWENDETE DEFINITIONEN

**Anliegen im Coaching, die**
Die drei Anliegen im Coaching – Wahrnehmungserweiterung auslösen, Handlungsalternativen ermöglichen, Entscheidungsfähigkeit sichern – sind abstrakte Wirkungserwartungen im Coaching.

**„assoziiert"**
Im Coaching bedeutet assoziiert zu sein, emotional mit seinen eigenen Gefühlen, Motiven, Bedürfnissen in Kontakt zu stehen mit der Folge, Sachzusammenhänge aus der eigenen Person heraus zu deuten und aufgrund der emotionalen Spannung keinen ausreichenden Zugriff auf seine Ressourcen zu haben.

**Axiom**
Ein Axiom ist ein Grundsatz, der als „wahr" angenommen wird. Als wissenschaftlicher Begriff stellt ein Axiom den Ausgangspunkt einer Theorie dar.

**Coaching**
Coaching ist der durch die Werte „Freiheit", „Freiwilligkeit", „Ressourcenverfügung" und „Selbststeuerung" gebildete Kontext, in dem mithilfe des strukturierten Coachingprozesses in Bezug auf ein Thema die Wahrnehmung erweitert und die Entscheidungsfähigkeit gefördert wird sowie Verhaltensalternativen ausgelöst werden, um eine emotional gewollte und nachhaltige Selbstorganisation des Coachees, der Gruppe oder des Teams zu erreichen.

**Coaching-Ansatz**
Ein Coaching Ansatz beschreibt grundsätzlich, durch welche Haltung und welche Verfahrens- oder Vorgehensweise die Wirkungserwartung von Coaching erreicht wird.

**„deduktiv"**
aus abstrakten Strukturen ableitend.

**Feedback**
von englisch feed = füttern, nähren und back = zurück; die zeitnahe Rückmeldung einer Wahrnehmung oder die Beurteilung von etwas nach einem allen Beteiligten verfügbaren Maßstab. Rückmeldungen sind Voraussetzung für die Entwicklung von

Kompetenz. Aus dem Vergleich der Rückmeldung mit der Selbstwahrnehmung des eigenen Verhaltens werden Veränderungen im eigenen Verhalten abgeleitet.

**Feedbacksystematik**
Rückmeldemaßstab in einem Kontext für Wahrgenommenes.

**Hamburger Schule**
Von Dr. Rolf Meier und Axel Janßen 2005 gegründeter „think-tank" zur Erklärung des Selbstorganisierten Coachings (www.hamburger-schule.net). Der Name Hamburger Schule entstand durch die Teilnehmer an den Coach-Ausbildungen, die damit das gelernte „besondere" Verständnis von Coaching zum Ausdruck brachten, dass sie in Hamburg kennen gelernt haben.

„Hamburger Schule" ist ein plakativer Begriff für ein konsequent systemisch-konstruktivistisches Coachingverständnis.

**Handlungsalternative, die**
Im Coaching ist als Handlungsalternative ein konkretes Tun/Handeln/Agieren zu verstehen, das für die Zielerreichung durch den Coachee realisiert wird. Dieses Tun steht im Gegensatz (Alternative) zu seinem bisherigen Handeln.

**Handlungskompetenz, die**
Handlungskompetenz bedeutet, den Sinn eines Kontextes sowie Unterschiede zu anderen Kontexten zu erkennen und die Koordination aller persönlichen Ressourcen selbstgesteuert in einem situativ-individuellen Handeln zu realisieren.

**„induktiv"**
aus dem Konkreten auf das Abstrakte schließend.

**Intelligenz**
Intelligenz ist eine individuelle, ererbte und gelernte strukturelle, neuronale Ressource, die in einem Kontext die Qualität kognitiver, emotionaler und psychomotorischer Entscheidungen beeinflusst.

**Konstruktivismus**
Der Konstruktivismus ist Ausdruck für eine wissenschaftliche Denk- und Erkenntnishaltung, die davon ausgeht, dass Wissen, Erkenntnisse, Vorstellungen und andere

Inhalte nicht naturgegeben sind, sondern vom Menschen als erkennendes Subjekt konstruiert werden.

**Kontext**
Ein Kontext ist ein komplexitätsreduzierter, individuell definierter und gedeuteter (konstruktivistischer) thematischer Bezugsrahmen, an dem sich das eigene Verhalten orientiert.

**Kultur**
Über einen längeren, unterscheidbaren Zeitraum stabile Werte eines Kontexts.

**Maslow, Abraham Harold**
war ein US-amerikanischer Psychologe und gilt als einer der Gründerväter der Humanistischen Psychologie. Die von ihm entwickelte Maslowsche Bedürfnispyramide bildet eine Hierarchie menschlicher Bedürfnisse ab.

**Methodik**
Methodik bezeichnet die Nutzung wissenschaftlicher Methoden, um etwas zu erreichen; der Gegensatz bildet intuitives und spontanes Handeln.

**Methode**
Lösungsmuster, das ein „richtiges" Ablaufverfahren im Kontext definiert.

**Modell**
Ein Modell ist die komplexitätsreduzierende, abstrakte Darstellung von Wirklichkeit.

**Motiv**
Ein Motiv ist ein unspezifischer Beweggrund für Verhalten.

**Motivationspotenzialanalyse**
Die Motivationspotenzialanalyse – MPA ist ein Online-Test, der durch die Motivation Analytics UG, Freiburg vertrieben wird. http://www.motivation-analytics.eu

**Nachhaltigkeit**
Ursprünglich stammt der Begriff aus der Forstwirtschaft und steht für die Bewirtschaftung und sinnvolle Nutzung der Ressourcen (Baum und Tanne usw.), so dass ein Wald sich „aus sich selbst heraus" erneuert.

Im Coaching bedeutet der Begriff, dass der Coachee, auch nach dem Coaching, mithilfe des Coachingprozesses, „aus sich selbst heraus", vergleichbare zukünftige thematische Veränderungen erfolgreich gestaltet.

**Priming**
Semantisches Priming bedeutet, das die Verarbeitung eines Wortes die Verarbeitung eines zweiten, nachfolgenden Wortes beeinflusst, falls zwischen beiden Wörtern eine Beziehung konstruiert werden kann. Priming ist der initiale Deutungskontext, der die weitere Deutung eines Themas beeinflusst.

**Prozess**
Der Prozess (Methode) im Coaching ist die festgelegte Ablaufstruktur, die mithilfe von Reflexionsangeboten auf Abstraktionsebene die nachhaltige Selbstlernkonzeption auslösen will.

**Reflexion**
Im systemisch-konstruktivistischen Coaching ist die Reflexion ein Synonym für die Ableitung von Erkenntnissen aus einem sprachlich-visuellem, abstrakten Angebot.

**„somatische Marker"**
Der Begriff wurde vom portugiesischen Neurowissenschaftler António R. Damásio entwickelt und drückt aus, dass der Körper (griechisch: „Soma" ) mit den Emotionen (Geist) interagiert und die Bewertung dieser Interaktion individuell körperlich (Marker) signalisiert.

**Taxonomiestufen**
Der Begriff Taxonomiestufen ist traditionell in der Regel mit dem Namen Benjamin Bloom verbunden. Bloom hat für kognitive, affektive und psychomotorische Lernziele eigene Ausprägungen/Stufungen (Taxonomien) entwickelt. Zusammen ergeben sie 16 Stufungen. In der pädagogischen Praxis haben sie sich als unpraktisch erwiesen. Für alle drei Lernzielbereiche werden in der Praxis in der Regel nur zwischen 3 und 5 Taxonomiestufen verwendet.

In einer konstruktivistisch orientierten Didaktik werden 4 Stufen unterschieden: 1. faktisch richtiges Wissen, 2. kontextbezogenes Anwenden von Wissen, 3. Reflexion systemischen Agierens und 4. konstruktivistischer Kontexttransfer.

**Transaktionsanalyse**
Als psychologische Theorie der menschlichen Persönlichkeitsstruktur wurde die Transaktionsanalyse vom US- amerikanischen Psychiater Eric Berne (1910–1970) begründet. In den 70er Jahren des 20. Jahrhunderts entwickelten Bernes Kollege Taibi Kahler und seine Mitarbeiter als Weiterentwicklung aus klinischen Beobachtungen heraus das Konzept der Antreiber.

**Training**
Allgemeiner Begriff für alle Prozesse, die eine verändernde Entwicklung hervorrufen sollen; dabei gibt der Trainer sowohl das Trainingsziel als auch den Trainingsablauf vor, was der Trainee erlernen und umsetzen soll (sozial erwünschtes Verhalten).

Bevor der Begriff Trainer in die deutsche Sprache Einzug gehalten hat, hieß der Trainer schlicht „Übungsleiter". Trainieren bedeutet nichts anderes als Üben. Was trainiert wird, wird durch andere entschieden und im Trainingsziel festgelegt, ebenso wie trainiert wird.

In der Regel liegt der Fokus des Trainings auf dem Einüben von Methoden zur Erreichung einer bestimmten Absicht oder auch eines Ziels.

Ein Kommunikationstraining bedeutet sinngemäß, dass durch jemanden Inhalte zu diesem Thema ausgewählt wurden. Es wurde von jemandem ein Ziel festgelegt, das beschreibt, was durch das Training geübt werden soll. In der Praxis wird Kommunikation oft mittels eines dramaturgischen Arrangements verschiedener Methoden geübt.

Trainingsteilnehmer entscheiden selbst, ob das Eingeübte für ihre Praxis attraktiv ist und ob sie es anwenden wollen.

Entscheidend für eine Veränderung durch Training ist die emotionale Attraktivität der Übertragbarkeit des Eingeübten in die individuelle Praxis.

**Veränderung**
Veränderung ist der Wunsch zu überleben und/oder das Streben nach dem Besseren (bzw. nach einem psycho-biologischen Wohlbefinden).

**Verhaltensalternative, die**
Im Coaching ist eine Verhaltensalternative eine neue/veränderte Vorgehensweise zur Entstehung einer Entscheidung. Die Entscheidung wird sichtbar im Handeln.

**Vision**
Vision ist die Erwartung einer maximalen Befriedigung der eigenen Bedürfnisse zu einem unbestimmten Zeitpunkt.

**Wert**
Ein Wert dient der individuellen Orientierung für (emotional) attraktives Verhalten.

**Wille**
Wille ist das unverhandelbare Bedürfnis, einen Handlungsplan umzusetzen.

**Wirkung, die**
Der Begriff Wirkung bezieht sich im Coaching auf die eingetretenen, systemischen Folgen einer Denkleistung und/oder eines konkreten Vorgehens.

**Wirkungserwartung, die**
Der Begriff Wirkungserwartung bezieht sich im Coaching auf die erwarteten systemischen Folgen einer Denkleistung und/oder eines konkreten Vorgehens.

**Wirkungserwartung des Coachingprozesses, die**
Die Wirkungserwartung des Coachingprozesses besteht in der situativen Selbstorganisation des Coachee zu seinem Veränderungsthema im zukünftigen Realisierungskontext.

**Wirkungserwartung der Prozessphasen, die**
Phase 1: Vereinbarung auf den Coaching Ansatz
Phase 2: Wille zur konkreten Selbstveränderung und bewusste Akzeptanz von selbsterkannten Folgen
Phase 3: Ressourcenidentifikation und Reflexion der bisherigen Selbstorganisation
Phase 4: Handlungskompetenz im systemischen Realisierungskontext festlegen
Phase 5: Sicherung der nachhaltigen Handlungskompetenz

**Ziel**
Ein Ziel repräsentiert die bewusst angestrebte Befriedigung der eigenen Bedürfnisse zu einem bestimmten Zeitpunkt.

IM BUCH VERWENDETE DEFINITIONEN

# ÜBER DEN AUTOR

**DIPL. PÄD. AXEL JANSSEN** Ausbilder | Coach | Trainer | Autor

Sein gelebtes Interesse gilt der Frage „Wie lernen Menschen in Unternehmen und warum verändern sie sich?". Die Antworten spiegeln sich seit 2001 in der Konzeption und Durchführung einer Vielzahl von Coach Ausbildungen, Teamcoachings, Einzelcoachings, Workshops und Trainings wieder.

Als einer der Gründer des Deutschen Verbandes für Coaching und Training (dvct e.V.), dessen Ehrenpräsident er heute ist, hat Axel Janßen sichtbare Spuren im Markt hinterlassen. Er fühlt sich besonders dem Coaching in der Wirtschaft verpflichtet. Für diese Thematik hat er neue Modelle und Konzepte entwickelt, die nicht nur die Wirklichkeit in Unternehmen und Organisationen abbilden, sondern vor allem pragmatisch sind.

Seine langjährige Führungserfahrung verbunden mit der Praxis als Systemischer Management Coach und Trainer in unterschiedlichen Branchen und Unternehmen haben seinen Blick auf Systeme geschärft. Sympathisch, respektvoll, bisweilen konfrontierend, doch immer mit der nötigen Portion Distanz, gehört Axel Janßen heute zu den erfahrensten Experten für Coaching und Training in der Wirtschaft.